大学入試

全レベル問題集
物　理

［物理基礎・物理］

中谷泰健 著

私大標準・
国公立大レベル

はじめに

本書は標準レベルの国公立・私立大学の受験生を対象に，過去10年間の入試問題の頻出テーマを徹底的に分析し，その中より学習効果の見込める問題77題を精選して作られた問題集です。

高校物理の教科書やその傍用問題集を一通り学習し終え，志望大学の過去問にいざ取りかかろうとするとき，非常に多くの受験生がそのレベル差に戸惑うようです。それは実際の入試問題においては基礎力だけでは対処できず，より幅広い応用力が求められるからです(たとえるなら，これまでプールでしか泳いだことのない人が，いきなり海へ連れ出されるようなものだからです)。

本書はこのギャップを少しでも埋めることができる(水中マスク，シュノーケル，フィンのような)問題集をめざしました。

「量より質」を第一としましたので問題数は決して多くはありませんが，他の教科の学習もあるため，勉強の時間を物理にあまり割くことができない受験生がチャレンジするにはちょうどよい分量だと思います。

本書では受験生の苦手とする所や誤解しやすい点は，特にていねいに解説しました。また，受験で使える計算テクニックや，ぜひ覚えて使ってほしい実践的解法も，できるかぎり盛り込みました。図が多いことも受験生の理解を深めることに大いに役立つことでしょう。

みなさん方と同じ年代の頃「物理学者を夢見る美少年(？)」であった筆者も，今ではただの「物理オタクの中年オヤジ(笑)」となってしまいましたが，現在は「物理が苦手」という受験生を一人でも多く救うべく，そして「物理が好きになった」という受験生を一人でも多く輩出すべく，日々教壇に立たせていただいております。

授業や質問対応など，長年にわたる生徒との触れ合いの中で培われた経験が詰め込まれた本書は，まさに本気で大学合格をめざす受験生のための「本気の問題集」です。どうぞ入試問題という美しいサンゴ礁や魚たちと戯れることのできる力を身につけてください。

この問題集を糧としてみなさんの学力が飛躍的に向上し，見事志望大学に合格されますことを願ってやみません。

中谷泰健

目 次

著者紹介：**中谷 泰健**（なかたに やすたけ）

1967年、兵庫県神戸市生まれ。京都大学理学部（物理系）卒業後、京都、大阪、金沢の予備校・学習塾で物理と数学の講師として28年間勤務。現在は育英予備校金沢，富山育英予備校の物理講師。得点力の向上につながる授業、さらに入試問題を深く掘り下げ物理の本質に迫る講義をめざし日々研鑽中。著書に『中谷のこれだけで合格！物理 力学・波動19題』,『同 電磁気・熱・原子19題』（旺文社）がある。2008年より『全国大学入試問題正解物理』（旺文社）の解答執筆を担当している。

装丁デザイン：ライトパブリシティ　　編集協力：岡戸紀夫
本文デザイン：イイタカデザイン　　編集担当：椚原文彦

本シリーズの特長

1. 自分にあったレベルを短期間で総仕上げ

本シリーズは，理系の学部を目指す受験生に対応した短期集中型の問題集です。4レベルあり，自分にあったレベル・目標とする大学のレベルを選んで，無駄なく学習できるようになっています。また，基礎固めから入試直前の最終仕上げまで，その時々に応じたレベルを選んで学習できるのも特長です。

レベル①…「物理基礎」と「物理」で学習する基本事項を中心に総復習するのに最適で，基礎固め・大学受験準備用としてオススメです。

レベル②…共通テスト「物理」受験対策用にオススメで，分野によっては「物理基礎」の範囲からも出題されそうな融合問題も収録。全問マークセンス方式に対応した選択解答となっています。また，入試の基礎的な力を付けるのにも適しています。

レベル③…入試の標準的な問題に対応できる力を養います。問題を解くポイント，考え方の筋道など，一歩踏み込んだ理解を得るのにオススメです。

レベル④…考え方に磨きをかけ，さらに上位を目指すならこの一冊がオススメです。目標大学の過去問と合わせて，入試直前の最終仕上げにも最適です。

2. 入試過去問を中心に良問を精選

本シリーズに収録されている問題は，効率よく学習できるように，過去の入試問題を中心にレベル毎に学習効果の高い問題を精選してあります。なかには入試問題に改題を加えることで，より一層学習効果を高めた問題もあります。

3. 解くことに集中できる別冊解答

本シリーズは問題を解くことに集中できるように，解答・解説は使いやすい別冊にまとめました。より実戦的な問題集として，考える習慣を身に付けることができます。

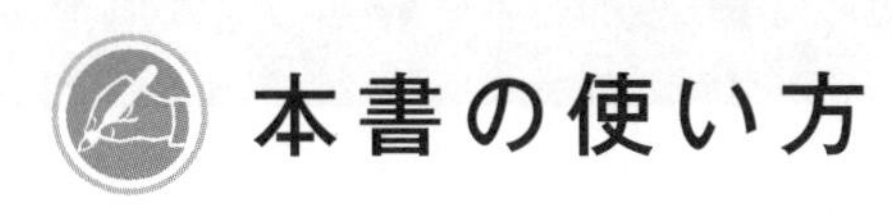

本書の使い方

問題編は学習しやすいように分野ごとに，教科書の学習進度に応じて問題を配列しました。最初から順番に解いていっても，苦手分野の問題から先に解いていってもいいので，自分にあった進め方で，どんどん入試問題にチャレンジしてみましょう。問題文に記した基マークは，主に「物理基礎」で扱う内容を示しています。学習する上での参考にしてください。

問題を一通り解いてみたら，次は別冊解答に進んでください。解答は問題番号に対応しているので，すぐに見つけることができます。構成は次のとおりです。解けなかった場合はもちろん，答が合っていた場合でも，解説は必ず読んでください。

答 …一目でわかるように，最初の問題番号の次に明示しました。
解説 …わかりやすいシンプルな解説を心がけました。
Point …問題を解く際に特に重要な知識，考え方のポイントをまとめました。
注意 …間違えやすい点，着眼点などをまとめました。
参考 …知っていて得をする知識や情報，一歩進んだ考え方を紹介しました。
右注 …解説の補足説明や公式，式変形の仕方など，ストレスなく解説が理解できるように努めました。

志望校レベルと「全レベル問題集　物理」シリーズのレベル対応表

＊ 掲載の大学名は本シリーズを活用していただく際の目安です。

本書のレベル	各レベルの該当大学
① 基礎レベル	高校基礎～大学受験準備
② 共通テストレベル	共通テストレベル
③ 私大標準・国公立大レベル	[私立大学] 東京理科大学・明治大学・青山学院大学・立教大学・法政大学・中央大学・日本大学・東海大学・名城大学・同志社大学・立命館大学・龍谷大学・関西大学・近畿大学・福岡大学　他 [国公立大学] 弘前大学・山形大学・茨城大学・新潟大学・金沢大学・信州大学・神戸大学・広島大学・愛媛大学・鹿児島大学・東京都立大学　他
④ 私大上位・国公立大上位レベル	[私立大学] 早稲田大学・慶應義塾大学／医科大学医学部 他 [国公立大学] 東京大学・京都大学・東京工業大学・北海道大学・東北大学・名古屋大学・大阪大学・九州大学・筑波大学・千葉大学・横浜国立大学・大阪市立大学／医科大学医学部　他

学習アドバイス

基本レベルの解けそうな問題から先に！

本書では，問題毎に出題大学名を参考のために掲載しましたが，どの問題を解くにあたっても「自分が受験する大学の入試にこれと同じタイプの問題が出題されたら…」という，緊張感を持って取り組みましょう。

また，合格のためには必ずしも満点をとる必要はありません。大学や学部にもよりますが，7割前後の得点が見込めれば，まず大丈夫でしょう。入試突破の鍵は，「先ず受験生の誰もが得点できそうな基本レベルの問題を見つけ，できるかぎり素早くミスなく解き進め，難問にはうかつに手を出すことなく，ライバルとの差をつけるべき標準レベルの問題にじっくりと時間をかけて解答する」ことです。本書の演習を通じて問題・設問の難易度を見極める力も充分に養ってください。

全問題2回は解こう！ 1題20分を目標に

可能な限り，本書に掲載した問題は少なくとも全問題2回は取り組んで，確実に解けるようにしましょう。

〔1回目〕

難しいと感じる問題・設問にあまり考える時間をかけずにチェックしておき，すぐに解答を読んでもかまわないので解法手順を学んでください。1回目の目標は現在の自分の実力を分析し，弱点分野や覚えていない公式があれば教科書・参考書に戻って再確認することにあります。解法手順を学ぶにあたっての注意点は以下の通りです。

(1)　まずは問題の全体のあらすじをつかむことが大切です。頭の中で運動や状態変化がシミュレーションできることを心がけてください。また，問題の誘導にうまくのることができるように，設問どうしのつながりを意識してください。

(2)「この場面ではこの考え方・関係式を使う」という解法パターンや，ポイントをしっかりマスターしましょう。

(3)　解説中の考え方や，公式の理解に少しでもあいまいな点があれば教科書・参考書を用いて，「なんとなくわかる」ではなく「確実に理解する」まで，その意味を徹底的に調べ直してください。

(4)　自分の解法と解説中の本解や別解とを比べてみてください。いくつかのアプローチの仕方がある問題は，「この条件が与えられているときにはどの解法が近道か」を即断できるようになりましょう。

(5) 計算は実際に手を動かして，解答通りになるか確認することが大事です。計算ミスをすることは「経験値を高めるための絶好の好機」ととらえ，自分がよくしてしまうミスのくせを知り，2度と同じミスを繰り返さないよう計算トレーニングに励んでください。

(6) 解説にはできるかぎり図を入れましたが，それを参考にして問題演習のとき積極的に図を描くことをオススメします。図をたくさん描けば描くほどその問題に対する印象が強まると同時に，物理のイメージ力が確実に養われます。

〔2回目〕

制限時間（1題20分前後）を設けて問題に取り組むとよいでしょう。演習の順番は1回目の演習でチェックした問題や，苦手意識のあるテーマからやりましょう。あるいは1題ずつ（力学）→（電磁気）→（熱・波動・原子のうち1題）→…というサイクルで演習すれば，分野に偏らない実践力がつきます。2回目の演習を終えた時点で，この問題集のすべての問題の解法手順がすぐに思い浮かぶくらいにマスターすることをめざしてがんばってください。

次は志望大学の過去問に挑戦！

この問題集の演習を通じて物理の入試問題に馴染み，ある程度の自信がついたら志望大学の過去の入試問題に挑戦してみてください。さらにもう少し実力を伸ばしたい場合は，標準レベルの入試問題を扱った別の問題集をやるとよいでしょう。その際，その問題集の全ての問題に手をつけなくてもかまいません。受験までの残された時間を考えて，重点的に強化したい分野や本書で取り上げられていないタイプの問題などに的を絞って，「学習アドバイス」と同じ要領で問題演習に取り組んでください。また受験大学以外の大学で受験大学とよく似た傾向の入試問題が出題されていることがあります。各自リサーチして入試直前期に模試として活用するのもよいかもしれません。

以上のアドバイスを参考に，みなさん**合格**を勝ち取ってください。

第1章　力　学

1　速度・加速度

1　速度の合成・相対速度

次の文章の空欄に適する式を記せ。

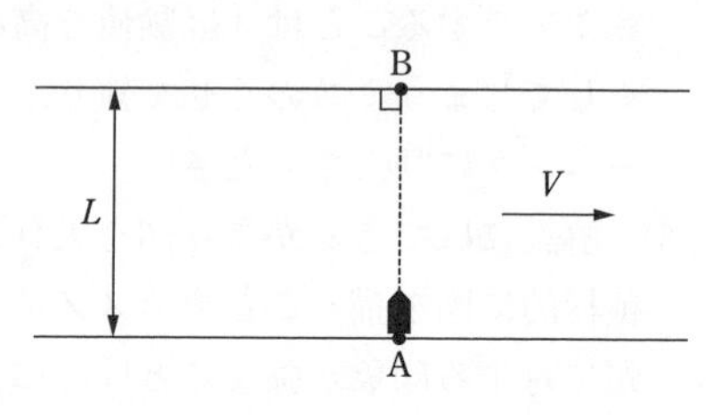

図のような川幅がL〔m〕，川の流れは両岸に対して平行で一様な速さV〔m/s〕である川を考える。川岸のある地点をAとし，Aの対岸にある地点をBとする。Aには，静水に対して速さv〔m/s〕($v>V$)で進む船が置かれている。船の大きさは川幅に比べて十分に小さく，無視できるものとする。

はじめに船首を川の流れに対して垂直方向に向けて，船を進ませるとする。この場合，船はAを出発して［(1)］〔s〕後に，Bと同じ側の川岸にBから距離［(2)］〔m〕だけ離れた下流の地点に到達する。

次に，船を直線ABに沿って進ませるためには，船首の向きを直線ABに対して角度θ〔rad〕だけ川の上流に向ける必要がある。このとき角度θ，流れの速さV，船の速さvの間には$\sin\theta=$［(3)］の関係が成り立ち，船がAからBに到達するためにかかる時間は［(4)］〔s〕である。

〈近畿大〉

2　落下運動する2物体の衝突

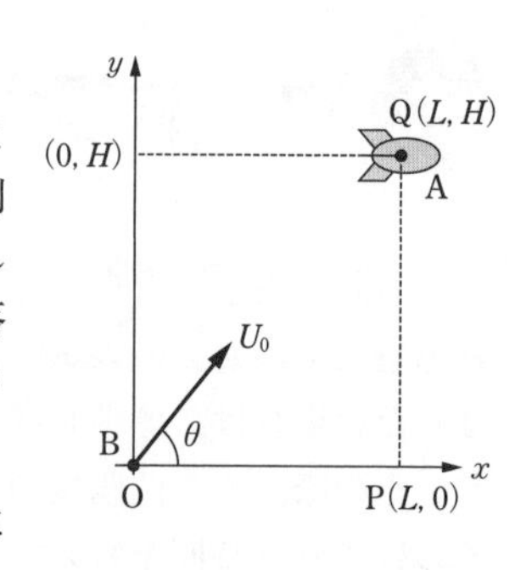

図に示すように，水平面上に距離Lだけ離れた2点O，Pがある。場所を示すための座標軸として，OPを通るようにx軸を，点Oから鉛直上向きにy軸をとる。時刻$t=0$で，点Pの上空にある点Q(L，H)に浮いて静止している飛行船から，大きさが無視できる物体Aを静かに落下させた。また時刻$t=0$で，点Oから大きさを無視できる別の物体Bを，速さU_0，x軸となす角度θ $\left(0<\theta<\dfrac{\pi}{2}\text{〔rad〕}\right)$で発射した。以下では，時刻$t\geqq0$における物体Aの速度の$x$成分，$y$成分をそれぞれ$v_x$，$v_y$，物体Bの速度の$x$成分，$y$成分をそれぞれ$u_x$，$u_y$とする。また，重力加速度の大きさを$g$とし，空気抵抗は無視できるとして以下の問いに答えよ。

問1　物体Aが物体Bと衝突することなしに落下して点Pに到達するとき，物体Aが点Pに到達した時刻tとそのときのv_yを，それぞれg，Hを用いて表せ。

問2　物体Bが物体Aと衝突しない場合，物体Bが$y=0$の水平面に到達するまでのu_x，u_yをそれぞれ，t，U_0，θ，gを用いて表せ。

問3　物体Bと物体Aがともに$y=0$の水平面に到達しておらず，かつ，物体Bと物体

Aが互いに衝突していない状況を考える。このとき，時刻 t において，物体Bと物体Aの間の距離は，次のように表される。

$$物体Bと物体Aの間の距離=\sqrt{\boxed{(1)}t^2-\boxed{(2)}t+\boxed{(3)}}$$

この(1)，(2)，(3)に入る適切な式を，L，H，U_0，θ を用いて表せ。

問4　物体Bが物体Aに衝突するときに角度 θ が満たすべき条件を L，H を用いて表せ。

問5　物体Aが点Pに到達する前に，物体Bが物体Aに衝突するために U_0 が満たすべき条件を g，L，H を用いて表せ。 〈茨城大〉

2 力と運動

3 静止摩擦力・動摩擦力 基

水平に対して θ だけ傾いたあらい斜面上に，質量 m の物体を静かに置いたところ静止した。図1のように，この物体に斜面に沿って上方に初速度 v_0 を与えたところ，物体はある距離だけすべって止まった。斜面は充分に長く，物体と斜面との間の静止摩擦係数を μ，動摩擦係数を μ' とする。重力加速度の大きさを g とし，次の各問いに答えよ。

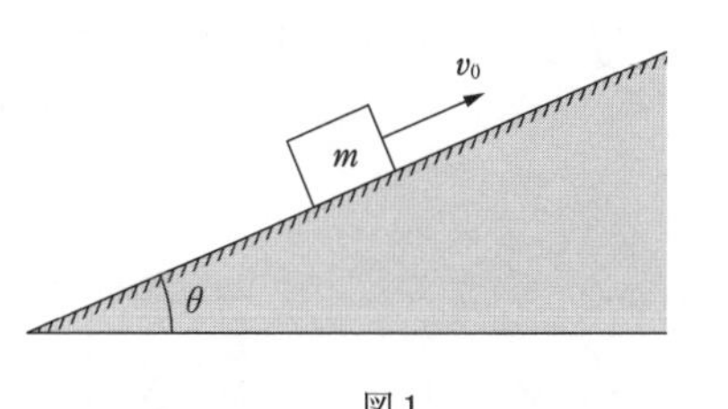

図1

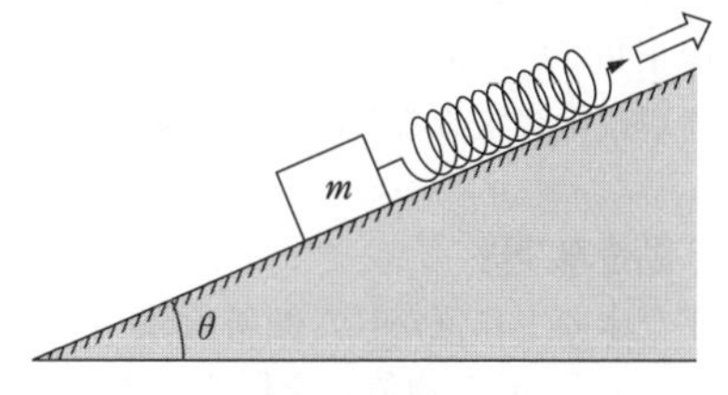

図2

問1　物体に働く垂直抗力の大きさを求めよ。

問2　初速度を与えてから止まるまでの，物体の斜面方向の加速度を求めよ。ただし，斜面上方を正とする。

問3　初速度を与えてから止まるまでにかかった時間を求めよ。

次に，図2のように，物体に質量の無視できるばねの一端を取り付けて，ばねのもう一端を斜面上方へ引いたところ，ばねが自然の長さから d だけ伸びたところで物体が動き始めた。

問4　このばねの，ばね定数を求めよ。

問5　物体の速さが一定となるように斜面上方に引き続けた。このとき，ばねの伸びは d の何倍か。μ，μ'，θ を用いて表せ。 〈東海大〉

4 糸でつながれた2物体の運動 基

図のように，質量 m_A の物体Aをあらい水平な机の上に置き，軽い糸でなめらかに回転できる滑車を通して，容器Bをつり下げる。床から容器Bの下面までの高さを h とするとき，以下の問いに答えよ。ただし，糸は伸び縮みせず，質量は無視できるものとする。なお，重力加速度の大きさを g とする。

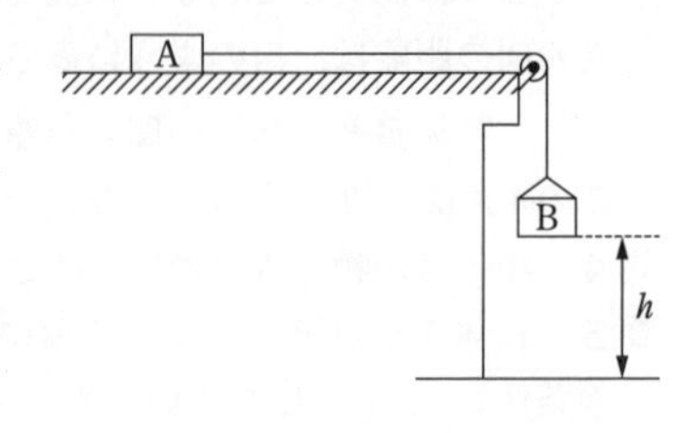

Bに少しずつ砂を入れていく。Bと砂の質量の和 m_B が，$\frac{3}{4}m_A$ となった瞬間にAとBは動き出した。

問1　机の面と物体Aとの間の静止摩擦係数 μ_0 を求めよ。

問2　AとBが運動しているとき，Bが降下する加速度の大きさ a を求めよ。ただし，机の面と物体Aとの動摩擦係数を $\mu=\frac{1}{3}$ とする。

問3　問2のとき，糸の引く力の大きさ T を求めよ。

問4　問2の運動において，Bが床に達する直前の速さ v_B を求めよ。

問5　問2の運動において，Bは床に達した後静止したがAは運動を続けた。Aははじめ静止していた位置からどれだけ動いて静止するか。その距離 l を求めよ。ただしAは滑車に衝突することはないとする。

〈鳥取大〉

5 動滑車 基

水平な床の上に置かれた傾斜角30°のなめらかな斜面上に質量 m の物体Aを置く。物体Aに軽くて伸びないひもをとりつけ，図のように2つの滑車X，Yに通して，ひもの他端を天井に固定した。Xは斜面に固定されており，Yは鉛直方向に動くことができる。Aが動かないように手でささえて，質量 M の物体BをYにつるした。その後，静かにAから手を放した。次の各問いに答えよ。ただし，X，Yはなめらかに回り，質量は無視できる。Bが地面に衝突しない限りひものたるみはない。また，重力加速度の大きさを g とする。

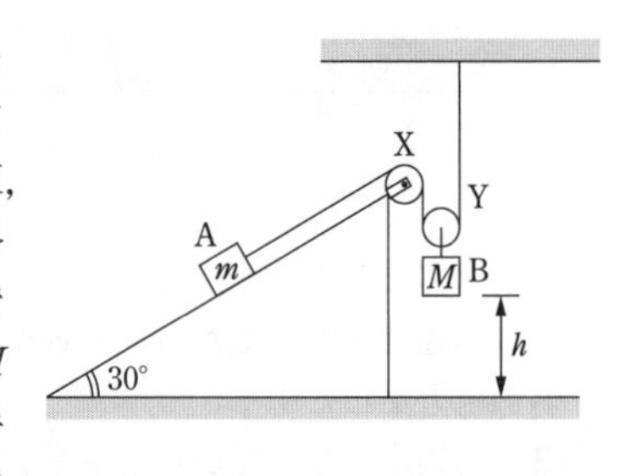

問1　Aから手を放した後，AとBがともに静止するための M の条件を，m を用いた式で表せ。

問2　問1の条件よりも M が大きいとき，Bは下降していく。このときのBの加速度の大きさは，Aの加速度の大きさの何倍となるか求めよ。

問3　Bが下降するとき，Bの加速度の大きさを求めよ。

問4　Bが下降するとき，ひもがAを引く力の大きさを求めよ。

問5　Bが下降をはじめた瞬間のBの底面から床までの距離を h とする。Bが下降をはじめてから床に衝突するまでの時間を求めよ。

〈南山大〉

6 動摩擦力を及ぼしあう2物体の運動 基

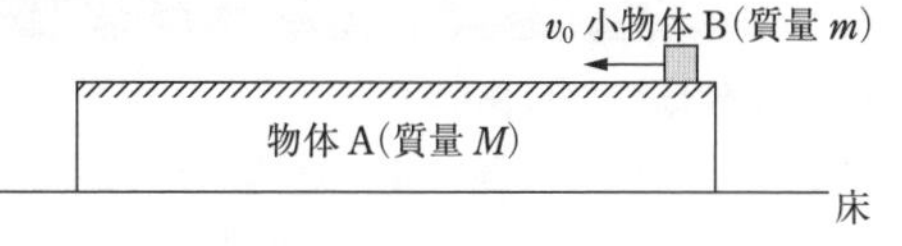

図に示すように，水平でなめらかな床の上に厚さが一様な質量 M の物体Aが置かれて静止しており，さらにAの上に質量 m の小物体Bが置かれて静止している。Bに水平左方向に衝撃力を加えて初速度 v_0 を与えたところ，BはAの上を滑って左方向へ運動を開始し，同時にAも床の上を左方向に滑り始めた。BはAの上から落ちないものとし，AとBの間の動摩擦係数を μ'，重力加速度の大きさを g とするとき，以下の問いに答えよ。ただし，Aと床の間の摩擦および空気抵抗は無視できるものとする。

問1　小物体Bが物体Aの上を滑っているときのAの加速度およびBの加速度を求めよ。ただし加速度の正方向を水平左方向にとる。

問2　小物体Bが物体Aの上を滑り始めてから滑らなくなるまでの時間 T を求めよ。

問3　小物体Bが物体Aの上を滑り始めてから滑らなくなるまでの床に対するBの移動距離 l_1 を求めよ。

問4　小物体Bが物体Aの上を滑り始めてから滑らなくなるまでのAに対するBの移動距離 l_2 を求めよ。

問5　小物体Bが物体Aの上を滑り始めてから時間 T が経過して滑らなくなった後のAの運動エネルギーとBの運動エネルギーの和を求めよ。〈宇都宮大〉

7 慣性力

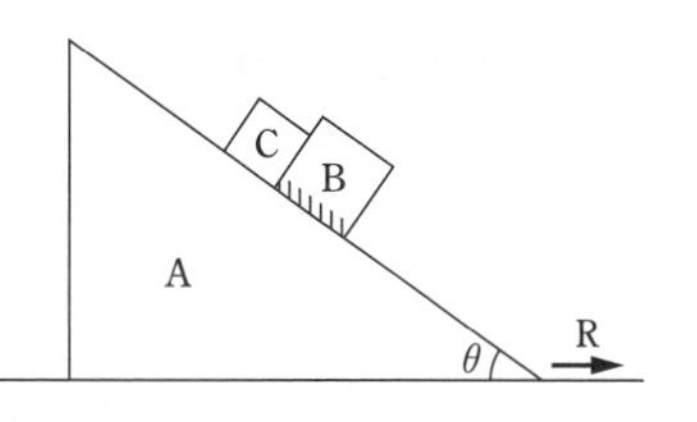

角度 θ〔rad〕の斜面を持つ物体Aが水平面に置かれており，その斜面上に立方体の小物体Bが静止している。小物体Bの質量は M〔kg〕，小物体Bと斜面の間の静止摩擦係数を μ とする。ここになめらかな面を持つ立方体の小物体Cを置いたところ，右図のような状態（状態1）で静止した。小物体Cの質量は m〔kg〕，小物体CとA，Bの接触面では摩擦力が働かないものとする。重力加速度の大きさを g〔m/s^2〕として以下の問いに答えよ。ただし，空気抵抗は無視できるものとする。

問1　状態1となるために m〔kg〕が満たすべき条件を求めよ。

問2　状態1から，図中のR方向に物体Aを運動させた。物体Aの加速度が小さい間は物体BとCは物体Aと一緒に運動したが，徐々に加速度を増やしていったところ，加速度 a_1〔m/s^2〕を超えたところで物体Cのみが物体Aに対して運動を始めた。加速度 a_1〔m/s^2〕を求めよ。

問3　加速度 a_1〔m/s^2〕を超えた後，さらに加速度を増やしていったところ，加速度 a_2〔m/s^2〕を超えたところで物体Bが物体Aに対して運動を始めた。加速度 a_2〔m/s^2〕を求めよ。〈東京海洋大〉

3 力のモーメント

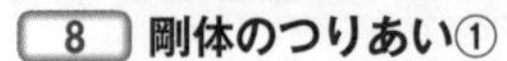

8 剛体のつりあい①

長さ l で硬くて軽い棒の点A，B，Cにそれぞれ質量 m_1，m_2，m_3 の小さな物体を取りつけ，水平面に置いた。ここで，棒の両端の点をA，Bとする。この棒にばね定数 k の軽いばねを点A，B，Pのいずれかに取り付けて，鉛直上向きに静かに引っ張り上げたところ，以下のようになった。図は点Aにばねを取りつけた場合を示す。

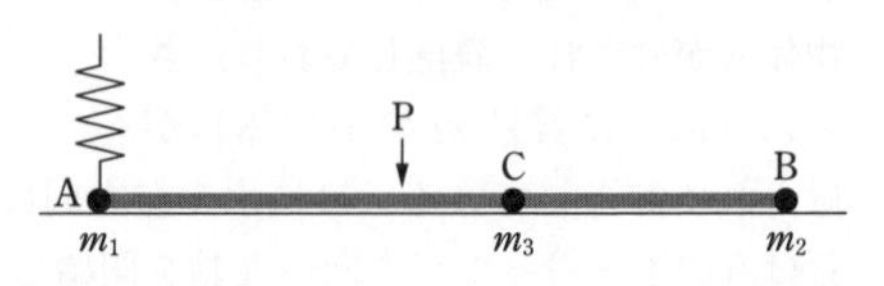

[点Aの場合]：ばねが自然長から d_1 伸びたとき点Aが水平面から離れた。
[点Bの場合]：ばねが自然長から d_2 伸びたとき点Bが水平面から離れた。
[点Pの場合]：ばねが自然長から d_3 伸びたとき棒全体が水平のまま持ち上がった。

このとき以下の問いに答えよ。ただし，重力加速度の大きさを g とし，BC間の距離を xl $(0<x<1)$，BP間の距離を yl $(0<y<1)$ とする。

問1　d_1 を k，g，x，l，m_1，m_2，m_3 のうちから必要なものを使って表せ。
問2　d_2 を k，g，x，l，m_1，m_2，m_3 のうちから必要なものを使って表せ。
問3　d_3 を k，g，x，l，m_1，m_2，m_3 のうちから必要なものを使って表せ。
問4　点Pのまわりの力のモーメントのつりあいを考えて，y を k，g，x，l，m_1，m_2，m_3 のうちから必要なものを使って表せ。
問5　点Pが点Cに一致するときの x を求めよ。　〈信州大〉

9 剛体のつりあい②

図のように，鉛直でなめらかな壁面に，質量が m で長さが l の棒ABを立てかけた。太郎さんが棒の上を点Aから登り始め，点Cに達した。AC間の距離を x とし，太郎さんの質量を m，棒と床面のなす角を θ，棒と床面の間の静止摩擦係数を μ_0 とする。また，棒ABの密度は均一であり，重力加速度の大きさを g とするとき，次の各問いに答えよ。答えは x，m，l，θ，g の中の適切な記号を用いて表せ。

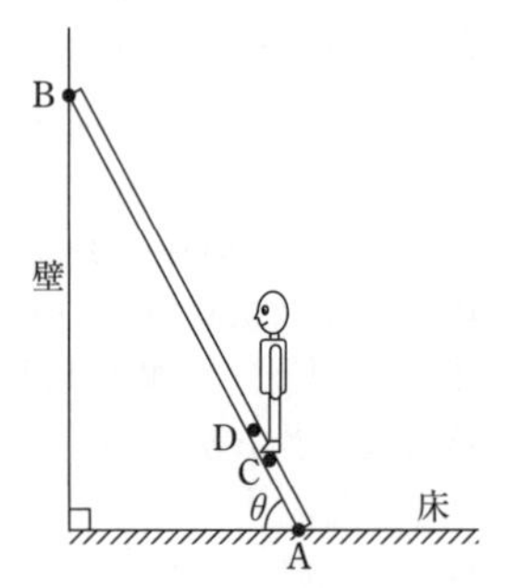

問1　棒の下端Aが床から受ける垂直抗力の大きさ N を求めよ。

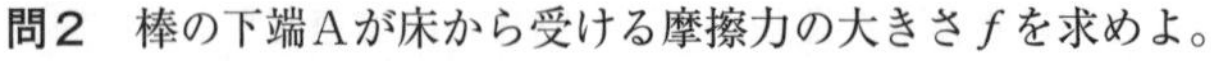

問2　棒の下端Aが床から受ける摩擦力の大きさ f を求めよ。
問3　棒の上端Bが壁を押す力の大きさを求めよ。

太郎さんはさらに棒を登り，点Dに達した瞬間に棒が滑り始めた。AD間の距離は $\dfrac{l}{4}$ であった。

問4　棒と床面の間の静止摩擦係数 μ_0 を求めよ。

問5　棒が滑らない状態を維持したまま，太郎さんが棒の上端Bまで登るためには，棒の下端Aに少なくともどれだけの大きさの力を加えなければならないか。ただし，この力の向きは鉛直下向きとする。

図の状態において棒の上端Bに糸を取りつけ，一定の大きさ F の力で鉛直上方に引っぱるようにした。ただし，**問5**で扱った棒の下端Aに加える力は無いものとする。

問6　棒が滑らない状態を維持したまま，太郎さんが棒の上端Bまで登るためには，F は少なくともどれだけの大きさでなければならないか。

〈東海大〉

10 剛体の転倒

一辺が a〔m〕で質量が m〔kg〕の一様な立方体形の物体が水平面上に置かれている。物体と水平面の間の静止摩擦係数を μ とし，重力加速度の大きさを g〔m/s²〕とする。図a，図b，図cは物体の重心を通る鉛直断面を表している。

図aのように物体の右下の点Aに水平方向右向きの力を加え，その力の大きさを徐々に大きくすると物体が滑り始めた。

問1　物体が滑り出す直前に右向きに加えた力の大きさを求めよ。

次に，図bのように物体の右上の点Bに水平方向右向きの力を加え，その力を徐々に大きくしたところ，物体は滑ることなく傾き始めた。

問2　重力による点Aのまわりの力のモーメントの大きさを求めよ。

問3　物体が傾き始める直前に右向きに加えた力の大きさを求めよ。

問4　物体が水平面上を滑ることなく傾き始める場合の，静止摩擦係数 μ の条件を求めよ。

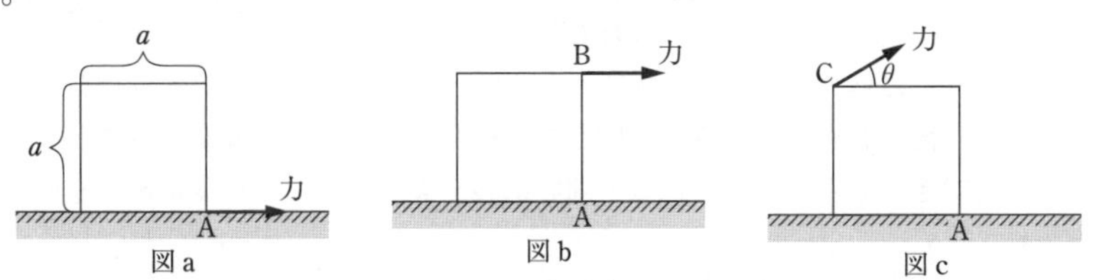

図a　図b　図c

今度は，図cのように物体の左上の点Cに水平方向からの角度 θ〔rad〕$\left(0 \leqq \theta \leqq \dfrac{\pi}{2}\right)$ の向きに力を加えた。その力を徐々に大きくしたところ，加えた力の大きさが F〔N〕のときに，物体は滑ることなく傾き始めた。

問5　物体が傾き始める直前に，物体が水平面から受ける垂直抗力の大きさを求めよ。

問6　物体が傾き始める直前の力の大きさ F を求めよ。

問7　θ を変えると，物体が傾き始める力の大きさ F を最小にすることができる。その角度 θ_m〔rad〕を求めよ。

問8　θ_m の方向に力を加えるとき，物体が水平面上を滑ることなく傾き始める場合の，静止摩擦係数 μ の条件を求めよ。

〈金沢大〉

4 力学的エネルギーと運動量

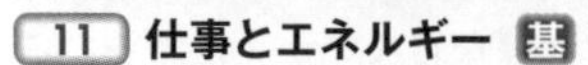

11 仕事とエネルギー 基

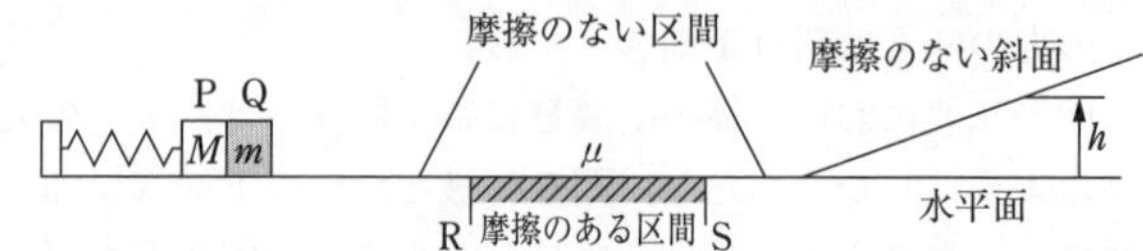

図のように，水平面上の摩擦のない区間で，ばね定数kのばねの一端を壁に固定し，他端に質量Mの小物体Pを付けて置いた。Pに質量mの小物体Qを押しあて，自然長の位置からばねを長さdだけ縮ませた後で，Qを静かに放した。すると，PとQは一体となって運動を始め，Pが自然長の位置に達したときQはPから離れた。Qは摩擦のある区間RSを通過して，水平面となめらかにつながっている摩擦のない斜面を上り，水平面から高さhの位置で一旦静止した。その後Qは斜面を下り，再びRSを通過してPと衝突した。QとRSとの間の動摩擦係数をμ，重力加速度の大きさをgとして，以下の各問いに答えよ。

問1　PとQが離れた直後のQの速さはいくらか。

問2　自然長からのばねの伸びの最大値はいくらか。ただしばねの伸びが最初に最大となるまでには，PとQは衝突することなく，またPは区間RSには達しないとする。

問3　RSの長さはいくらか。

問4　Pに衝突する直前のQの速さはいくらか。　〈東京電機大〉

12 運動量保存と力積

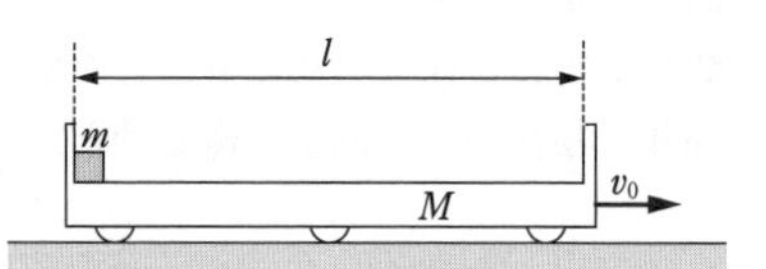

図のように，質量M，荷台の長さlの貨車の模型が，なめらかで水平な床上を右向きに一定速度v_0で進んでいる。貨車の荷台もなめらかで水平であり，その左端に質量mのおもりが載っている。貨車に外力を瞬間的に加えたところ，貨車は静止し，おもりは荷台上を滑り出した。その後，おもりは貨車の右壁と弾性衝突した。貨車の両壁の厚さとおもりの大きさは無視できるものとして，以下の問いに答えよ。ただし，速度は水平右向きを正とする。

問1　貨車を止めたときに加えた力積の大きさを求めよ。

問2　問1において，外力が貨車に対してした仕事を求めよ。

問3　おもりが貨車の右壁と衝突した直後の，おもりと貨車の速度をそれぞれv_1，V_1としたとき，v_0をv_1，V_1で表せ。

問4　v_1，V_1をm，M，v_0で表せ。

おもりは右壁と衝突後，再び左端に戻って左壁と弾性衝突した。

問5　おもりが貨車の左端に戻ってくるまでに貨車が動く距離をl，m，Mで表せ。

問6　おもりが貨車の左壁と衝突した後の，おもりの速度v_2と貨車の速度V_2をv_1，V_1を含まない式で表せ。　〈名城大〉

13 固定面との衝突

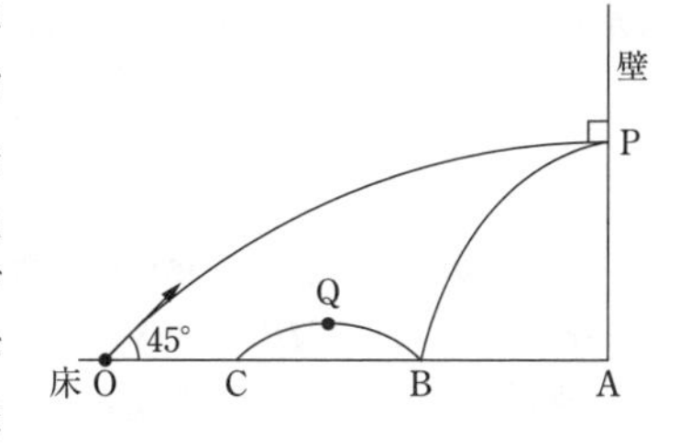

図のように，鉛直な壁 AP から l だけ離れた水平な床上の原点Oから，斜め上方 45° をなす方向にボールを打ち出したところ，ボールは壁面の点Pに垂直に当たった。その直後，ボールははね返って床上の点Bに落ちてはね上がり，点Qまで上がって再び床上の点Cに落ちた。時刻 $t=0$ のときにボールが打ち出されたとし，ボールの質量を m，ボールと床およびボールと壁の間の反発係数を e，重力加速度の大きさを g として，以下の問いに答えよ。ただし，床はなめらかであるとし，空気抵抗は無視するものとする。

問1　ボールの初速度の大きさを v_0 とするとき，ボールが壁に当たるまでの間のある時刻 t において，原点Oからのボールの水平方向の距離を求めよ。

問2　問1のときの速度の鉛直方向成分を求めよ。

問3　ボールが壁面の点Pに垂直に当たるときの速度の鉛直方向成分を求めよ。

問4　点Pの床からの高さを l を使って表せ。

問5　点Aと点Bの距離を l と e を使って表せ。

問6　点Qの床からの高さを l と e を使って表せ。

問7　点Bと点Cの距離を l と e を使って表せ。

問8　ボールが点Oから打ち出されて点Cに落下する直前までに，ボールの失った力学的エネルギーを m，v_0，e を使って表せ。

問9　点Cが点Oに一致するとき，e の値はいくらになるか。　〈香川大〉

14 ばねではね返る2台の台車

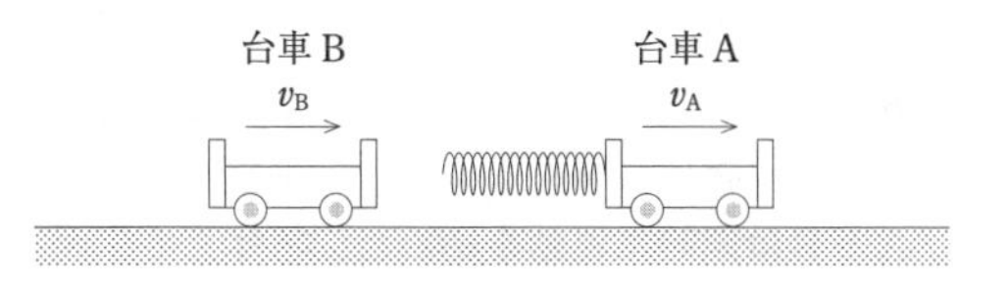

図1のように台車Aと台車Bが水平な平面の一直線上を走っている。台車Aの後端には，ばね定数 k のばねが取り付けられている。はじめ，台車Aと台車Bは，平面上をなめらかに，それぞれ速度 v_A，v_B で走っているとする。台車の速度は紙面に向かって右向きを正として，$v_B>v_A>0$ であった。台車Aと台車Bの質量をそれぞれ m_A，m_B とし，ばねの質量は無視できるものとする。

しばらくすると，台車Bは台車Aに追いつき，ばねに接触してばねが縮み始める。台車Bが台車Aに最も近づいた瞬間に，ばねは自然長から長さ l だけ縮み，台車Aと台車Bの速度はともに V となった。ばねは，弾性力がフックの法則にしたがう範囲で伸縮するものとする。台車Aと台車Bが最も近づいた後，再びばねが伸び始め，ばねが自然長に戻った瞬間に台車Bは台車Aのばねから離れた。以下の問いに答えよ。

問1　台車Bがばねに接触する前とばねが最も縮んだ瞬間に対して，運動量保存の式と力学的エネルギー保存の式を示せ。

問2　ばねの縮み l を，k，v_A，v_B，m_A，m_B を用いて表せ。

問3　ばねが自然長に戻り台車Bがばねから離れたとき，台車Bが静止するための条件を，(1) $\dfrac{v_B}{v_A}$ と $\dfrac{m_B}{m_A}$ の関係式と，(2) m_A と m_B の大小関係で表せ。　〈広島大〉

15　可動な三角台上の物体の運動

斜面を持つ質量 M の物体Aと，質量 $m\ (<M)$ の小物体Bが水平な床に置かれている。重力加速度の大きさを g として以下の問いに答えよ。ここで，床や物体Aの斜面はなめらかであり，摩擦や空気抵抗は無視できるものとしてよい。

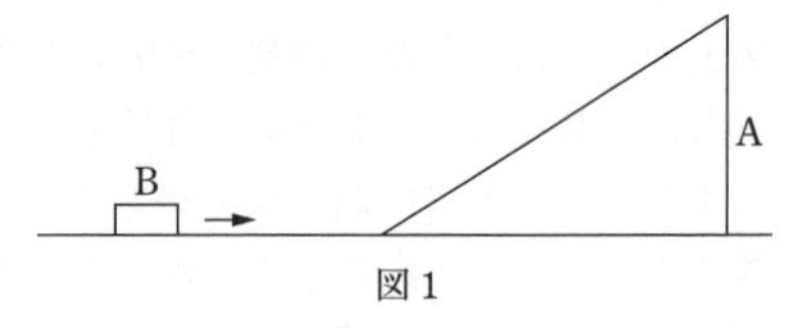

図1

問1　図1のように，静止した物体Aに向かって，左側から小物体Bが速さ v_0 で進んできた。ここで小物体Bは，物体Aと床の境目をなめらかに移動できるものとする。

小物体Bが斜面を上がり始めると物体Aも運動を始めた。斜面上で小物体Bが達する最高点の高さを h，そのときの物体Aの速さを V とする。ただし，小物体Bが斜面を越えることはないものとする。

(1)　小物体Bが斜面の最高点に達したときのAとBを合わせた物体系の運動エネルギー，および水平右向きの運動量を書け。

(2)　力学的エネルギー保存，および水平方向の運動量保存の関係を用いて，V と h を求めよ。

その後，小物体Bは斜面を滑り下りて，物体Aと分かれて床の上を運動した。

(3)　このときの物体Aと小物体Bの速さを，M，m，v_0 を用いてそれぞれ表せ。また，運動の向きについてもそれぞれ答えよ。

問2　図2のように，物体Aの斜面が床と角度 θ をなしているとする。静止した物体Aの斜面上に小物体Bを静かに置いて手を放すと，AとBは同時に運動を始めた。物体Aの床面に対する加速度を右向きに a_A とし，斜面に固定された座標系における小物体Bの加速度を斜面に沿って下向きに a_B とする。また，小物体Bと斜面の間の垂直抗力の大きさを N とする。

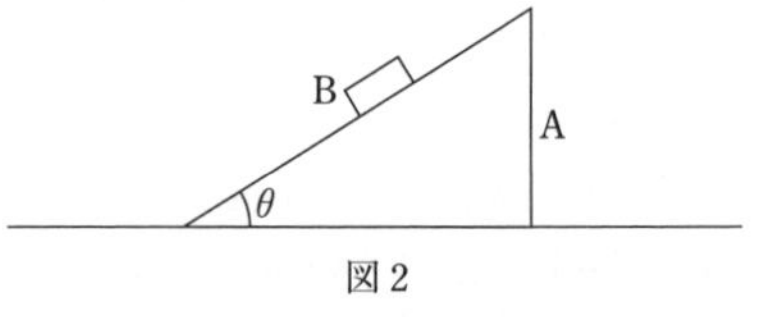

図2

(4)　物体Aの水平方向の運動について運動方程式を書け。

(5)　斜面に固定された座標系においては物体Aの運動による慣性力が働くことに注意して，小物体Bの斜面に沿った方向の運動について運動方程式を書け。

(6)　斜面に固定された座標系において，小物体Bに対して斜面に垂直な方向に働く力のつりあいの式を書け。

(7)　加速度 a_B を M，m，θ および g で表せ。　〈新潟大〉

5 円運動

16 水平面上での等速円運動

空所を埋め，問いに答えよ。

図のように，ばね定数がkで自然長がlの軽いばねに質量mの小さなおもりを取り付け，軸を鉛直上方に伸ばし，ばねの他端を水平面から高さlに固定した。ばねは軸を中心に自由に回転でき，おもりはなめらかな水平面上で原点Oを中心に等速円運動をしている。このとき，ばねはたわまないで，軸とばねのなす角はθであった。おもりの回転半径は$l\tan\theta$である。

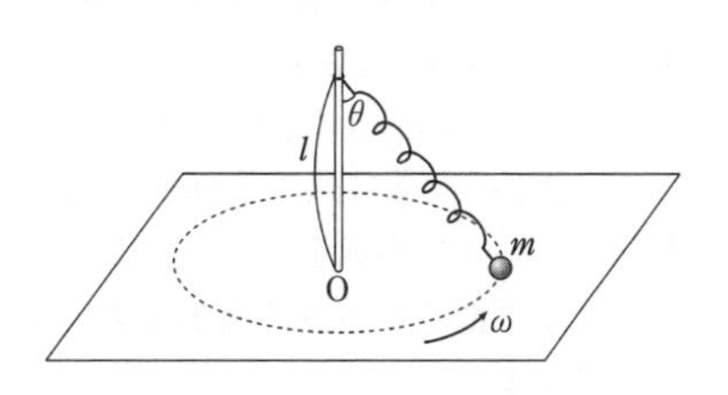

おもりと一緒に回転している観測者から見たときの，おもりに働く力のつりあいを考えよう。おもりに働く，ばねからの力の大きさをF，水平面からの垂直抗力の大きさをNとおく。また重力加速度の大きさをg，回転の角速度をωとする。

おもりに働く力のつりあいの式は，水平方向と鉛直方向のそれぞれについて，F，N，θを用いて以下で表される。

水平方向　[(1)]$=ml\tan\theta\cdot\omega^2$

鉛直方向　[(2)]$=mg$

一方，図より，ばねの伸びはlとθを用いて　$l\times$([(3)])と表される。

問1　角速度ωをk，m，θを用いて表せ。

角速度がある値よりも大きい場合，おもりは平面から浮き上がって等速円運動をする。おもりがちょうど浮き上がる状況を調べてみよう。

問2　おもりがちょうど浮き上がるときの角をθ_0とする。$\cos\theta_0$をk，m，g，lを用いて表せ。

問3　このときのばねの伸びをk，m，g，lを用いて表せ。

問4　問2と問3の解が存在するためには，k，m，g，lの間に，ある条件が必要である。この条件式を求めよ。

問5　おもりがちょうど浮き上がるときの角速度ω_0をgとlを用いて表せ。

〈大阪工業大〉

17 円錐面上での等速円運動

図1のように，鉛直線を中心軸とする半頂角 θ〔rad〕の円錐面を下向きにし，その頂点を水平な床に固定する。床からの高さ h〔m〕の位置で，円錐のなめらかな内側の面に沿って，水平の向きに速さ v〔m/s〕で質量 m〔kg〕の小球を滑らせると，

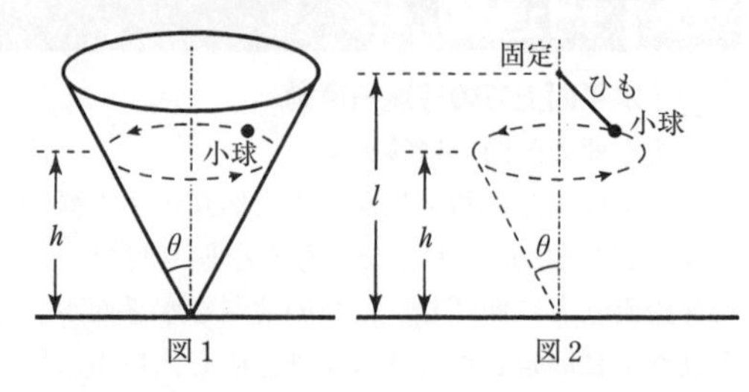

小球は水平面上を等速円運動した。重力加速度の大きさを g〔m/s^2〕として，以下の問いに答えよ。

問1 小球の円運動の周期と角速度を，v, h, θ を用いて表せ。

問2 小球の加速度の大きさを，v, h, θ を用いて表せ。また小球が円錐面から受ける垂直抗力の大きさを N〔N〕として，円運動の向心力の大きさを，N, θ を用いて表せ。

問3 垂直抗力の大きさ N と速さ v を，m, g, h, θ のうち必要なものを用いて表せ。

次に図2のように円錐を取りはらい，床から高さ l〔m〕($l>h$) の位置に，軽くて伸びないひもの端を固定し，もう一方の端に質量 m の小球を付けた。この小球を，高さ h の水平面上で速さ v の等速円運動をさせたところ，その軌道の半径は，図1の円錐面を円運動する小球と同じであった。

問4 高さ l を求めよ。 〈大阪市立大〉

18 円筒面上の運動

図のように，なめらかな水平面BCに対して，半径 R の円弧ABが断面となるなめらかな曲面が点Bで，半径 r のなめらかな半円筒CDが点Cで，それぞれなめらかにつながっている。点Bには質量 m_q の小球

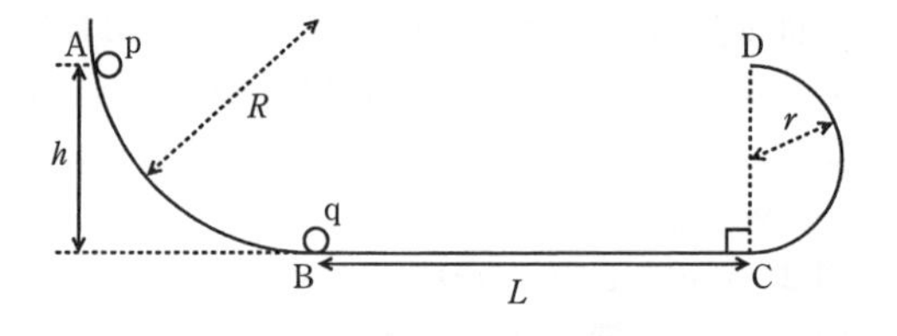

qが停止しており，水平面BCからの高さが h ($h<R$) の点Aの地点で，質量 m_p の小球pを静かに放す。pを放してからのpとqの運動について，次の各問いに答えよ。ただし，重力加速度の大きさを g とする。

問1 pが円弧AB上を滑り下りて，点Bにおいてqに衝突する直前の速さ v_{pB} を求めよ。

問2 pとqが点Bにおいて衝突した後，pは点Bで停止し，qは点Cに向かって動き出した。点Cにおけるqの速さ v_{qC} を求めよ。(v_{pB} を用いて表せ)。

問3 qは半円筒CDの内面を滑り，最高点Dに達したとする。このときのqの速さ v_{qD} とqが受ける垂直抗力の大きさ N_D を求めよ。(v_{qC} を用いて表せ)。

問4 qが点Dに到達するための条件を，h, m_p, m_q, r を用いて求めよ。 〈南山大〉

19 鉛直面内の円運動と放物運動

軽くて伸びない長さLの糸の一端を天井の点Oに固定し，他端に質量mの小物体Pを付けてつるした。Oを通る鉛直線上で，Oから$\frac{L}{2}$だけ下方の点Qに小さなくぎがあり，糸が左から右に振れるときに引っかかるようになっている。図1のように，糸がたるまないようにして，糸と鉛直線のなす角αが$\cos\alpha=\frac{1}{8}$になる位置までPを持ち上げて静かに放した。その後のPの運動について，Pが通る最下点をR，重力加速度の大きさをgとして以下の問いに答えよ。

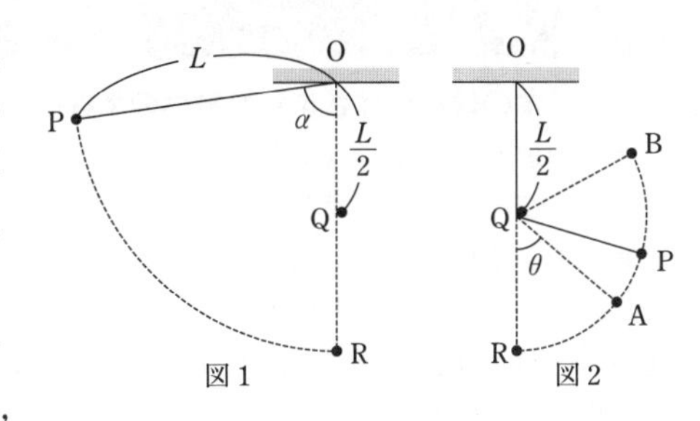

問1　糸がくぎに触れる直前の速さをg，Lを用いて表せ。

問2　糸がくぎに触れる直前の糸の張力をg，mを用いて表せ。

糸がくぎに触れた後，Pは図2のようにQを中心とする半径$\frac{L}{2}$の円運動を始めた。

問3　糸がくぎに触れた直後の糸の張力をg，mを用いて表せ。

問4　Pが円周上の点A（$\angle$AQR$=\theta$）を通過するときの速さをg，L，θを用いて表せ。

問5　Pが円周上の点A（$\angle$AQR$=\theta$）を通過するときの糸の張力をg，m，θを用いて表せ。

問6　糸の張力が0になるときのPの位置をBとすると，$\angle$BQRは何度か。

問7　糸の張力が0になるときのPの速さをg，Lを用いて表せ。

張力が0になった後，糸はたるみ，Pは放物運動を始めた。

問8　Rを原点とし，水平右向きにx軸，鉛直上向きにy軸をとる。Pがy軸上に達したときのy座標はいくらか。

〈福岡大〉

6 単振動

20 2本のばねにはさまれた物体の単振動

図1のように，$2l$ 離れて向かいあった2つの面，およびその2つの面と垂直でなめらかな水平面からなる枠がある。同じばね2本を用い，それぞれのばねの一端を枠の水平面から同じ距離の点AおよびBに固定し，もう一端には質量 m の物体を付けた。

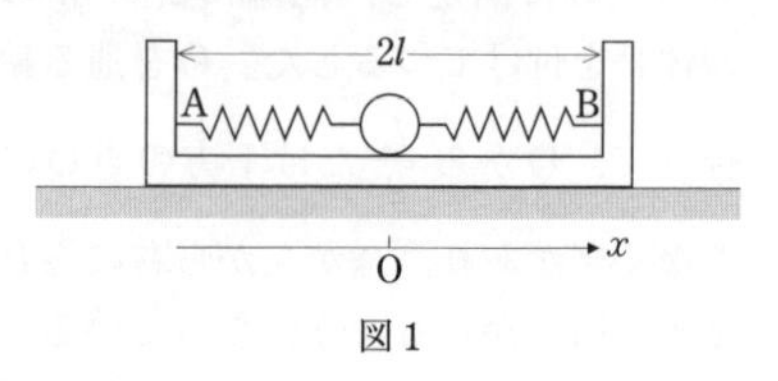

図1

ばねの自然長を l，ばね定数を k，水平右向きを x 軸の正方向，ばねが自然長のときの物体の位置を原点Oとする。また，ばねの質量および物体の大きさは無視できるとして，以下の問いに答えよ。

はじめに，この物体を水平右向きに x_0 だけ移動して静かに手を放したら，物体は時間 t の間に水平方向に n 回の単振動をした。

問1 物体の単振動の振幅，周期，振動数，角振動数は，x_0，t，n のいずれかを用いて，それぞれどのように表されるか。

問2 ばねによる復元力 F は，物体の位置を x としてどのように表されるか。

問3 物体の運動方程式は，物体の加速度を a としてどのように表されるか。

問4 ばね定数 k は，m，t，n を用いてどのように表されるか。

問5 物体の速さが最大となる位置 x はどこか。

問6 物体の速さの最大値は，x_0，t，n を用いてどのように表されるか。

次に図2のように，ばねがつながれた枠全体を点Aが上方になるように右回りに90°回転させた。鉛直下向きを x 軸の正方向，点AおよびBの中点を原点Oとする。また重力加速度の大きさを g とする。

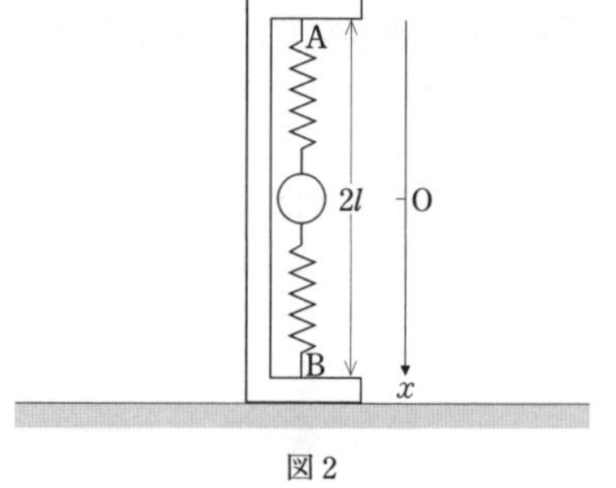

図2

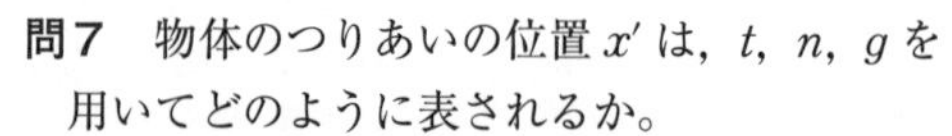

問7 物体のつりあいの位置 x' は，t，n，g を用いてどのように表されるか。

問8 物体のつりあいの位置 x' から，この物体を鉛直下向きに x_0 だけ移動して静かに手を放したら，物体は単振動をした。物体の単振動の周期は，t，n を用いてどのように表されるか。

問9 2本のばねのうち1本を同じ長さでばね定数が k' であるばねに交換したら，単振動の周期が半分になった。交換したばねのばね定数 k' は，ばね定数 k の何倍か。

〈玉川大〉

21 微小角振動の単振り子

図1のように水平面に垂直に置かれたなめらかな板がある。この板の高さ $2l$ の点aに長さ l の軽い糸の一端を固定し，この糸の他端に質量 m の小さなおもりを取り付けた。次の各問いに答えよ。ただし，重力加速度の大きさを g とし，おもりは板面上を運動するものとする。

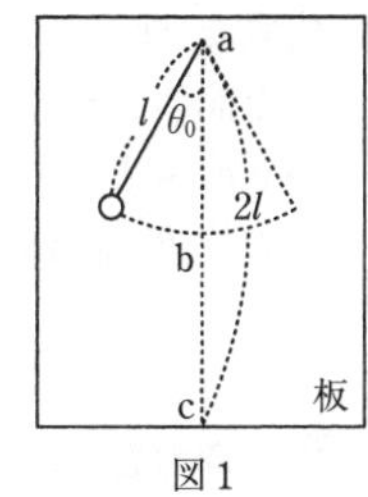

図1

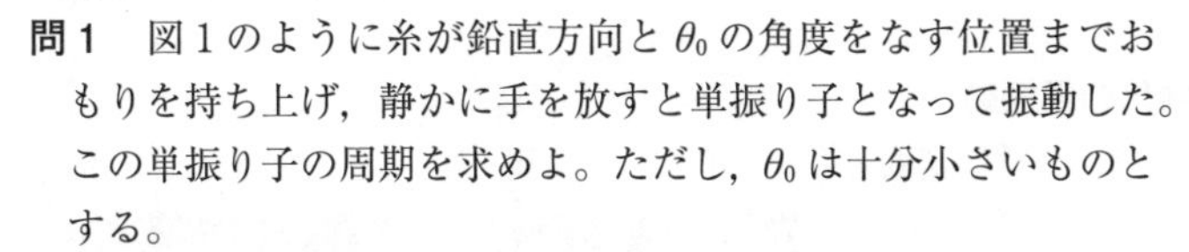

問1　図1のように糸が鉛直方向と θ_0 の角度をなす位置までおもりを持ち上げ，静かに手を放すと単振り子となって振動した。この単振り子の周期を求めよ。ただし，θ_0 は十分小さいものとする。

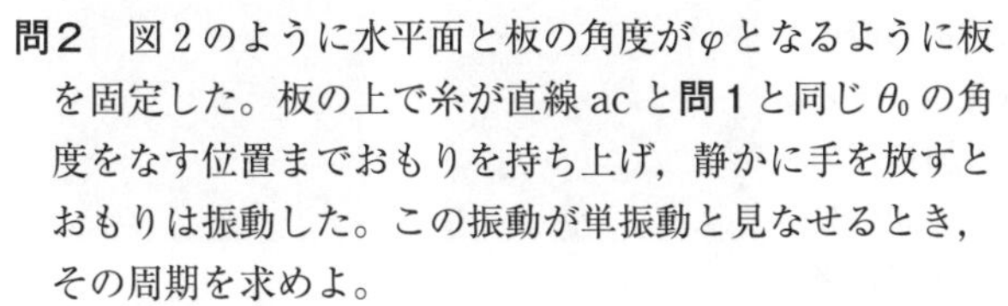

問2　図2のように水平面と板の角度が φ となるように板を固定した。板の上で糸が直線acと**問1**と同じ θ_0 の角度をなす位置までおもりを持ち上げ，静かに手を放すとおもりは振動した。この振動が単振動と見なせるとき，その周期を求めよ。

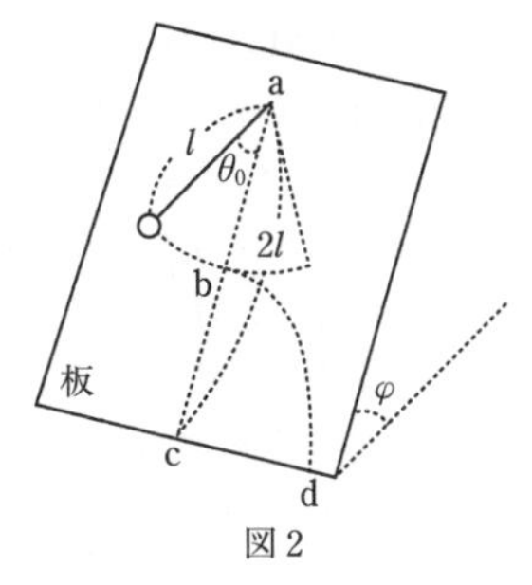

図2

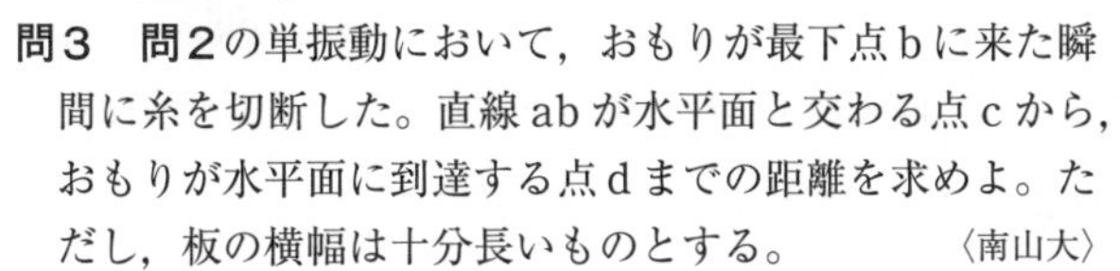

問3　**問2**の単振動において，おもりが最下点bに来た瞬間に糸を切断した。直線abが水平面と交わる点cから，おもりが水平面に到達する点dまでの距離を求めよ。ただし，板の横幅は十分長いものとする。〈南山大〉

22 粗い水平面上の単振動

次の文中の［　　］にあてはまる式を求めよ。

図のように，重さの無視できるばね定数 k〔N/m〕のばねに質量 m〔kg〕の小物体が結ばれている。小物体の位置を示すために，ばねが自然の長さとなるときの小物体の位置を原点として，図の右向きに座標軸 x を設定する。時刻0sにおいて小物体の位置は0m，すなわち原点Oに位置し，またその速さは v_0〔m/s〕で座標軸の負の方向に移動している。以下では，重力加速度の大きさを g〔m/s²〕とする。

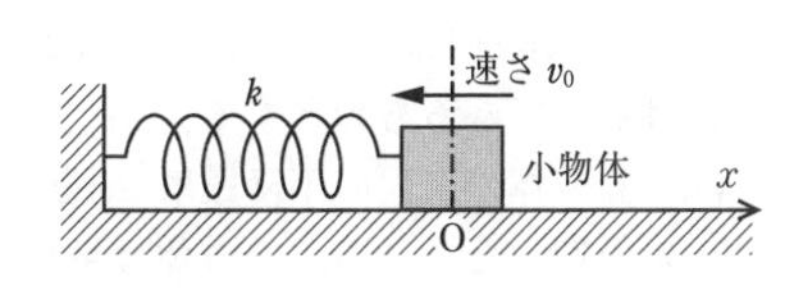

問1　はじめに，床がなめらかで小物体との間に摩擦が生じない場合を考える。時刻 $t>0$ において，小物体の速度が最初に0m/sとなる時刻は［(1)］〔s〕，そのときの小物体の位置は［(2)］〔m〕である。

問2　次に，床がなめらかではなく，床と小物体との間の静止摩擦係数が μ_s，動摩擦係数が μ_d の場合を考える。時刻 $t>0$ において，小物体の速度が最初に0m/sとなる時刻を t_1〔s〕とする。時刻 t_1 における小物体の位置 x_1〔m〕は［(3)］である。また，この位置に静止せず再び座標軸の正の向きへ運動を開始するための，v_0 に関する条件は，［(4)］である。

速さ v_0 が［(4)］の条件を満たしていると仮定し，2回目に速度が0m/sとなる時刻を t_2〔s〕とする。時刻 t_1 から時刻 t_2 までの間において，小物体の速さが最大になるのは，小物体の位置が $\boxed{(5)}$〔m〕のときである。また，時刻 t_2 における小物体の位置 x_2〔m〕を，x_1 を用いて表すと，$x_2 = \boxed{(6)}$ である。

上記のような座標軸の正負の方向に向きを変える運動を繰り返し，n_e 回目に速度が 0 m/s となりそのまま静止した。$n(n \leqq n_e)$ 回目に速度が 0 m/s となるときの小物体の位置 x_n〔m〕は，n が奇数のとき，x_1 を用いて $x_n = \boxed{(7)}$ と表される。

〈東京理科大〉

23 浮力を受けた物体の単振動

一辺の長さが a〔m〕で，一様な密度 ρ〔kg/m³〕を持つ立方体を水に浮かべる。立方体は鉛直方向に動くとし，その際の水の抵抗および水面の変化は無視できる。水の密度を ρ_w〔kg/m³〕，重力加速度の大きさを g〔m/s²〕とし，以下の問いに答えよ。なお，水面上の空気の影響は考えなくてよいものとする。

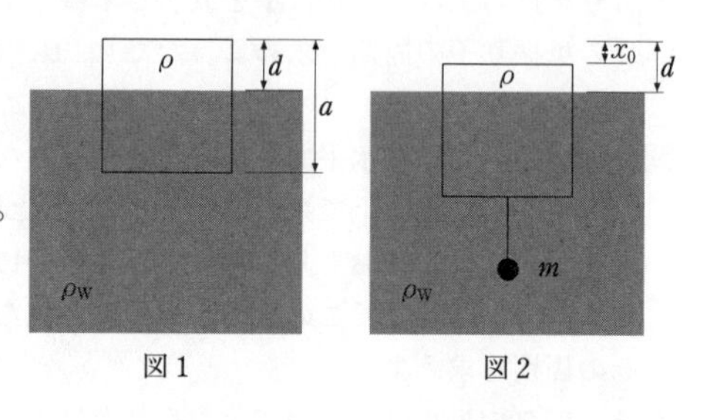

図 1　　図 2

問 1　立方体を水面に浸したところ，図 1 のように，底面を水平にして上面を水面から d〔m〕$\left(d < \dfrac{a}{2}\right)$ だけ出して静止した。

(1)　立方体に働く重力と浮力を求めよ。

(2)　水面からの高さ d を求めよ。

問 2　次に，図 2 のように，立方体の下に質量 m〔kg〕のおもりを糸でつり下げたところ，立方体の上面が x_0〔m〕$(x_0 < d)$ だけ下がり静止した。おもりと糸の体積，糸の質量は無視できるものとする。

(3)　立方体の上面の下降距離 x_0 を，a，ρ_w，m を用いて表せ。

糸を切ったところ，立方体は単振動を始めた。

(4)　単振動の振幅を求めよ。

(5)　単振動の周期を，a，ρ，ρ_w，g を用いて表せ。

(6)　立方体の上面が，水面からの高さ d の位置を通過するときの速さを，a，ρ，ρ_w，g，x_0 を用いて表せ。

〈岩手大〉

7 万有引力

24 万有引力による等速円運動

地球（質量 M）と月（質量 m）の運動を考える。地球と月との距離を r_0, 万有引力定数を G として，次の問いに答えよ。なお，地球と月は，それら以外の天体から力を受けないとし，それぞれの大きさは無視できるものとする。

問1 地球は静止しており，月は地球のまわりを等速円運動するとして次の(1)～(6)に答えよ。

(1) 月が地球から受ける万有引力の大きさを記せ。

(2) 月の運動の周期を m, M, G, r_0 のうち必要なものを用いて表せ。

(3) 月の運動エネルギーを m, M, G, r_0 のうち必要なものを用いて表せ。

(4) 月の力学的エネルギーを m, M, G, r_0 のうち必要なものを用いて表せ。なお，地球の万有引力による月の位置エネルギーの基準を無限遠に選ぶ。

(5) 何らかの原因で月の力学的エネルギーが減少したとする。月は，依然として等速円運動を行っているとした場合，地球と月との距離について，次の選択肢から正しいものを選び，記号で答えよ。

ア．大きくなる。　イ．小さくなる。　ウ．変わらない。

(6) その場合，月の速さはどのようになるか，次の選択肢から正しいものを選び，記号で答えよ。

ア．速くなる。　イ．遅くなる。　ウ．変わらない。

問2 実際には，図のように地球と月は，地球と月を結ぶ線上のある点Oを中心にして，同じ角速度で等速円運動を行っていると見なせる。この場合の，Oから月までの距離を r_1, Oから地球までの距離を r_2（ただし $r_0=r_1+r_2$）として次の(7)～(10)に答えよ。

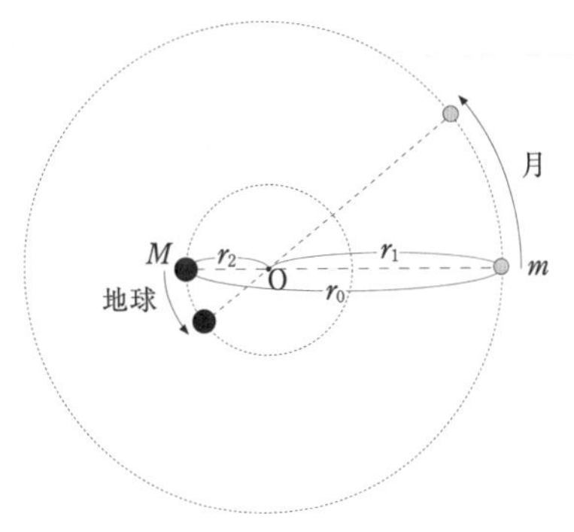

(7) 月の円運動の角速度を ω として，月の向心力の大きさを m, r_1, r_0, ω のうち必要なものを用いて表せ。

(8) 月の受ける万有引力は**問1**(1)の万有引力と同じであることに注意し，月の角速度を G, M, r_1, r_0 を用いて表せ。

(9) 地球と月はOを中心にして同じ角速度で等速円運動を行っていることに注意して，r_1 を M, m, r_0 を用いて表せ。

(10) 円運動の周期を G, M, m, r_0 を用いて表せ。　〈関西学院大〉

25 地球の引力圏からの脱出

地球を半径R，質量Mの球と考える。いま，地表にある質量mの小物体を速さv_0で鉛直方向上向きに打ち上げた。万有引力定数をGとして以下の問いに答えよ。ただし，地球の自転や公転の効果は考えないものとする。また，地球大気による空気抵抗は無視できるものとする。

問1 小物体が地表から高さhの位置に到達したときを考える。ただし，小物体は鉛直方向上向きにまだ動いているとする。

(1) このときに小物体が受ける万有引力の大きさを求めよ。

(2) このときの小物体の速さを求めよ。

問2 この後，小物体が最高点に達した。このときの地表からの高さHを求めよ。

問3 図のように，小物体が地表から高さHの最高点に達した瞬間に，小物体は2つの小物体A，Bに外力を受けずに分裂し，それらはお互いに反対方向に運動した。分裂した瞬間のA，Bの運動方向は鉛直方向に対し垂直であった。分裂前の小物体の質量と，AとBの質量の和は等しいとする。Aは分裂後，地球の周りを等速円運動した。Bは分裂後飛び去り，無限の遠方で運動エネルギーが0となった。ただし，小物体A，B間の万有引力は無視できるものとする。また，以下の設問の解答にはHを用いてよい。

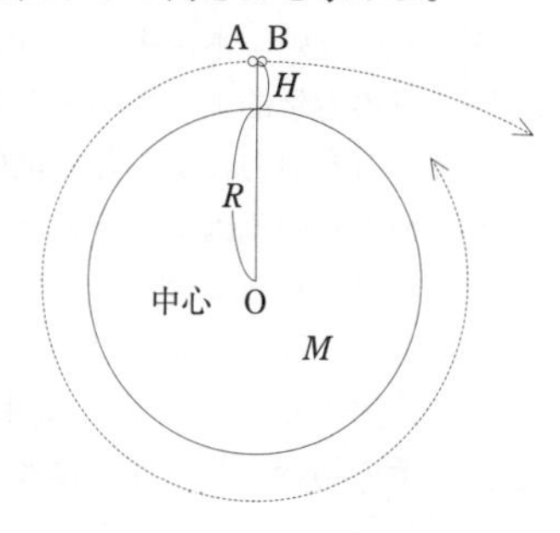

(3) 分裂後のAの速さと円運動の周期をそれぞれ求めよ。

(4) 分裂した瞬間のBの速さを求めよ。

(5) 小物体AとBの質量をそれぞれ求めよ。

〈新潟大〉

26 楕円運動とケプラーの法則

図のように木星の中心をOとし，質量を M〔kg〕とする。万有引力定数を G〔$\mathrm{N \cdot m^2/kg^2}$〕として次の問いに答えよ。

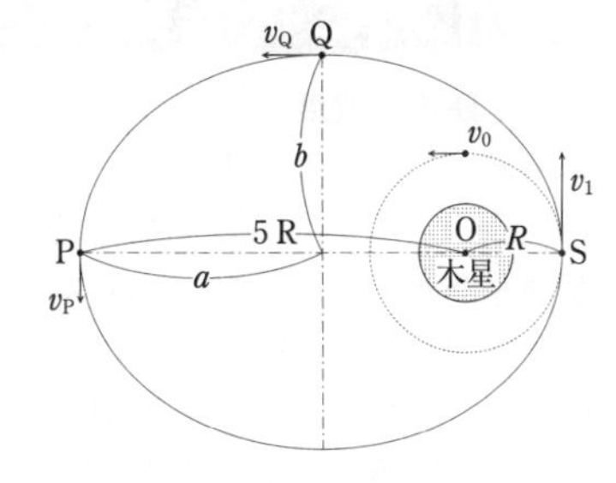

問1　図の破線のようにOを中心とする半径 R〔m〕の円軌道を質量 m_0〔kg〕の惑星探査機が等速円運動をしている。この惑星探査機の速さ v_0〔m/s〕を求めよ。

問2　惑星探査機は点Sで惑星探査機に対する相対速度として，後方に速さ u〔m/s〕で質量 m_1〔kg〕のガスを瞬間的に噴射して加速した。加速直後の惑星探査機の速さ v_1〔m/s〕を求めよ。

問3　図のように惑星探査機は加速後木星の中心Oから，木星から最も遠い点Pまでの距離が $5R$ の楕円軌道上を運動した。ここで，楕円とは2つの焦点からの距離の和が一定となるような点の集合から作られる曲線であり，点Oは楕円の焦点の1つである。

(1)　楕円の半長軸の長さ a〔m〕と半短軸の長さ b〔m〕を求めよ。

(2)　点Pでの惑星探査機の速さ v_P〔m/s〕を v_1 のみを使って表せ。

(3)　v_1 を G，R，M を用いて表せ。

(4)　楕円軌道と楕円の短軸が交差する点Qでの惑星探査機の速さ v_Q〔m/s〕を，v_1 のみを用いて表せ。

(5)　楕円運動の周期を G，R，M を用いて表せ。

問4　木星を半径 7.00×10^7 m の球とする。木星の表面にある質量 1.00 kg の小球に加わる万有引力の大きさ F〔N〕を有効数字2桁で求めよ。ただし，木星の質量を 1.90×10^{27} kg，万有引力定数は $6.67 \times 10^{-11}\ \mathrm{N \cdot m^2/kg^2}$ とする。　〈静岡大〉

第2章 熱

8 熱と状態変化

27 熱量と温度 基

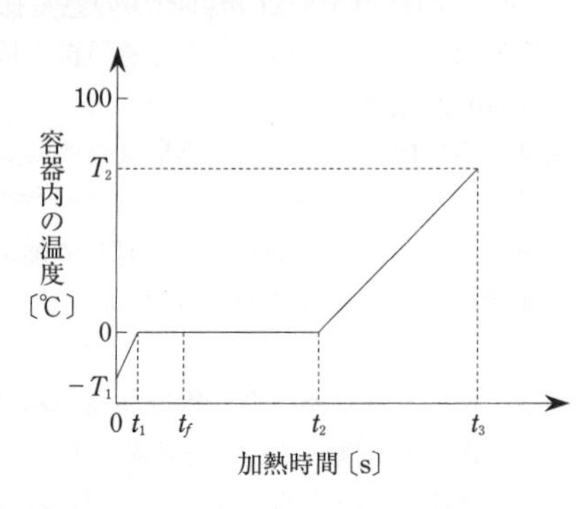

断熱された容器の中に，$-T_1$〔°C〕の氷が m〔g〕入っている。この容器を一定電力で加熱を開始したところ，容器内の温度は図に示すような温度変化をして，t_1〔s〕後には 0°C となった後，しばらく温度は一定となった。加熱開始 t_2〔s〕後には，氷は完全に溶けて水になり，再び温度が上昇し始め，加熱開始 t_3〔s〕後には T_2〔°C〕になった。ただし，容器からの熱の出入りはなく，容器の熱容量は無視できるものとし，水の比熱は C_w〔J/(g·K)〕とする。また，全ての過程は1気圧のもとで行われているものとし，水の蒸発は無視できるものとして以下の問いに答えよ。答えは t_1, t_2, t_3, t_f, T_1, T_2, m, C_w を用いて表せ。

問1　完全に氷が溶けた後の水 m〔g〕の温度が，0°C から T_2〔°C〕まで上昇する間に与えられた熱量 Q〔J〕を求めよ。

問2　この加熱の電力 P〔W〕を求めよ。

問3　0°C において，氷 1 g を完全に溶かして水にするのに必要な熱量 q〔J〕を求めよ。

問4　氷の比熱 C_i〔J/(g·K)〕は，C_w〔J/(g·K)〕の何倍かを求めよ。

問5　加熱開始 t_f〔s〕後に，この容器の中に残っている氷の質量 n〔g〕を求めよ。ただし，$t_1 < t_f < t_2$ とする。

〈鹿児島大〉

28 気体の状態変化

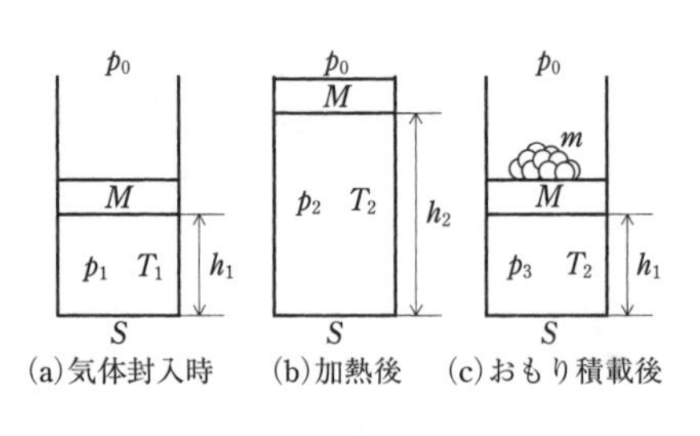

(a)気体封入時　(b)加熱後　(c)おもり積載後

なめらかに動く質量 M〔kg〕のピストンが付いた断面積 S〔m^2〕のシリンダーがある。このシリンダーを，図のように，(a)圧力 p_0〔Pa〕の大気中で垂直に立て，内部に単原子分子の理想気体を封入したところ，シリンダーの底部からピストンまでの高さが h_1〔m〕，気体の圧力と温度がそれぞれ p_1〔Pa〕，T_1〔K〕となった。次に，(b)この気体をゆっくり加熱したところ，ピストンの高さは h_2〔m〕，気体の温度は T_2〔K〕になった。この後，(c)気体の温度を一定に保ったまま，ピストンの上に小さなおもりを少しずつ載せていったところ，おもりの質量の合計が m〔kg〕のときピストンの高さが h_1 に戻った。次の問いに答えよ。ただし，重力

加速度の大きさを g〔m/s²〕とする。なお，図中の p_2，p_3 は，それぞれ加熱後およびおもり積載後の圧力を表す。

問1　シリンダー内に封入した気体の圧力 p_1 を，p_0，M，S，g で示せ。

問2　気体が加熱されて，温度が T_1 から T_2 に上昇するとき，

(1)　加熱後の気体の温度 T_2 を，T_1，h_1，h_2 で表せ。

(2)　この間の気体の内部エネルギーの増加量 ΔU〔J〕を，T_1，h_1，h_2，気体の物質量 n〔mol〕，および気体定数 R〔J/(mol·K)〕を用いて表せ。

問3　おもりを載せた後のシリンダー内の気体の圧力 p_3〔Pa〕を，p_0，M，m，S，g を用いて表せ。

問4　おもりの質量 m を p_0，M，S，g，h_1，h_2 を用いて表せ。〈弘前大〉

29 力のつりあいと気体の法則

次の文中の空欄(1)~(9)にあてはまる式を記せ。ただし，重力加速度の大きさを g〔m/s²〕とする。

図1のように，大きな水槽に水を入れ，質量 M〔kg〕，断面積 S〔m²〕の底の厚い円筒形の透明なコップAを，その底面が上になるようにして，ばね定数 k〔N/m〕のばねで天井から鉛直につり下げる。Aの側面の厚さは薄く，水中におけるその体積は無視できる。Aの内部にはパイプの一端が入っており，その他端は断面積が $2S$ の円筒形容器Bとつながっている。Bは壁に固定されており，その上部はなめらかに動く軽いピストンで封じられている。パイプは細く，その内部の体積は無視できる。水の密度 ρ〔kg/m³〕とこの装置のある部屋の大気圧 p_0〔Pa〕は温度に関係なく一定とする。コップAと容器Bは熱をよく伝える。

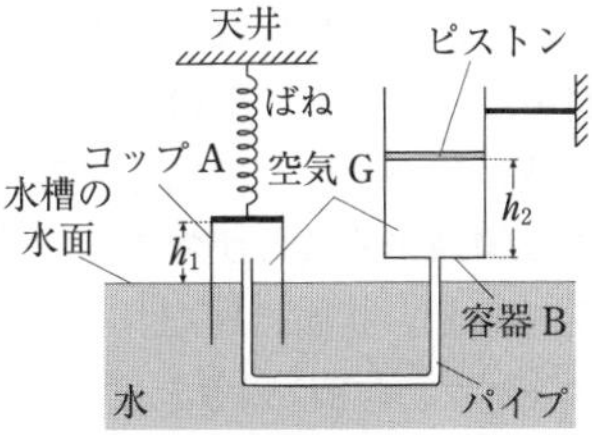

図1

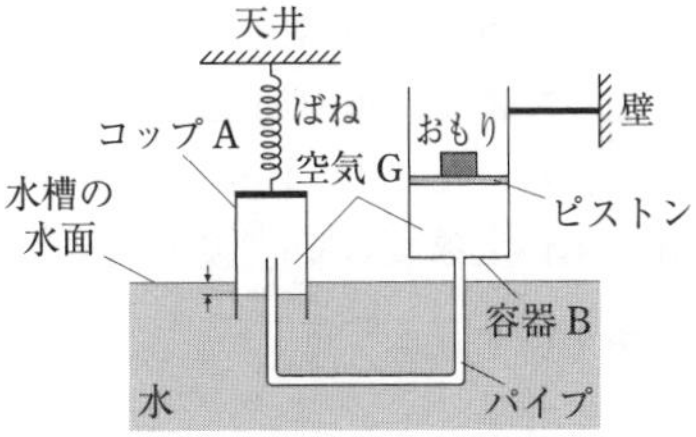

図2

はじめに，図1のようにコップAとピストンは静止し，Aと容器Bの内部に温度 T_0〔K〕の空気が閉じ込められている。AとBの内部の空気はパイプでつながっており，この閉じ込められた空気全体をGとする。水槽の水面からA内上端までの高さは h_1〔m〕であり，B内下端からピストンまでの高さは h_2〔m〕である。このとき，ばねの自然長からの伸びは [(1)]〔m〕である。部屋全体をゆっくり暖めると，Gの温度は T_1〔K〕で一定となった。このときのピストンの位置は部屋を暖める前に比べて [(2)]〔m〕だけ上昇し，部屋を暖めはじめてからGの温度が T_1 になるまでの間にGが外部にした仕事は [(3)]〔J〕である。

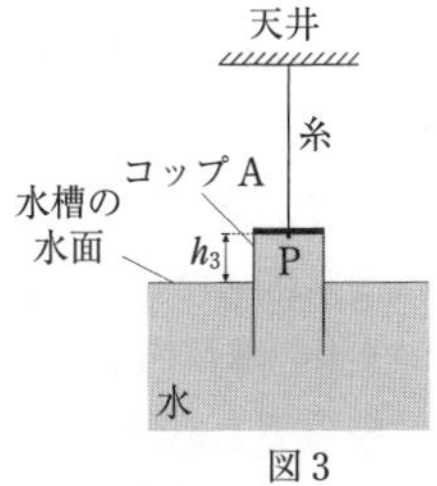

図3

部屋全体の温度をゆっくり下げて，空気Gの温度を T_0 にし，ピストンの位置を図1の状態に戻した。ピストンの上に質量 m_1〔kg〕のおもりを静かに載せると，コップAとピストンは図2の状態で静止し，Gの温度は T_0 で一定となった。このとき，Gの圧

力は［(4)］〔Pa〕，体積は［(5)］〔m³〕である。また，ばねの自然長からの伸びは［(6)］〔m〕であり，A内の水面は水槽の水面よりも［(7)］〔m〕だけ低い。

図3のように，ばねのかわりに糸を用いてコップAを天井からつり下げ，Aの内部を水で満たした。Aは静止しており，水槽の水面からA内上端までの高さはh_3〔m〕である。このときA内上端の点Pにおける水圧は［(8)］〔Pa〕であり，糸に働く張力の大きさは［(9)］〔N〕である。 〈同志社大〉

30 熱気球

次の文章中の空欄(1)〜(7)を数式で埋めよ。

図1のように，熱気球が地上に置かれている。熱気球の球体は，厚さが無視でき，かつ伸び縮みしない断熱素材でできており，その内部の空気の温度は熱バーナーで加熱することにより調節することができる。球体の下部には開口が設けられ，球体内外の空気の圧力は常に等しい状態に保たれる。空気を除いた熱気球全体（球体，熱バーナー，ワイヤー，ゴンドラ，荷物）の総質量をW，球体の体積をV_0とする。また，地表での外気の圧力，温度，密度をそれぞれ，P_0，T_0，ρ_0とする。球体内外の空気は理想気体で，外気の圧力と密度は高度の上昇とともに低下するが，温度は高度によらず一定（T_0）として取り扱ってよく，重力加速度の大きさをgとする。

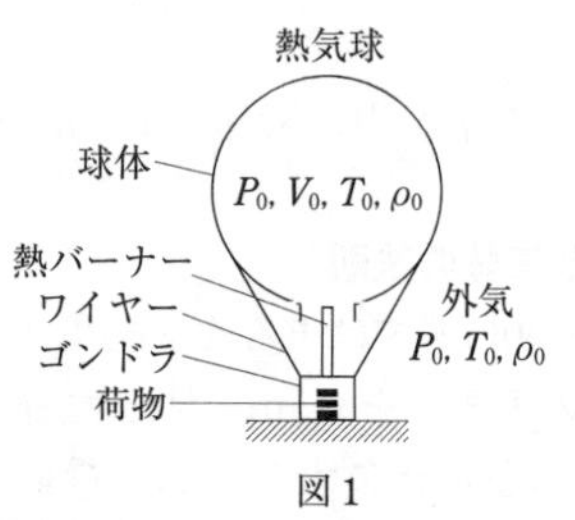

図1

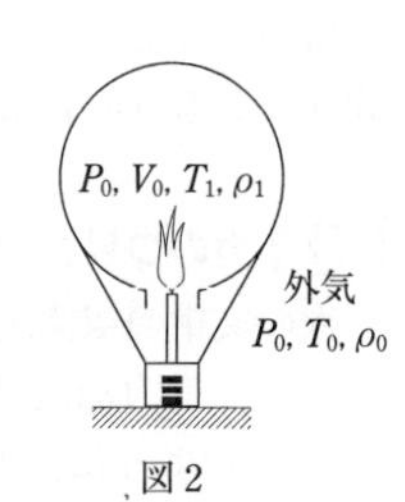

図2

一般に，圧力P，体積V，物質量（モル数）n，絶対温度Tの理想気体の状態方程式は，Rを気体定数として［(1)］と表される。この気体の質量をmとすると，密度ρは，mとVを用いて $\rho=$［(2)］ と表される。また，1モル当たりの気体の質量Mは $M=\dfrac{m}{n}$ で与えられる。これらより，状態方程式［(1)］はR，M，P，ρ，Tを用いて

$\dfrac{R}{M}=$［(3)］ ……(i) と書き直すことができ，［(3)］の値は気体の種類によって決まる定数となる。

地表において，図2のように熱バーナーを用いて球体内部の空気の温度をT_0からT_1に上昇させた。この操作により内部の空気は膨張し，その一部は開口から外に出ていく。つまり，球体内部の空気の密度はρ_0からρ_1に減少するが，圧力はP_0のまま変化しない。このとき，式(i)は球体の内外でともに成立するので，球体内部の空気の密度ρ_1はρ_0，T_0，T_1を用いて $\rho_1=$［(4)］ と表される。

熱気球に働く浮力の大きさFは，球体によって押しのけられた外気に作用する重力の大きさに等しく，$F=$［(5)］ と表される。球体内部の空気を含めた熱気球全体に働く重力とこの浮力がつりあうとき，球体内部の空気の温度T_1はρ_0，V_0，T_0，Wを用いて $T_1=$［(6)］$\times T_0$ と表される。よって，球体内部の空気の温度がT_1を上回るか，あるいは温度T_1に達した段階でゴンドラ内の荷物の量を減らした場合に，熱気球は浮上

を始める。

地表において，球体内部の空気の温度を T_0 から T_1(= (6) × T_0) まで上昇させた後，そこで温度を一定に保ちながら，ゴンドラ内の荷物の質量を Δw だけ軽くした。その結果，熱気球は地表から浮上し始め，しばらく上昇を続けた後に，ある高度で静止した。その高度における外気の密度 ρ_2 は，V_0，T_0，T_1，W，Δw を用いて ρ_2= (7) と表される。なお，熱気球が上昇して静止するまでの間，気球内部の空気の温度は一定 (T_1) とする。

〈秋田大〉

9 熱力学第1法則と気体の状態変化

31 p-V 図

次の文を読み，以下の問いに答えよ。

なめらかに動くピストンの付いた円筒容器に単原子分子理想気体1 molを入れ，図のような4通りの過程を経て状態Aを状態Bに変化させた。図には経路上の状態を • で示し，それらをC，D，E，F，Gと名付けた。

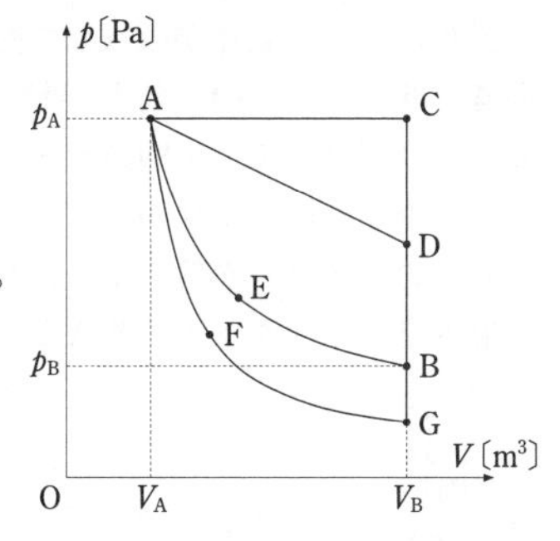

(i) 過程A→Cは定圧変化であり，過程C→Bは定積変化である。

(ii) 過程A→Dは直線的変化であり，過程D→Bは定積変化である。

(iii) 過程A→E→Bと過程A→F→Gは一方が等温変化であり，他方が断熱変化である。

(iv) 過程G→Bは定積変化である。

状態Aの圧力と体積は p_A〔Pa〕，V_A〔m³〕であり，状態Bについては p_B〔Pa〕，V_B〔m³〕である。また，状態Dについては $\dfrac{p_A+p_B}{2}$，V_B である。

問1 過程A→E→Bと過程A→F→Gのどちらが等温変化であるか，理由とともに答えよ。

問2 状態C，D，E，F，Gの中で，温度が最も高いのはどれか。また，最も低いのはどれか。

問3 過程A→C→Bで，気体がする仕事 W〔J〕を求めよ。その過程で気体が吸収する熱量 Q〔J〕を W を用いて表せ。

問4 状態Dの温度 T_D〔K〕と状態Aの温度 T_A〔K〕との比 $\dfrac{T_D}{T_A}$ を，体積の比 $r=\dfrac{V_B}{V_A}$ を用いて表せ。

問5 過程A→Dで気体が吸収する熱量 Q_1〔J〕と過程D→Bで放出する熱量 Q_2〔J〕との比 $\dfrac{Q_1}{Q_2}$ を，体積の比 $r=\dfrac{V_B}{V_A}$ を用いて表せ。

問6 状態AからBへの4通りの過程 (A→C→B，A→D→B，A→E→B，A→F→G→B) の中で，気体が吸収する熱量が最も少ないのはどれか，理由とともに答えよ。

〈岐阜大〉

32 熱サイクル

n〔mol〕の単原子分子理想気体を用いた図のようなサイクル1（A→B→C→D→A）を考える。状態Aにおける気体の圧力，体積，温度をそれぞれP_0〔Pa〕，V_0〔m^3〕，T_0〔K〕とし，B→Cは断熱過程とする。気体定数をR〔J/(mol·K)〕として，以下の各問いに答えよ。ただし，必要ならば定積モル比熱 $C_v=\frac{3}{2}R$ および定圧モル比熱 $C_p=\frac{5}{2}R$ を計算に用いてもよい。また状態Cの体積はおよそ $3.03V_0$〔m^3〕と計算されるが，簡単のため$3V_0$〔m^3〕とする。

問1　B，C，Dの各状態における気体の温度を求め，T_0を用いて表せ。

問2　過程B→Cにおいて，気体が外にした仕事を求め，n，R，T_0を用いて表せ。

問3　サイクル1において，気体が熱量を吸収する過程を全て挙げよ。また，それらの過程において気体が吸収した熱量を求め，n，R，T_0を用いて表せ。

問4　サイクル1の熱効率（吸収した熱量に対する外にした仕事の割合）を求めよ。

問5　サイクル1と下図のサイクル2（A→E→C→D→A）を比較し，サイクル全体で考えた場合に，気体が外にした仕事および気体が吸収する熱量が多いのはそれぞれどちらのサイクルか答えよ。ただし，サイクル2の状態Aにおける気体の圧力，体積，温度はサイクル1の状態Aと同じとする。

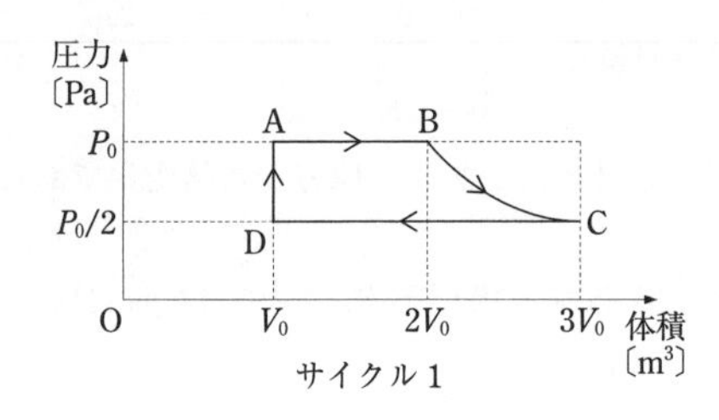

サイクル1

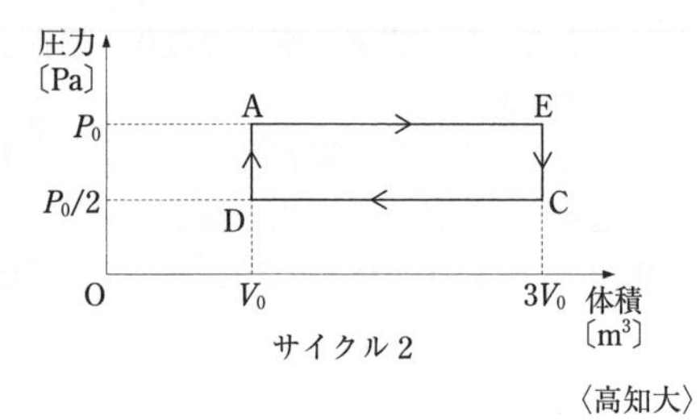

サイクル2

〈高知大〉

33 ばね付きピストン

図1に示すように，シリンダーとピストンに囲まれ，周囲が断熱された圧力室がある。圧力室の断面積は A〔m^2〕，長さは L〔m〕でその中に1モルの気体が圧力 p_1〔Pa〕で入っている。圧力室の中には加熱装置があり，中の気体を均一に加熱できる。ピストンの外側は圧力 p_1 であり，外側にはばね定数 k〔N/m〕のばねが取り付けられ，ピストンの反対側は固定されている。また，圧力室の左側には，開閉バルブを介して断面積 A，長さ L の真空室が周囲と断熱された状態で設けられている。ピストンはシリンダーの中をなめらかに動き，両者の間から気体のもれはないとする。開閉バルブと連結通路の容積は無視でき，気体が通過するときエネルギーの損失は生じないとする。

はじめ開閉バルブは閉じていてピストンは図2に示す状態1にあり，ばねは自然長の状態にある。状態1から加熱装置で気体をゆっくりと加熱したところ，ピストンが右方向に移動してばねが縮み圧力室の容積が2倍の状態2になった。**問2**以外は，L，p_1，A，k および気体定数 R〔J/(mol･K)〕を用いて，気体は理想気体として次の問いに答えよ。

問1　状態1での気体の絶対温度 T_1〔K〕を求めよ。

問2　状態1から状態2への変化でたどる圧力室の容積と圧力の関係を，図2の(a)～(e)の5種類の変化過程の中から選べ。

問3　ピストンが動いた後の状態2での気体の温度 T_2〔K〕を求めよ。

問4　気体が単原子分子であるとき，上記の変化で加熱装置により加えられた熱量 Q〔J〕を求めよ。

問5　状態2のピストンの位置を固定して開閉バルブを開いたところ，圧力室と真空室の圧力は p_1〔Pa〕になった。この場合の k〔N/m〕を求めよ。ただし，この変化では気体の内部エネルギーの総量は変化しないものとする。

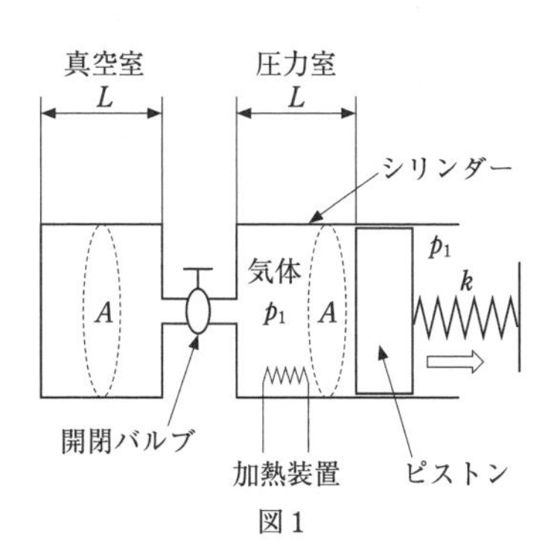

図1

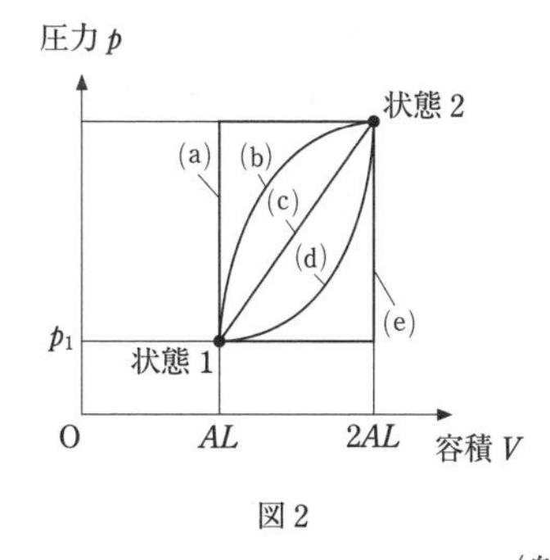

図2

〈鳥取大〉

34 2室の気体の状態変化

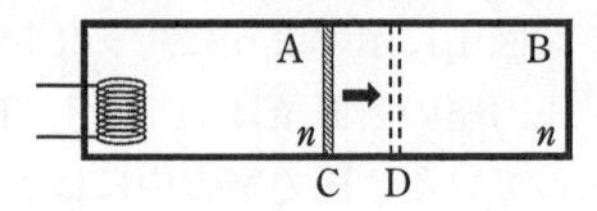

図のように，体積 V_0 の密閉された容器内部が，なめらかに動くピストンで2つに分離されている。左側をA，右側をBとし，ともに n モルの単原子分子理想気体が封じ込められている。またA側には体積と熱容量の無視できるヒーターが備え付けられている。気体定数を R として以下の問いに答えよ。ただし容器，ピストンはすべて断熱材でできており，ピストンの厚みは無視できるものとする。

最初，気体の絶対温度はA，Bともに T_0 であり，ピストンは位置Cでつりあって静止している。

問1　ピストンにかかる気体の圧力 P_0 を R，V_0，n，T_0 を用いて表せ。

その後，ヒーターでA側の気体を加熱すると，ピストンは右側へゆっくりと動き出し，加熱を止めるとピストンは位置Dで静止した。このときB側の気体の温度は αT_0 であった。なお，断熱的な状態変化では圧力 P と体積 V の間に $PV^{\gamma}=$一定 $\left(\gamma=\dfrac{C_p}{C_v}\right)$ の関係が成立する。γ は定圧モル比熱 C_p と定積モル比熱 C_v の比である。

問2　B側の体積について加熱前を V_B，加熱後を V_B' としたとき，加熱後のピストンにかかる気体の圧力 P_1 を V_B，V_B'，γ，P_0 を用いて表せ。

問3　V_B と V_B' の比 $\delta=\dfrac{V_B}{V_B'}$ を α と γ を用いて表せ。

以下の問では単原子分子理想気体の場合の γ の値が $\dfrac{5}{3}$ であることを使い，解答は R，V_0，n，T_0，α の中から必要なものを用いて表せ。

問4　加熱後のA側の体積 V_A' を求めよ。

問5　B側の気体のした仕事 W_B を求めよ。

問6　A側の気体の内部エネルギーの変化 $\varDelta U_A$ を求めよ。

問7　ヒーターが加えた熱量 Q_A を求めよ。　〈埼玉大〉

35 気体の混合

圧力 P_0，温度 T_0 の単原子分子の理想気体で満たされた十分広い空間に，容器A，Bとピストンを有するシリンダーCからなる装置が置かれている。図のように各容器とシリンダーにはコック S_a，S_b，S_c が取り付けられた細い管が接続されている。

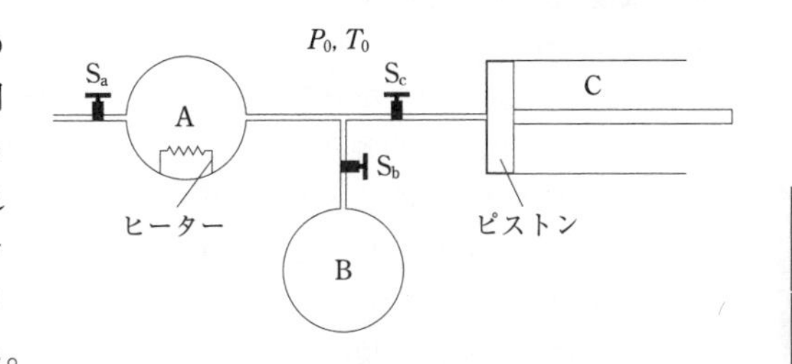

容器，細い管，コックそしてシリンダーとピストンは断熱材でできており，容器Aの内部にはヒーターが取り付けられている。シリンダーCのピストンは摩擦がなくなめらかに動く。またヒーターと細い管の体積は無視できる。

初期状態として，すべてのコック S_a，S_b，S_c は閉じられ，容器Aは容積 V で温度 T_a，圧力 P_a の単原子分子の理想気体が入っている。容器Bは容積 V で，圧力 P_b，温度 T_b の単原子分子の理想気体が入っている。またシリンダーC内の容積は0である。

次に示す手順にしたがって装置を操作し，操作ごとに熱平衡に達するまで，装置を放置した。気体定数を R として以下の問いに答えよ。

手順1：S_b を開いた。

手順2：S_b を閉じて S_a を開いた。そして容器A内の気体が圧力 P_0，温度 T_0 となるまで待って S_a を閉じた。

手順3：S_c を開いて容器A内の気体をヒーターで加熱した。その結果，ピストンが動きシリンダーC内の容積が $4V$ となった。

手順4：S_c を閉じ，ピストンを外から手で引いてシリンダーC内の容積を増加させた。

問1　手順1を行って熱平衡に達した後の容器A，B内の気体の温度を求めよ。

問2　手順1を行って熱平衡に達した後の容器A，B内の気体の圧力を求めよ。

問3　手順1を行ったことで生じた容器B内の気体の物質量の変化量を求めよ。ただし，物質量の変化量は変化後の物質量から変化前の物質量を引いた値とする。

問4　手順3を行ったことで容器A内とシリンダーC内の気体に生じた内部エネルギーの変化量を求めよ。ただし，内部エネルギーの変化量は変化後の内部エネルギーから変化前の内部エネルギーを引いた値とする。

問5　手順3でヒーターが気体に与えた熱量を求めよ。

問6　手順4を行うことでシリンダーC内の気体の温度が，上がるか，または，下がるかを答えよ。また，その温度変化が生じる理由を熱力学第1法則に基づいて説明せよ。

〈弘前大〉

36 断熱膨張の分子運動論

次の文の空所 (1) ～ (8) それぞれにあてはまる数式または数値を記せ。

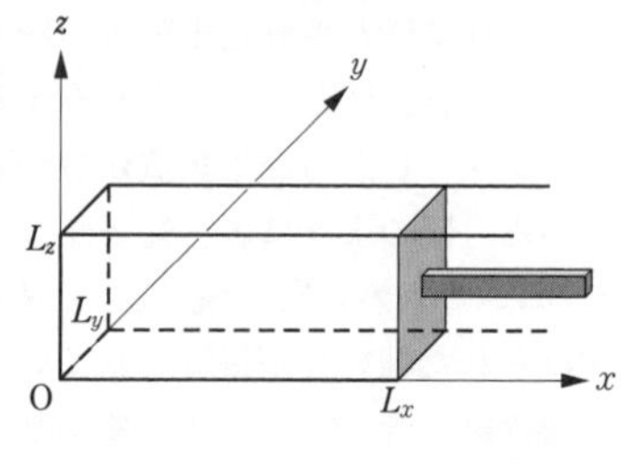

図のように四角柱内をなめらかに動くピストンがあり，質量 m〔kg〕の単原子分子 N 個からなる理想気体が直方体容器に閉じ込められている。四角柱の底面の頂点を原点Oとし，この頂点で交わる長さ L_x〔m〕, L_y〔m〕, L_z〔m〕の直方体の三辺の方向にそれぞれ x 軸，y 軸，z 軸をとる。ピストンを x 軸方向に動かすことで直方体の気柱の長さ L_x〔m〕を変えることができる。ただし，容器の内壁およびピストン表面はなめらかであるとし，分子は容器の内壁やピストン表面と完全弾性衝突すると仮定する。

まずピストンを固定していたとする。気柱内にある速度 $\vec{v}=(v_x,\ v_y,\ v_z)$〔m/s〕の1つの分子が $x=L_x$〔m〕にあるピストン表面に衝突してはね返ったとすると，この分子はピストン表面に (1) 〔N･s〕だけの力積を x 軸の正の方向に与える。分子どうしの衝突を無視すると，この分子が $x=L_x$〔m〕のピストン表面で衝突してから $x=0$〔m〕の内壁に衝突し，再び $x=L_x$〔m〕のピストン表面に衝突するまでの時間は (2) 〔s〕だから，この1つの分子がピストン表面に与える力を時間平均すると (3) 〔N〕になる。気柱内の分子の2乗平均速度 $\overline{v^2}$〔m^2/s^2〕を用いると，ピストン表面が気体から受ける圧力は (4) 〔Pa〕となる。気柱の他の内壁についても同様に考えることができる。理想気体の状態方程式と比較することにより，気体定数 R〔J/(K･mol)〕，アボガドロ数 N_A，絶対温度 T〔K〕を用いると，分子1個当たりの平均的な運動エネルギーは $\frac{1}{2}m\overline{v^2}=$ (5) 〔J〕と表される。

次に，ピストンを速さ V_x〔m/s〕で x 軸の正の向きに動かす。ただし，ピストンの速さ V_x〔m/s〕は気柱内の分子が運動する速さに比べて十分に遅いとし，気柱の長さの変化分は気柱の長さ L_x〔m〕に比べて十分に短いとする。気柱内の速度 $\vec{v}=(v_x,\ v_y,\ v_z)$〔m/s〕の1つの分子がこの動いているピストン表面に1回衝突してはね返ったとすると，この分子の運動エネルギーの変化分は (6) 〔J〕と表される。ただし，V_x〔m/s〕の2次の項は無視する。時間 Δt〔s〕の間にピストン表面にこの分子が何度も往復して衝突してはね返ったとすると，Δt〔s〕の間のこの分子の運動エネルギーの変化分は (7) 〔J〕である。したがって，時間 Δt〔s〕の間の気柱内の気体分子の運動エネルギーの総和の変化分は，分子の2乗平均速度 $\overline{v^2}$〔m^2/s^2〕を用いて (8) 〔J〕と表され，これはこの気体が外からなされる仕事に等しいことがわかる。〈立教大〉

第3章　波　動

10 水面波

37 水面上の定常波

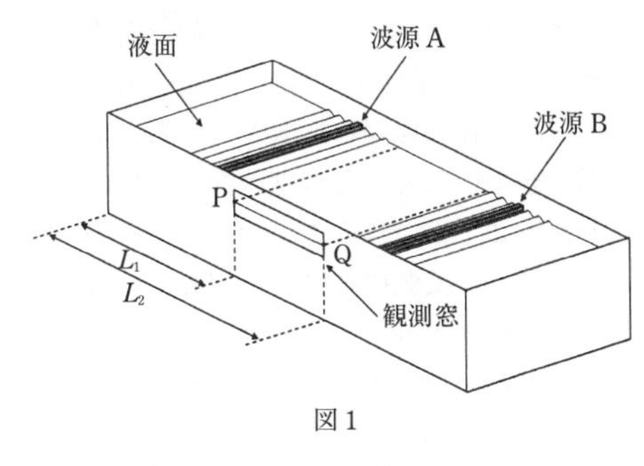

図 1

図 1 のように，細長い容器に液体が蓄えられている。容器内には 2 つの波源 A，B があり，どちらも液面に振幅 h〔m〕と振動数 f〔Hz〕の正弦波を発生させることができる。容器左端から距離 L_1〔m〕にある点 P と，左端から距離 L_2〔m〕($L_2>L_1$) にある点Qの間には窓が設けられ，液面の変位を観測することができる。波源 A，B は液面上を容器の長手方向に自由に動かすことができるものとする。

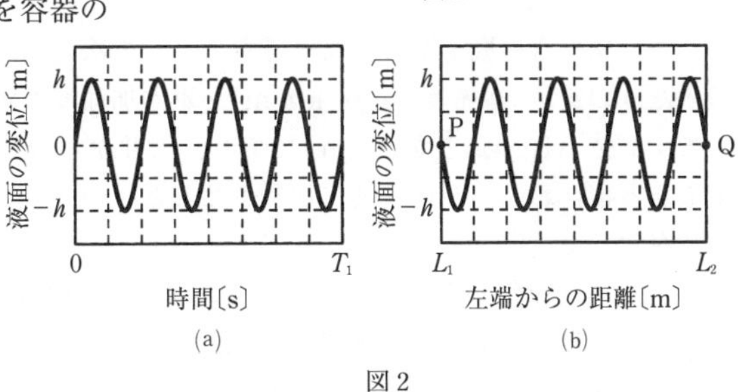

(a)　(b)

図 2

最初，図 1 のように観測窓の外側の位置に波源 A，B は静止している。これらの波源のいずれか一方のみから波を発生させて，十分時間が経った後，観測窓での液面を観測した。点Pにおける液面の変位を，観測開始時刻を $t=0$ として T_1〔s〕まで示すと図 2(a)のようになった。一方，時刻 $t=0$ における観測窓での液面変位を容器左端からの距離を横軸として示すと図 2(b)のようになった。波源から生じた波は容器の長手方向にのみ伝わり，容器の壁面から反射の効果は無視できるものとする。

問 1　図 2(a)より波の振動数 f を読み取り，T_1 を用いて表せ。

問 2　図 2(b)より波の波長 λ〔m〕を読み取り，L_1，L_2 を用いて表せ。

問 3　この波の速さ V〔m/s〕を，L_1，L_2，T_1 を用いて表せ。

問 4　波を発生しているのは波源 A，B のどちらか答えよ。

次に，波源 A，B の両方から同位相で波を発生させた。このとき，観測窓では定常波(定在波)が観測され，点Pおよび点Qではいずれも節となった。

問 5　観測窓での定常波の腹と腹の間隔 d_0〔m〕を，L_1，L_2 を用いて表せ。

問 6　波源Bをゆっくりと観測窓に近づけていくと，距離 x〔m〕だけ移動させたところで，点Pに定常波の腹がはじめて現れた。x を，L_1，L_2 を用いて表せ。

〈山形大〉

38 弦の振動

図のように張られた弦がある。弦の一端は台上に固定された振動数 f〔Hz〕のおんさの先端Aに，もう一つの端は滑車を介して質量 M〔kg〕，長さ L〔m〕の太さの一様な棒の左端Cに取り付けられている。台上のおんさと滑車の間には自由に動かすことができるこまがあり，その上端Bにおいて弦の振動を固定している。棒はこの弦と天井に固定された十分に長い伸び縮みしない糸によってつるされ，

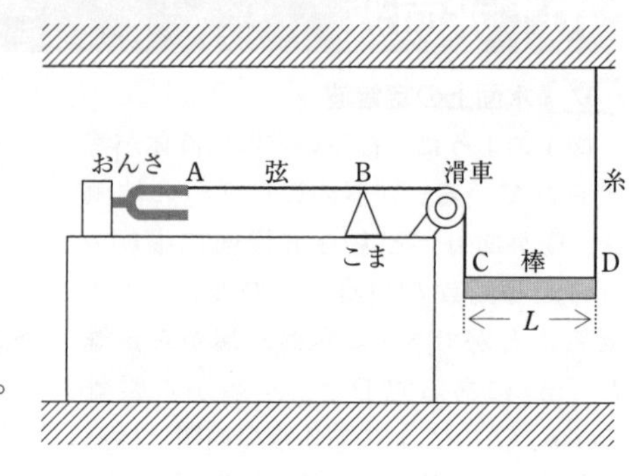

糸が鉛直に，棒が水平になるように保たれている。弦の振動による棒の運動は無視でき，おんさの先端Aは固定端と見なせるものとして次の問いに答えよ。ただし，弦の単位長さ当たりの質量（線密度）を ρ〔kg/m〕，重力加速度の大きさを g〔m/s²〕とする。

まず，弦ABの長さが X〔m〕であり，天井からつるした糸を棒の右端Dに取り付けてあるとき，おんさを連続的に振動させると弦ABが共振し，AB間に腹が3つある定常波が生じた。

問1　弦ABを伝わる波の波長を f, X, M, L の中から必要な記号を用いて表せ。

問2　弦ABを伝わる波の速さを f, X, M, L の中から必要な記号を用いて表せ。

問3　弦を伝わる波の速さ v〔m/s〕，弦を引く力の大きさ S〔N〕と弦の線密度 ρ〔kg/m〕の間には $v=\sqrt{\frac{S}{\rho}}$ という関係がある。この関係を用いて，棒の質量 M〔kg〕を f, X, g, L, ρ の中から必要な記号を用いて表せ。

次に，天井から棒をつるしている糸の位置をCから $\frac{4}{5}L$〔m〕離れたところに，糸を鉛直に，棒を水平に保ったままつけ替えた。

問4　このときの弦の張力の大きさ S'〔N〕を M, g, L の中から必要な記号を用いて表せ。

問5　こまを動かして弦AB間に3つの腹がある共振が起こるようにしたときのAB間の長さを f, M, g, L, ρ の中から必要な記号を用いて表せ。　〈京都府立大〉

39 気柱の共鳴 基

以下の文章を読み，(1)〜(10)の問いに答えよ。(7)の問いについては，{　}内の選択肢から適当なものを選択せよ。

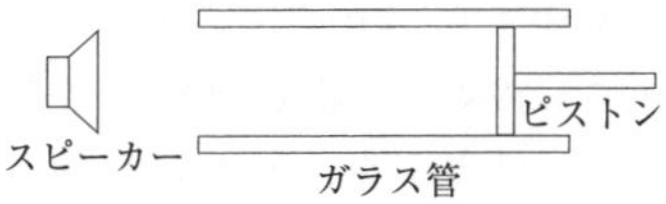

発振器に接続したスピーカーを使って，ガラス管中の気柱の共鳴実験を行った。図のようにガラス管の右端にはピストンが設置されており，その位置を自由に動かすことができる。ただし，(1)〜(6)の問いでは，温度は t_1 で一定であるとする。なお，管口と定常波の腹の位置は一致するものとする。

問1　スピーカー側の管口からの距離 L_1 の位置にピストンを固定し，スピーカーから出る音の振動数を 0 からしだいに増していった。

(1)　最初に共鳴する音の振動数 f_1 を L_1 と管内の音速 V_1 を用いて表せ。

(2)　さらに，振動数を増していき，n 回目 ($n \geqq 2$) に共鳴する音の振動数を n，V_1，L_1 を用いて表せ。

(3)　3 回目に共鳴する音の振動数は f_3 であった。このとき，気柱の定常波の腹の数は管口での腹も含めて何個か。さらに，f_3 を V_1，L_1 を用いて表せ。

問2　次に，スピーカーから出る音の振動数を f_3 に固定する。その後，ピストンを L_1 の位置からスピーカー側へゆっくりと動かした。

(4)　ピストンがスピーカー側の管口から L_2 の位置で，次の共鳴が生じた ($L_1 > L_2$)。$L_1 - L_2$ をこのときの音波の波長 λ を用いて表せ。

(5)　$L_1 - L_2$ を音速 V_1 と f_3 を用いて表せ。

(6)　L_1 は L_2 の何倍になるか。

問3　スピーカーから出る音の振動数を f_3 に保ち，ピストンをスピーカー側の管口から L_1 の位置に戻したところ，気柱に共鳴が生じた（状態A）。次に，ピストンの位置を L_1 に固定したまま，管内の気体の温度を t_1 から上げて t_2 にしたところ，管内の音速が増大し，共鳴が起こらなくなった。その後，ピストンの固定を外し，ピストンを動かすと，スピーカー側の管口から L_3 の位置で，気柱に再び共鳴が起こった。このとき，定常波の腹の数は状態Aと変わらなかった。

(7)　このとき，ピストンは{(ア)スピーカーから遠ざかる向き，(イ)スピーカーへ近づく向き}に動かした。

(8)　このときの気柱内の音波の波長を L_3 を用いて表せ。

(9)　このときの音速 V_2 を L_1，L_3，V_1 を用いて表せ。

(10)　常温付近では，温度 t のとき空気中の音速 V は $V = V_0 + at$ で表され，V_0，a は正の定数である。a および V_0 を L_1，L_3，t_1，t_2，V_1 を用いて表せ。

〈群馬大〉

40 運動する反射板によるドップラー効果

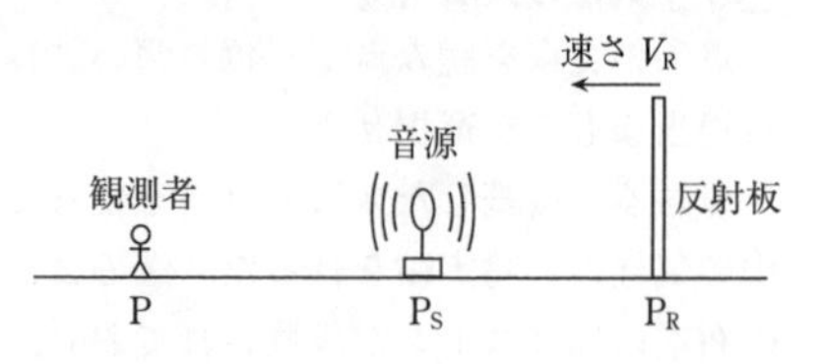

風のないときに，図のように互いに十分離れたP点の観測者と，振動数 f〔Hz〕の音波を発する P_S 点の音源，P_R 点の反射板が静止して一直線上に並んでいる。空気中の音速を v〔m/s〕とする。反射板が，速さ V_R〔m/s〕($V_R < v$) で音源のある方向に動き始めた後，観測者に聞こえる音について以下の問いに答えよ。

問1　観測者は，音源から直接届く音波と，反射板で反射されてから届く振動数 f_1〔Hz〕の音波との重なりによって生じるうなりを観測する。うなりの振動数を f，f_1 を用いて表せ。

問2　以下の文章の(1)〜(3)に入る適当な式を f，v，V_R を用いて答えよ。

1秒間に反射板に到達する音波の波の個数は，［(1)］個である。反射板が，［(1)］に等しい振動数の音波を発しながら動いていると考えると，反射板によって反射された音波の振動数は，f_1=［(2)］で与えられる。したがって，**問1**のうなりの振動数は，［(3)］と表される。

問3　ある一定の速さ V〔m/s〕で，音源と反射板とを結ぶ直線上を観測者が動いたところ，うなりの振動数がそれまでと比べて1.1倍になった。観測者は音源に近づくように動いたのか，または遠ざかるように動いたのか，動きの向きを答えよ。また，速さ V を f，v，V_R の中から必要なものを用いて表せ。

問4　次に，観測者だけが静止し，音源も一定の速さ V_S〔m/s〕で観測者に向かって動いたところ，観測されたうなりの振動数が**問2**の［(3)］の値の半分になった。このときの V_S の値を求めよ。ただし，f，v，V_R の中から必要なものを用い，また，$\frac{V_S}{v} \ll 1$ が成り立つとせよ。

〈兵庫県立大〉

41 回転運動する音源によるドップラー効果

次の文章を読み，以下の各問いに答えよ。

等速円運動をする音源の発する音が，静止した観測者にどのように聞こえるかを考える。

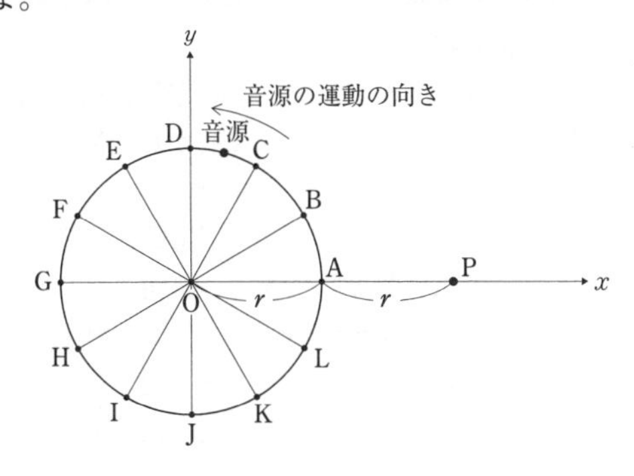

図のように，xy 平面上の原点Oを中心とする半径 r〔m〕の円周上を，振動数 f〔Hz〕の音波を発する小さな音源が，速さ v〔m/s〕で点A，D，G，Jの向きに等速円運動をしている。この音源が発する音を，原点Oから距離 $2r$〔m〕離れた x 軸上の点Pに静止している観測者が聞いている。なお，音速を V〔m/s〕，円周率を π とし，音源の運動する速さは音速に比べて小さいものとする。また，図中のA～Lは，円周の12等分点を示している。

問1　点Pにいる観測者が聞く音の振動数は，周期的に増減した。その周期 T〔s〕を，V，v，r，f，π のうち必要なものを用いて表せ。

問2　観測者には，周期的に振動数 f の音が聞こえた。その音を出した時の音源の位置はどこか。図中の記号A～Lのうち該当するものをすべて答えよ。

問3　観測者に聞こえる最も高い音と，最も低い音を出した時のそれぞれの音源の位置はどこか。図中の記号A～Lのうち該当するものをすべて答えよ。

問4　観測者に聞こえる音の振動数の最大値を f_1〔Hz〕，最小値を f_2〔Hz〕とした時，音源の回転する速さ v を，V，r，f_1，f_2，π のうち必要なものを用いて表せ。

問5　点Dで音源が出した音が観測者に聞こえるまでの時間 t_D〔s〕と，観測者に聞こえる音の振動数 f_D〔Hz〕を，それぞれ V，v，r，f，π のうち必要なものを用いて表せ。

問6　観測者に聞こえる音の振動数が，最大になってから次に最小になるまでの時間 t_1〔s〕と，最小になってから次に振動数 f の音を聞くまでの時間 t_2〔s〕を，それぞれ V，v，r，f，π のうち必要なものを用いて表せ。　〈長崎大〉

12 光の反射と屈折

42 光の屈折

次の文章を読んで，後の問い（**問1**～**問6**）に答えよ。

図1のように，水平な床に置かれた屈折率 $n\ (n>1)$ の液体が入っている水槽中に，空気で満たされたくさび形の領域ABCがあるとする。底面ACは水平であり，斜面ABは底面ACと角度 θ〔rad〕をなす。水槽の上側から鉛直下向きに，平行光線を入射させる。水槽の底は黒く塗られており光を反射しない。空気の屈折率は1とする。

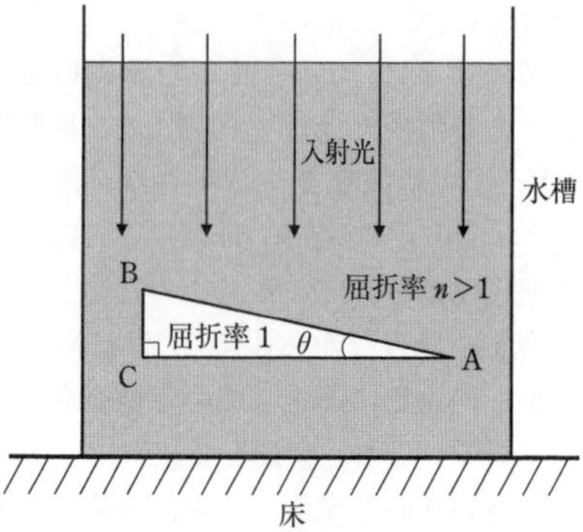

図1

角度 θ を変えながら観察を行った。Aの頂角 θ を十分大きくしていくと光は図2のように屈折する。ここでAC面から出た光が進む方向とBC面がなす角を α〔rad〕としたときの $\sin\alpha$ について考える。いま，図2のように角を定めたとき，点Pおよび点Qにおける屈折ではそれぞれ点Pで［ (1) ］，点Qで［ (2) ］の関係がある。また，$\sin\alpha$ を n, j, θ を使って表すと［ (3) ］となる。さらに三角関数の加法定理 $\sin(a\pm b)=\sin a\cos b\pm\cos a\sin b$ を用いることで，$\sin\alpha$ は［ (4) ］と求めることができる。この状態からさらに θ を大きくすると，屈折光は全くなくなった。これは，AB面で［ (5) ］が起きたためである。屈折角が［ (6) ］〔rad〕のときが臨界角である。また，このようなことが起こるための条件は，［ (7) ］となる。

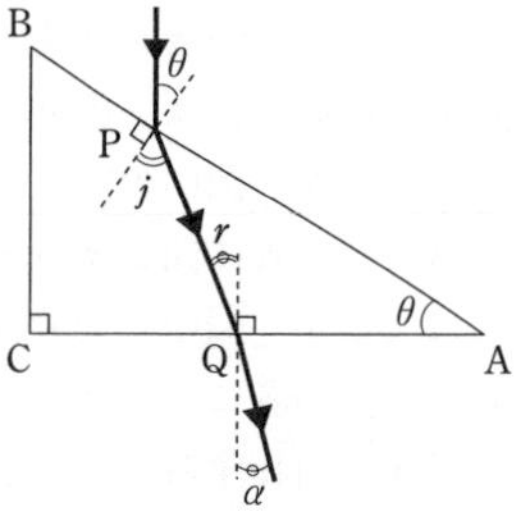

図2

問1　空所［ (1) ］にあてはまる最も適当なものを，次の中から一つ選べ。

①　$\sin\theta=n\sin j$　②　$n\sin\theta=\sin j$　③　$\cos\theta=n\cos j$
④　$n\cos\theta=\cos j$　⑤　$\sin^2\theta=n\sin^2 j$　⑥　$n\sin^2\theta=\sin^2 j$
⑦　$\cos^2\theta=n\cos^2 j$　⑧　$n\cos^2\theta=n\cos^2 j$

問2　空所［ (2) ］にあてはまる最も適当なものを，次の中から一つ選べ。

①　$\sin r=n\sin\alpha$　②　$n\sin r=\sin\alpha$　③　$\cos r=n\cos\alpha$
④　$n\cos r=\cos\alpha$　⑤　$\sin^2 r=n\sin^2\alpha$　⑥　$n\sin^2 r=\sin^2\alpha$
⑦　$\cos^2 r=n\cos^2\alpha$　⑧　$n\cos^2 r=\cos^2\alpha$

問3　空所［ (3) ］にあてはまる最も適当なものを，次の中から一つ選べ。

①　$n\sin(\theta+j)$　②　$n\sin(-\theta-j)$　③　$n\cos(j-\theta)$　④　$\dfrac{1}{n}\cos(j-\theta)$
⑤　$n\sin(\theta-j)$　⑥　$n\sin(j-\theta)$　⑦　$\dfrac{1}{n}\sin(\theta-j)$　⑧　$\dfrac{1}{n}\sin(j-\theta)$

問4　空所 [(4)] にあてはまる最も適当なものを，次の中から一つ選べ。

① $\sin\theta\left(\cos\theta-\dfrac{1}{n}\sqrt{1-n^2\sin^2\theta}\right)$　② $\cos\theta\left(\sin\theta-\dfrac{1}{n}\sqrt{1-n^2\sin^2\theta}\right)$

③ $\sin\theta\left(\sin\theta-\dfrac{1}{n}\sqrt{1-n^2\sin^2\theta}\right)$　④ $\cos\theta\left(\cos\theta-\dfrac{1}{n}\sqrt{1-n^2\sin^2\theta}\right)$

⑤ $\sin\theta(\cos\theta-n\sqrt{1-n^2\sin^2\theta})$　⑥ $\cos\theta(\sin\theta-n\sqrt{1-n^2\sin^2\theta})$

⑦ $\sin\theta(\sin\theta-n\sqrt{1-n^2\sin^2\theta})$　⑧ $\cos\theta(\cos\theta-n\sqrt{1-n^2\sin^2\theta})$

問5　空所 [(5)]，[(6)] にあてはまる最も適当な組み合わせを，右の中から一つ選べ。

	①	②	③	④	⑤	⑥
(5)	干渉	全反射	回折	干渉	全反射	回折
(6)	$\dfrac{\pi}{2}$	$\dfrac{\pi}{2}$	$\dfrac{\pi}{2}$	π	π	π

問6　空所 [(7)] にあてはまる最も適当なものを，次の中から一つ選べ。

① $\cos^2\theta<\dfrac{1}{n}$　② $\cos^2\theta>\dfrac{1}{n}$　③ $\tan\theta<\dfrac{1}{n}$　④ $\tan\theta>\dfrac{1}{n}$

⑤ $\cos\theta<\dfrac{1}{n}$　⑥ $\cos\theta>\dfrac{1}{n}$　⑦ $\sin\theta<\dfrac{1}{n}$　⑧ $\sin\theta>\dfrac{1}{n}$

〈龍谷大〉

43 組合せレンズ

図1は，焦点距離 f の薄い凸レンズと小物体からなる光学系である。図に示すようにレンズの光軸上に x 軸をとる。小物体は $x=0$ の位置に x 軸に対して垂直に置かれている。レンズは x 軸上を $x>0$ の範囲で動かすことができる。

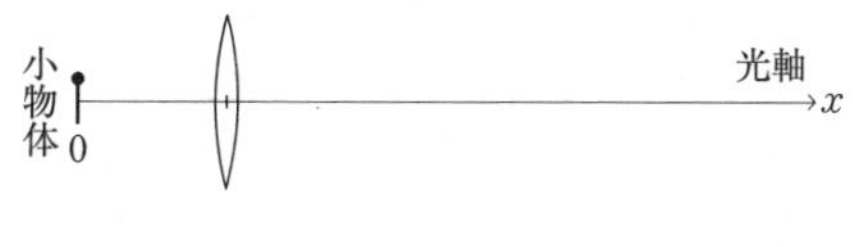

図1

問1　小物体の実像ができるためのレンズの位置 x の満たすべき条件を式で表せ。

問2　レンズの位置が $x=x_0$ において実像ができたときの倍率（像が物体の何倍になったかを表す量）を x_0 と f を用いて表せ。

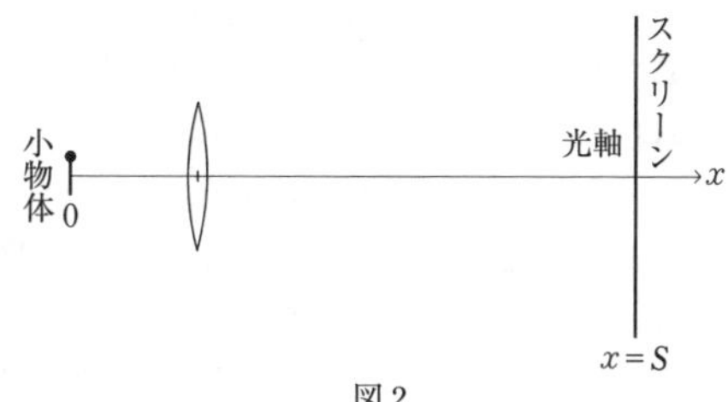

図2

図2は，図1の光学系にさらにスクリーンをレンズの右側 $x=S$ の位置に，x 軸に対して垂直に置いたものである。レンズを小物体に接する位置からスクリーンに向かって動かしていくとき，実像が2度スクリーン上に観測された。1回目に実像が観測されたときのレンズの位置を $x=x_1$，2回目のときのレンズの位置を $x=x_2$ とする。

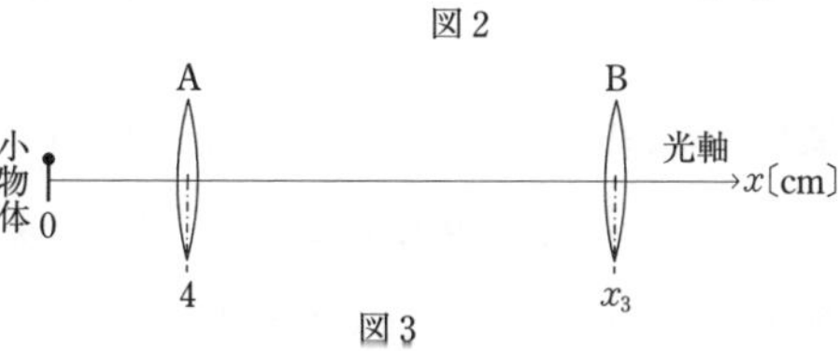

図3

問3　実像が2度観測されるためのスクリーンの位置Sの満たすべき条件をfを用いて式で表せ。

問4　1回目の像の倍率m_1と2回目の像の倍率m_2をx_1，x_2を用いて表せ。

図3は，光軸が同じ2つの薄い凸レンズと小物体からなる光学系である。レンズの光軸上にx軸をとり，小物体を $x=0\,\text{cm}$ の位置にx軸に対して垂直に固定し，焦点距離3cmの凸レンズAを $x=4\,\text{cm}$ の位置に置く。さらに焦点距離F〔cm〕の凸レンズBを置き，レンズAによってできる実像をレンズBの右側から虚像として観測することを考える。

問5　x軸上のレンズBの位置を $x=x_3$〔cm〕とするとき，虚像として観測可能なx_3の範囲を式で表せ。

問6　虚像が $x=0\,\text{cm}$ の位置にできるためのレンズBの位置をFを用いて表せ。

問7　虚像が $x=0\,\text{cm}$ の位置にでき，その大きさが小物体の大きさの9倍となるとき，AとBのレンズ間の距離を求めよ。　〈法政大〉

13 光の回折と干渉

44 ヤングの実験

図のように，3枚の平行なスクリーンA，B，Cを間隔L'，Lで置き，スクリーンAには単スリットS_0が，スクリーンBには複スリットS_1，S_2がある。スクリーンAの左側にある単色光源から出た光（波長λ）はS_0とS_1，S_2を通ってスクリーンCに到達し干渉縞を作る。スリットS_1，S_2の中点を通り，スクリーンに垂直な直線とスクリーンA，Cとの交点をそれぞれO，O′とする。また，スクリーンCに，O′を原点としたx軸を上向きにとり，x軸上の点Pの位置をxとする。距離OS_0，S_0S_1，S_1P，S_0S_2，S_2P，S_1S_2をそれぞれy，r_1'，r_1，r_2'，r_2，dとするとき，以下の問いに答えよ。

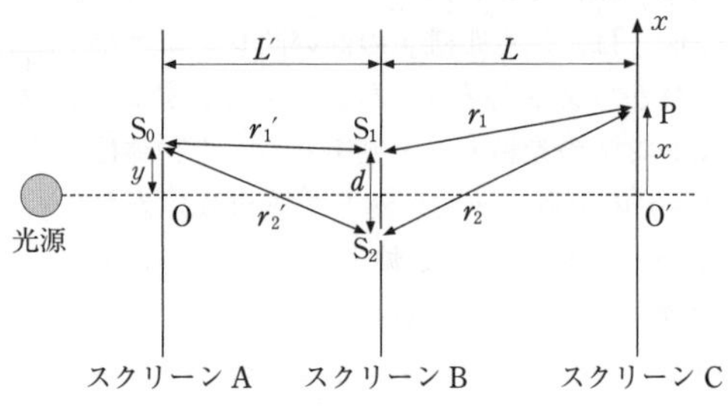

問1　$y=0$ のとき，点Pに明線ができるための条件をr_1，r_2，λと整数mを用いて表せ。

問2　**問1**の場合，xをd，L，m，λを用いて表せ。ここで，$|x|$，dはLより十分小さいものとする。必要であれば，$|\delta|\ll 1$ の場合の近似式 $\sqrt{1+\delta}\fallingdotseq 1+\dfrac{\delta}{2}$ を用いよ。

問3　$y>0$ のとき，点Pに明線ができるための条件をr_1，r_2，r_1'，r_2'，λと整数m'を用いて表せ。

問4　**問3**の場合，xをy，d，L'，L，m'，λを用いて表せ。ここで，$|x|$，y，dはL'，Lより十分小さいものとする。

問5　スリットS_0を一定の速さv_0で上方に移動させるとき，明線の動く速度v_1を符号も含めて求めよ。

問6　**問5**において，透明で屈折率 n を持つ物質をスクリーンA，B間に満たしたときの明線の速度 v_2 と，スクリーンB，C間に満たしたときの明線の速度 v_3 を，それぞれ符号も含めて求めよ。
〈熊本大〉

45 回折格子

図のように，透明容器に回折格子とスクリーンをそれぞれ密着させる。レーザーから直進する単色光を回折格子に垂直に照射すると，スクリーンに明点が一直線上に生じた。この直線上に x 軸をとり，レーザーから直進する光と x 軸との交点を原点とする。原点の明点の番号を0として，図のように明点に原点の近くから順に番号 (0, ±1, ±2, …, ±M, …) をつける。ただし，M は正の整数である。また，M 番目の明点を作る光は，レーザーから直進する光に対して角度 θ_M 傾いた方向に進むとする。回折格子の格子定数(隣りあうスリットの間隔)を d，レーザー光の波長を λ，回折格子とスクリーンとの距離を l とする。ただし，容器の壁の厚み，回折格子の厚みは無視する。容器の x 方向の長さは十分長く，回折したすべての光は容器の側面に当たらずにスクリーンに直接届くものとする。このとき以下の問いに答えよ。

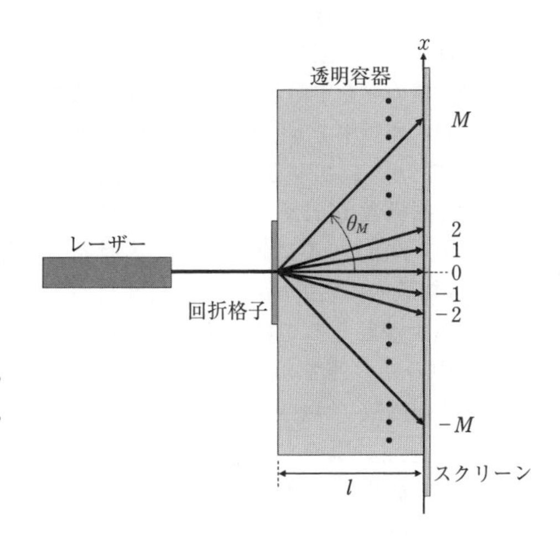

まず，容器内が真空の場合について考える。

問1　θ_M の満たす条件を d，λ，M を用いて表せ。

問2　$d \ll l$ の場合を考え，$\sin\theta_M \fallingdotseq \tan\theta_M \fallingdotseq \theta_M$ が成り立つものとする。M 番目の明点の x 座標を d，l，λ，M を用いて表せ。

問3　**問2**のとき，明点の間隔を求めよ。

次に，$\lambda = 4.0 \times 10^{-7}$ m，$l = 1.0$ m として測定したところ，x 軸の原点付近において明点の間隔が 6.0×10^{-2} m になった。

問4　d は何mか。有効数字2桁で答えよ。

問5　M の最大値を答えよ。

次に，容器内を屈折率 n の物質で満たした場合について考える。

問6　この物質内での，レーザー光の波長を λ と n を用いて示せ。

問7　容器内が真空の場合に比べて，明点の間隔は何倍になるか答えよ。

この物質を入れることにより明点の間隔が 7.0×10^{-1} 倍になった。

問8　n を有効数字2桁で答えよ。

問9　このときの M の最大値を答えよ。
〈京都工繊大〉

46 薄膜による干渉

以下の問題文を読んで [(1)]～[(4)] の中に適当な式を書け。また [(a)]～[(h)] には問題文の後にある指定された選択肢から適切なものを選んで，その記号を書け。

しゃぼん玉に太陽光などの白色光が当たったときに表面が虹色に色づいて見えることがある。これはしゃぼん玉の薄膜の表面と内側の面とで反射した光の干渉によって起こる。ここではしゃぼん玉の表面が色づいて見える条件を調べてみよう。

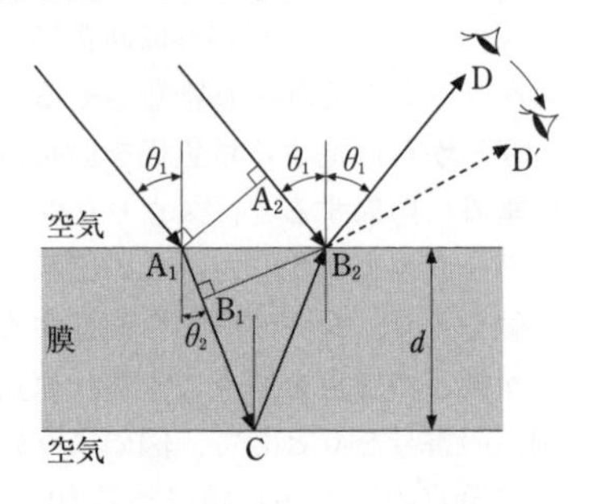

右図はしゃぼん玉の薄膜のごく一部を拡大したもので，膜の面を平面と見なしている。膜の厚さを d〔m〕，屈折率を n，まわりの空気の屈折率を 1 として，$n>1$ とする。ここに空気中で速さ v〔m/s〕，振動数 f〔Hz〕，波長 λ〔m〕の単色光が入射角 θ_1〔rad〕で膜に入射する。入射光の一部は点 A_1 で膜内に屈折して入り，角度 θ_2〔rad〕で進む。屈折が起こるのは，膜内での光の速さ v' が空気中の光の速さ v [(a)] からである。膜内での光の振動数 f' は空気中の振動数 f [(b)] ので，膜内の光の波長 λ' は空気中の光の波長 λ [(c)]。膜の中を進む光の向き θ_2 は屈折の法則から $\sin\theta_2=$ [(1)] となる。このように屈折して膜内を進んだ光は，膜底面上の点Cで反射して，点 B_2 で再び空気中に出てくる。

一方，点 B_2 に入射した光は一部が反射して，点 A_1 から入射したのち膜底面の点Cで反射して B_2 から出射する光と同じ向きに進む。点 B_2 での反射は，屈折率が小さい媒質(空気)を進んできて屈折率が大きい媒質(しゃぼん玉の膜)で起こるので，波の [(d)] に相当し，反射光の位相は入射光の逆になる(半波長分変化する)。膜底面の点Cでの反射は，波の [(e)] に相当するので，反射光と入射光の位相は同じで，位相変化はない。

図で A_1CB_2D と進む光と A_2B_2D と進む光の光路長(光学的距離)差 $\varDelta L$ を考える。波面は光の進行方向と垂直であるから，空気中で A_1A_2 の波面は膜内で B_1B_2 となる。したがって，A_1CB_2D と進む光と A_2B_2D と進む光との光路長差 $\varDelta L$ は経路差 B_1C+CB_2 の屈折率倍(n 倍)なので，d，n，θ_2 を用いて $\varDelta L=$ [(2)]〔m〕となる。Dから B_2 を観察したとき，膜からの反射光が互いに強めあうのは，点 B_2 での反射で位相が逆になることを考慮すると，m を 0 以上の整数として，$\varDelta L=m\lambda+$ [(3)]〔m〕のときである。すなわち，光路長差 $\varDelta L$ が $\dfrac{\lambda}{2}$ の [(f)] 倍のときにしゃぼん玉の膜からの反射光はお互いに強めあって明るく見える。この条件を満足する空気中の光の波長 λ は，θ_1，d，n，m を用いて表すと $\lambda=$ [(4)]〔m〕となる。

日中の空からの光のようにいろいろな波長の光がさまざまな方向からしゃぼん玉を照らすときは，注目する膜の場所を変えると θ_1 が変わり，$\lambda=$ [(4)] の関係からその方向で強めあう光の波長 λ も変わり，違う色が明るく見え，しゃぼん玉全体では虹色に色づいて見える。いま，図で膜はさまざまな角度の白色光によって照らされており，Dから B_2 を観察したときに緑色の光が強く見えたとする。視点をDからD′へと徐々に変えて

B_2を観察したところ，明るく見える光の色は緑から［(g)］へと変化する。これは，$\lambda=$［(4)］の関係式から，DからD′へと視点を変えると強めあって明るく見える光の波長は［(h)］からである。

［(a)］～［(c)］の選択肢：㋐ と等しい　㋑ のn倍になる　㋒ の$\frac{1}{n}$倍になる

［(d)］，［(e)］の選択肢：㋐ 全反射　㋑ 固定端反射　㋒ 自由端反射

［(f)］の選択肢：㋐ 整数　㋑ 奇数　㋒ 偶数

［(g)］の選択肢：㋐ 青→紫　㋑ 黄→橙→赤　㋒ 赤→青→橙

［(h)］の選択肢：㋐ 変化しない　㋑ 次第に短くなる　㋒ 次第に長くなる

〈北見工大〉

第4章 電磁気

14 電場と電位

47 点電荷のまわりの電場・電圧

次の文中の［(1)］～［(8)］に適する式または数値を記せ。

真空中において，xy 平面内に固定された点電荷が，xy 平面上の各点に作る電場（電界）について考える。xy 平面上の各点における電場ベクトルは xy 平面に平行なので，その x 成分と y 成分を用いて，$\vec{E}=(E_x,\ E_y)$ のように表す。

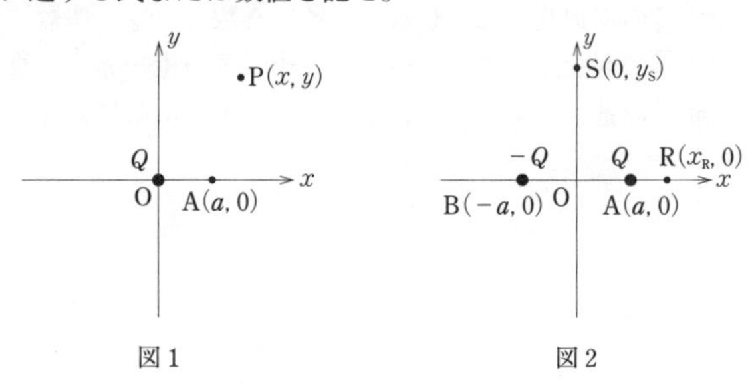

図1　　図2

また，電位の基準は無限遠方にとる。

まず，図1のように，正の電気量 $Q(>0)$ を持つ点電荷を原点Oに固定する。クーロンの法則の比例定数を k_0 とすると，点 $\mathrm{P}(x,\ y)$ における電場は $\vec{E}_\mathrm{P}=($［(1)］，［(2)］$)$ である。電気量 q の点電荷に，電場からの力と逆向きの力 $\vec{f}$ を加え，点 $\mathrm{A}(a,\ 0)$ から点Pまでゆっくりと移動させた。ただし，$a>0$ である。この間に力 $\vec{f}$ がした仕事は $W=$［(3)］である。

次に，図2のように，正の電気量 Q を持つ点電荷を点 $\mathrm{A}(a,\ 0)$ に，負の電気量 $-Q$ を持つ点電荷を点 $\mathrm{B}(-a,\ 0)$ に固定する。$x_\mathrm{R}>a$ のとき，x 軸上の点 $\mathrm{R}(x_\mathrm{R},\ 0)$ と等しい電位 V_R を持つ点は x 軸上にもう1点あり，その点を $\mathrm{C}(x_\mathrm{C},\ 0)$ とおく。ここで $x_\mathrm{R}=\sqrt{2}\,a$ のとき $x_\mathrm{C}=$［(4)］である。x_R が a に比べて十分に大きいとき，点Rにおける電場は $\vec{E}_\mathrm{R}=($［(5)］$,\ 0)$ となる。y 軸上の点 $\mathrm{S}(0,\ y_\mathrm{S})$ における電場は $\vec{E}_\mathrm{S}=($［(6)］，［(7)］$)$ である。ただし，$y_\mathrm{S}>0$ である。正の電気量 $q'(>0)$ を帯びた小球に電場と逆向きの外力を加え，y 軸に沿って無限遠方から点Sまでゆっくりと移動させた。この間に電場が小球にした仕事は［(8)］である。

〈明治大〉

15 コンデンサー

48 ガウスの法則とコンデンサーの基本式

次の文中の［(1)］～［(15)］にあてはまる適切な式または数値を記せ。

問1 電場の様子は目に見えない。目に見えない電場の様子をわかりやすく示すために電気力線が用いられる。電気力線は正の試験電荷を置いたときに電場から受ける力の向きに試験電荷を少しずつ移動したときにできる曲線である。試験電荷が動いた向きを電気力線の向きと定める。また，電場の強さ E'〔N/C〕の点では，電場に垂直な面を 1 m^2 あたり E' 本の割合で電気力線が貫くものとする。

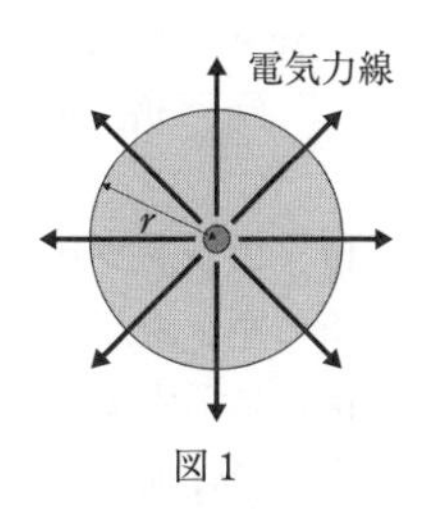

図1

図1で q〔C〕の点電荷から出る電気力線の総数を N 本とすると，半径 r〔m〕離れた球面を貫く電気力線の総数は［(1)］本である。これより，この球面上の 1 m^2 当たりの面を貫く電気力線の数は［(2)］本となる。また，クーロンの法則から q〔C〕の点電荷から距離 r〔m〕の点での電場の強さ E〔N/C〕は，$E=k_0\times$［(3)］，$k_0=9.0\times10^9\ \mathrm{N\cdot m^2/C^2}$ で与えられる。よって，電気力線の総数 N は電荷 q を用いて表すと［(4)］となる。ところで，比例定数 k_0 は真空の誘電率 ε_0 を用いて $k_0=\dfrac{1}{4\pi\varepsilon_0}$ と表されるので，結果として q〔C〕の点電荷から出る電気力線の総数 N は $\dfrac{q}{\varepsilon_0}$ となる。

問2 図2のように，極板の面積 S〔m^2〕，極板間の距離 d〔m〕の平行平板コンデンサーに，電圧 V〔V〕を加えて Q〔C〕の電荷を蓄えたとする。このとき，極板間の電気力線の総数は電荷 Q と真空の誘電率 ε_0 を用いて［(5)］と表される。これより，コンデンサーの極板間の電場の大きさを E〔N/C〕とすると，E は［(6)］となる。ただし，コンデンサーの極板間には一様な電場ができるものとする。一方，電場の大きさ E は電圧 V を用いて［(7)］と表されるので，［(6)］と［(7)］から電荷 Q は［(8)］となる。このとき，電荷 Q は電圧 V に比例する。この比例定数である電気容量 C〔F〕は［(9)］と表される。

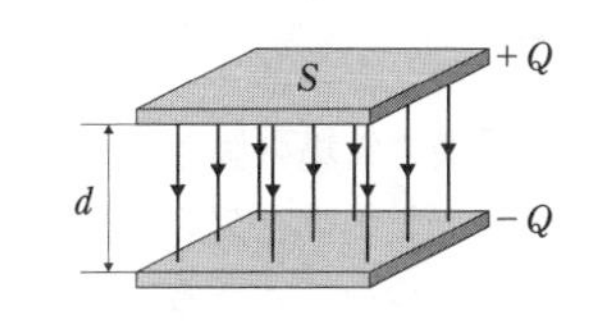

図2

問3 図3のように，極板の面積 S〔m^2〕，極板間の距離 d〔m〕の平行平板コンデンサーに，電圧 V〔V〕の電池とスイッチKが接続されている回路を考える。最初，コンデンサーには電荷が蓄えられておらず，スイッチKは開いているものとする。これを状態(A)とする。

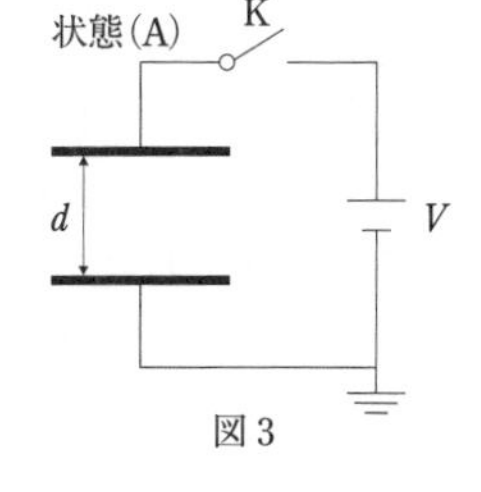

図3

a) スイッチKを閉じて十分に時間が経過した。このとき，コンデンサーに蓄えられる電荷は［(8)］〔C〕となる。次に，スイッチKを閉じたまま，極板間の距離を d から $2d$ に変えた。このとき，極板間の距離が d の場合と比較して，極板間の電位差は

⑽ 倍，コンデンサーに蓄えられる電荷は ⑾ 倍，極板間の電場は ⑿ 倍となる。

b) 再び状態(A)に戻して，スイッチKを閉じて十分に時間が経過した後，スイッチKを開いた。その後，極板間の距離を d から $2d$ に変えると，極板間の距離が d の場合と比較して，コンデンサーに蓄えられる電荷は ⒀ 倍，極板間の電位差は ⒁ 倍，極板間の電場は ⒂ 倍となる。〈甲南大〉

49 コンデンサーの静電エネルギーと極板間引力

次の文を読んで，問いに答えよ。また，□には適した式を記せ。

図1に示すように，真空中に極板Aおよび極板Bからなる平行板コンデンサーがある。このコンデンサーの極板面積は S〔m²〕，極板間隔は d〔m〕であり，面積 S は十分広く，間隔 d は十分せまいものとする。また，両極板はつねに平行に保たれているものとする。このコンデンサーは，スイッチと抵抗を介して起電力が V〔V〕の電池に接続されている。最初，スイッチは開いており，コンデンサーには電荷がないものとする。なお，真空の誘電率は ε_0〔F/m〕とする。

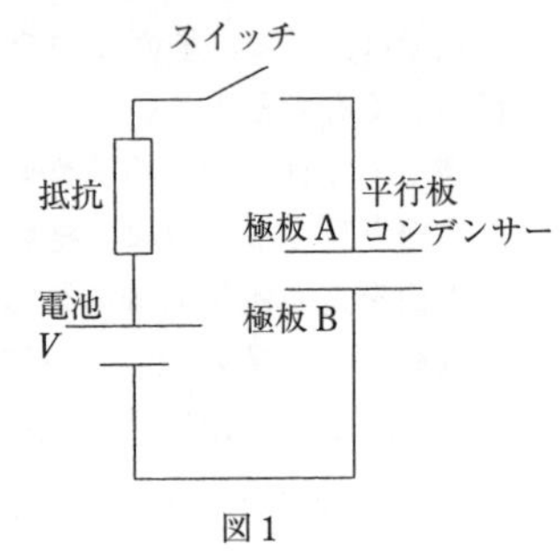

図1

問1 このコンデンサーの電気容量は， ⑴ 〔F〕である。したがって，スイッチを閉じてから十分に時間が経つと，コンデンサーには ⑵ 〔C〕の電気量が蓄えられる。また，コンデンサーの極板間の電場の強さは ⑶ 〔V/m〕となる。

問2 このコンデンサーに蓄えられる静電エネルギーについて考える。スイッチを閉じるとコンデンサーは充電されるが，その過程においてコンデンサーに蓄えられている電気量と極板間の電位差の関係は図2のようになる。充電の途中で極板間の電位差が V'〔V〕のとき，微小な電気量 Δq〔C〕が電池を通してコンデンサーの極板Bから極板Aに移動したとする。このとき，Δq が微小であれば電位差 V' の変化は無視できるので，コンデンサーに蓄えられている静電エネルギーは $\Delta U=$ ⑷ 〔J〕だけ増加する。したがって，極板間の電位差が0から V〔V〕になるまでの，この ΔU の総和がコンデンサーに蓄えられている静電エネルギーになる。

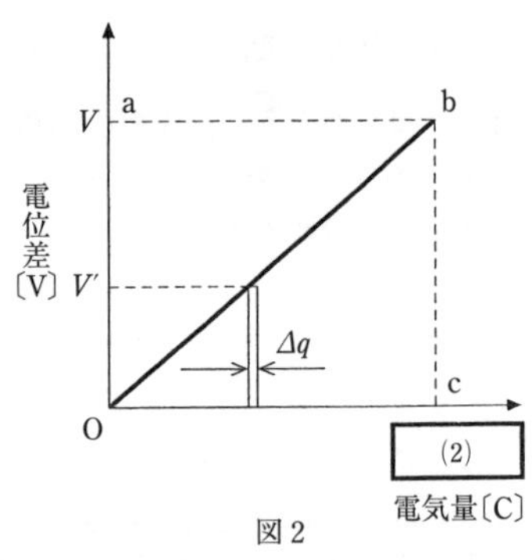

図2

問3 図2において，四角形Oabcの面積は電池がした仕事に相当していると考えられる。このように考えると，三角形Oabの面積および三角形Obcの面積は，それぞれ何に相当しているかを答えよ。

問4 このコンデンサーを十分に充電した後にスイッチを開き，その後，比誘電率が ε_r の誘電体を極板間全体に満たした。このとき，コンデンサーに充電されている電気量は ⑸ 〔C〕，コンデンサーの電気容量は ⑹ 〔F〕なので，極板間の電位差は，誘電体を満たす前に比べて [(7)]〔倍〕になる。

次に，スイッチを開いたままで，誘電体を取り除き極板間を真空に戻した。その後，極板間の間隔を d から微小な距離 Δd〔m〕だけ広げ，$d+\Delta d$ とした。このとき，コンデンサーの電気容量は [(8)]〔F〕になるので，コンデンサーに蓄えられている静電エネルギーは，極板間隔を広げる前に比べて，[(9)]〔J〕だけ増加する。このことから，極板間が真空のコンデンサーにおいて，極板間に働く電気的な引力は [(10)]〔N〕であることがわかる。

〈滋賀県立大〉

50 コンデンサーへの誘電体の挿入

比誘電率が1の空間中に，一辺の長さが L の正方形の極板を持つ電気容量 C の平行板コンデンサーがある。図のように，比誘電率が6で一辺の長さが L の正方形の断面を持ち，厚みが極板間隔と等しい誘電体を，このコンデンサーの極板間に挿入する場合について以下の問いに答えよ。

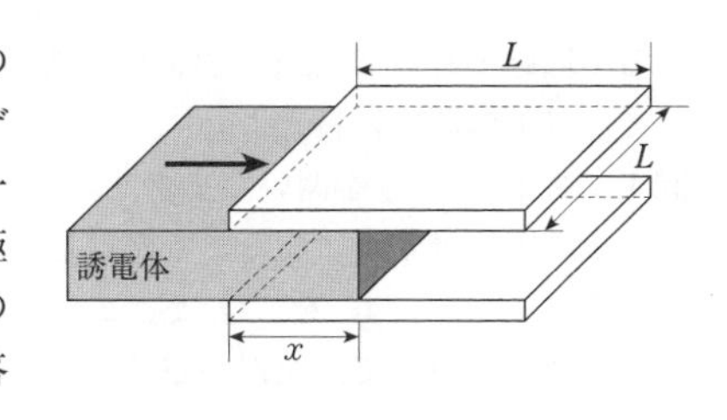

問1 電源を取り付けて極板間の電位差を V に保ったまま，誘電体を挿入する場合について以下の問いに答えよ。

(1) 誘電体を x だけ挿入したときのコンデンサーの電気容量はいくらか。

(2) さらに誘電体を Δx だけ挿入したときの極板上の電荷の変化量はいくらか。

(3) (2)の場合のコンデンサーの静電エネルギーの変化はいくらか。

(4) この静電エネルギーの変化は，誘電体を挿入するために外力がした仕事と電源がした仕事のためであるとして，誘電体を Δx だけ挿入するのに加えた外力の大きさと向きを答えよ。

問2 極板間の電位差が V になるように充電した後，充電に用いた電源を取り外した。この後，誘電体を挿入する場合について以下の問いに答えよ。

(5) 誘電体を x だけ挿入したときの極板間の電位差はいくらか。

(6) (5)の場合の静電エネルギーはいくらか。

(7) 誘電体を x だけ挿入したときを考える。挿入前 $(x=0)$ の状態に対する静電エネルギーの変化量はいくらか。

(8) 挿入時に，誘電体が極板間の電場から受ける力の向きを答えよ。

〈愛媛大〉

51 コンデンサー回路のスイッチ切り換え

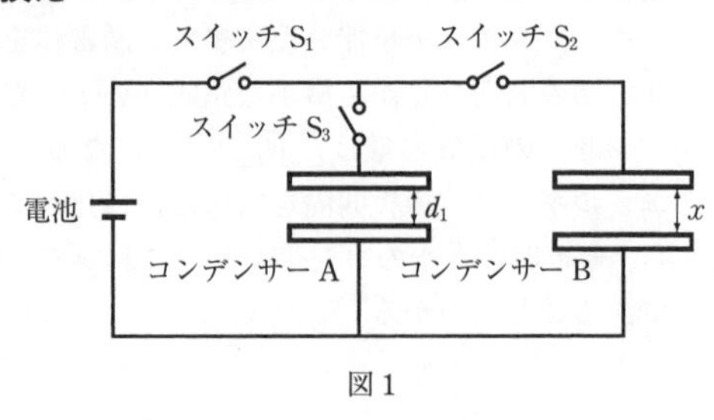

図1

図1のように，2つの平行平板コンデンサーA，Bと電圧一定の電池，および3つのスイッチを含む回路がある。これらのコンデンサーの極板の形状はすべて同じであり，面積はSである。コンデンサーAの極板間の距離はd_1に固定されているが，コンデンサーBの極板間の距離xは変えることができる。2つのコンデンサーには，はじめ電荷は蓄えられておらず，それらの内部は真空である。回路の導線の抵抗，および電池の内部抵抗は無視できる。真空の誘電率をε_0として，以下の問いに答えよ。

問1　スイッチS_2を開いたまま，スイッチS_1，およびS_3を閉じて，コンデンサーAを極板の電気量がQになるまで充電した。このとき，コンデンサーAに蓄えられている静電エネルギーU_1を，Q，S，d_1，ε_0を用いて表せ。

問2　問1において，充電が完了した後のコンデンサーAの極板間の電場の大きさEを，Q，S，ε_0を用いて表せ。

問3　問1のように，電池でコンデンサーAを充電した後，スイッチS_1を開いてから，コンデンサーBの極板間の距離を $x=d_2$ にしてスイッチS_2を閉じた。十分に時間が経過した後，コンデンサーAおよびBに蓄えられている電気量Q_1，Q_2，およびこれらのコンデンサーに蓄えられた静電エネルギーの和UをQ，S，d_1，d_2，ε_0のうち必要なものを用いて表せ。

問4　問3において，十分に時間が経過した後，図2のようにスイッチS_3を開き，コンデンサーBの極板間の距離をd_2からd_3に広げた。このとき，極板を動かすのに必要な仕事WをQ，S，d_1，d_2，d_3，ε_0を用いて表せ。

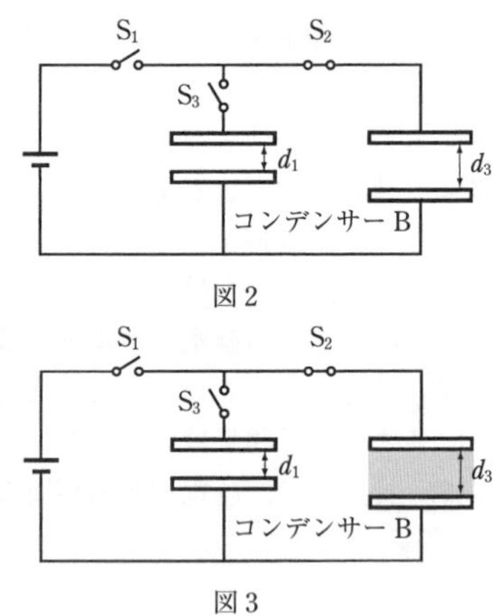

図2

図3

問5　図3のように，コンデンサーBの中を，誘電率がεの誘電体で満たした。このとき，コンデンサーBの極板間の電位差VをQ，S，d_1，d_2，d_3，εを用いて表せ。

問6　問5において，コンデンサーBの中を誘電体で満たした後，スイッチS_1を再び閉じて，コンデンサーBを充電した。このとき，コンデンサーBに蓄えられている静電エネルギーは，問1で求めた静電エネルギーの何倍になるか。

〈奈良女子大〉

52 3枚極板のコンデンサー

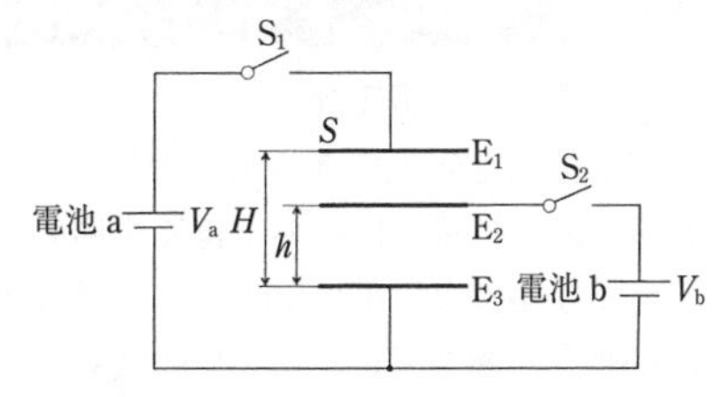

極板 E_1, E_2 および E_3 により平行板コンデンサーを形成し，スイッチ S_1, S_2, 電池 a, 電池 b を図のように接続して回路を構成した。極板 E_1, E_2 および E_3 は面積 S の正方形とし，E_1 と E_3 の距離は H, E_2 と E_3 の距離は h とする。初期状態ではスイッチ S_1, S_2 は開放し，各極板の電位はすべて0とする。極板間の空間は真空であり，その誘電率は ε_0 とする。電池 a および電池 b の電圧は，それぞれ V_a, V_b $(V_a > V_b)$ とする。極板の面積 S は端の影響を無視できるほど大きく，極板の厚さは考慮しなくてよいとして，以下の問いに答えよ。

まず，スイッチ S_1 を閉じた。するとしばらくして電流が流れなくなり充電が完了した。

問1 極板 E_1 と E_2 の間の電気容量 C_1 および 極板 E_2 と E_3 の間の電気容量 C_2 を，それぞれ H, h, S, V_a, V_b, ε_0 のうち必要なものを用いて表せ。

問2 極板 E_1 と E_2 の間の電位差 V_1 を，H, h, S, V_a, V_b, ε_0 のうち必要なものを用いて表せ。

次に，スイッチ S_1 を開放した後，スイッチ S_2 を閉じてコンデンサーを充電した。

問3 充電完了後の極板 E_1 と E_2 の間の電位差 V_1' と，極板 E_2 と E_3 の間の電位差 V_2' のそれぞれを，H, h, S, V_a, V_b, ε_0 のうち必要なものを用いて表せ。

さらに，スイッチ S_2 を開放してから，再びスイッチ S_1 を閉じ，コンデンサーを充電した。

問4 このときの極板 E_1 と E_2 の間の電位差 V_1'' を，C_1, C_2, H, h, S, V_a, V_b, ε_0 のうち必要なものを用いて表せ。

問5 前述の操作（スイッチ S_1 閉→スイッチ S_1 開→スイッチ S_2 閉→スイッチ S_2 開）を何度も繰り返すと，極板 E_1 と E_2 の間の電位差はある値 V_1^{∞} に収束する。その値を H, h, S, V_a, V_b, ε_0 のうち必要なものを用いて表せ。 〈筑波大〉

16 電流

53 電流計・電圧計

内部抵抗を無視できる起電力 V〔V〕の電池Vに R〔Ω〕の抵抗を接続する。抵抗に流れる電流と抵抗の両端の電位差を同時に測定しようとすると，電流計Ⓐと電圧計Ⓥを接続する方法には図1と図2に示す2つがある。図1ではⓋは9.756〔V〕，Ⓐは24.4〔mA〕を，図2ではⓋは10.000〔V〕，Ⓐは19.6〔mA〕を示した。［⑴］～［⑹］に適切な数値を，［⑺］，［⑼］に図の番号を，［⑻］，［⑽］に式を入れよ。数値の答えは有効数字2桁で示せ。

問1　電池の起電力はいくらか。［⑴］〔V〕

問2　電流計の内部抵抗 r_a はいくらか。［⑵］〔Ω〕

問3　Rはいくらか。［⑶］〔Ω〕

問4　電圧計の内部抵抗 r_v はいくらか。［⑷］〔Ω〕

問5　電流計と電圧計の内部抵抗を考慮しないで測定値から抵抗値を求めると，図1の回路では［⑸］〔Ω〕，図2の回路では［⑹］〔Ω〕となり，**問3**で求めたRの値とは異なる。

問6　図［⑺］の回路では抵抗の両端の電位差を測定できるが，抵抗だけに流れる電流は測定できない。電流計の指示は抵抗に流れる電流の［⑻］〔倍〕となる。図［⑼］の回路では抵抗に流れる電流を測定できるが，抵抗の両端だけの電位差は測定できない。電圧計の指示は抵抗に加わる電位差の［⑽］〔倍〕となる。

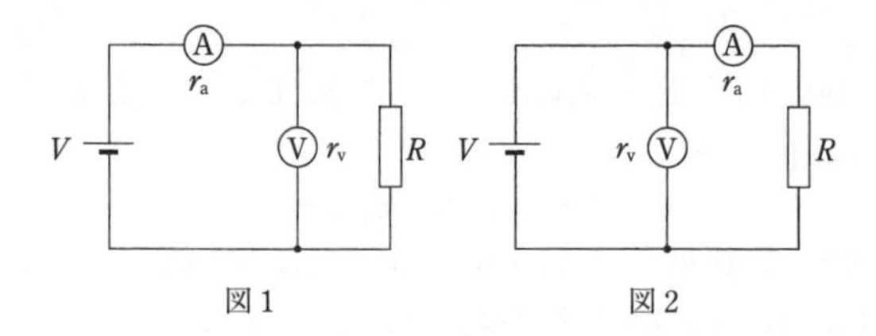

図1　図2

〈三重大〉

54 ホイートストンブリッジ回路

問1 図1のような4つの抵抗 R_1, R_2, R_3, R_4 とスイッチS，および検流計Gから構成されるホイートストンブリッジ回路がある。それぞれの抵抗の値が R_1〔Ω〕，R_2〔Ω〕，R_3〔Ω〕，R_4〔Ω〕であり，電池の起電力は E〔V〕で内部抵抗は無視できるものとする。スイッチSは開いている。次の［(1)］から［(3)］の空欄に入る式などを書け。

電流はA→B→Dの経路とA→C→Dの経路の2つに分かれて流れる。抵抗 R_1 での電圧降下は［(1)］であり，抵抗 R_2 での電圧降下は［(2)］である。スイッチSを閉じたところ，BC間の検流計Gには電流が流れなかった。これはBとCの電位が等しいことを示している。抵抗 R_1 と抵抗 R_2 での電圧降下が等しいことから，検流計に電流が流れていないとき，4つの抵抗値の間の関係を表すと［(3)］となる。

問2 図2のように抵抗値 R_5〔Ω〕，R_6〔Ω〕，R_7〔Ω〕，R_8〔Ω〕，R〔Ω〕の各抵抗 R_5, R_6, R_7, R_8, Rを接続した回路を考える。スイッチSは開いている。このとき，抵抗 R_7，抵抗 R_8 および電池を流れる電流を求めよ。また，Cに対するBの電位はいくらか。

問3 次に図2のSを閉じた。すると，AからBに向かって電流 I_1〔A〕，AからCに向かって電流 I_2〔A〕，CからBに向かって電流 I〔A〕がそれぞれ流れた。BからDに向かって抵抗 R_7 を流れる電流を I と I_1 を用いて表せ。また，CからDに向かって抵抗 R_8 を流れる電流を I と I_2 を用いて表せ。さらに，回路ABCA，回路BDCBおよび回路PABDQPについて，それぞれ起電力と電圧降下の関係（キルヒホッフの法則）を式で表せ。

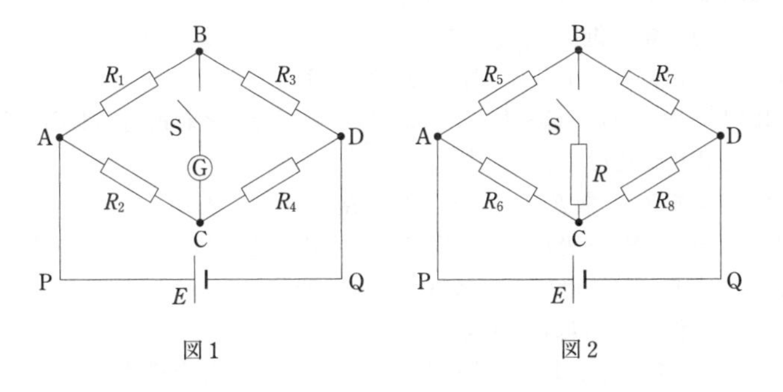

図1　　図2

〈山梨大〉

第4章　電磁気

55 電位差計

図のような電池，抵抗器，電流計，検流計およびスイッチで構成される回路がある。電池 B_0 は起電力が E_0〔V〕で内部抵抗は 0 であり，電池 B_1 は起電力が E_1〔V〕で内部抵抗は r_1〔Ω〕である。抵抗器 R_1 の電気抵抗は 0.60 Ω である。接点Qが付いたすべり抵抗器は太さ，抵抗率ともに一様な抵抗線 PR でできており，PR の長さは 25 cm で電気抵抗が 1.5 Ω である。抵抗線 QR の電気抵抗を R_2〔Ω〕，PQ の電気抵抗を R_3〔Ω〕とする。検流計Gの電流を I_1〔A〕，電流計Aの電流を I_2〔A〕，抵抗線 PQ の電流を I_3〔A〕として，I_1，I_2，I_3 の正の向きを図の矢印の向きとする。はじめ，スイッチ S_0，S_1，S_2 はすべて開いているとして，有効数字 2 桁で以下の問いに答えよ。

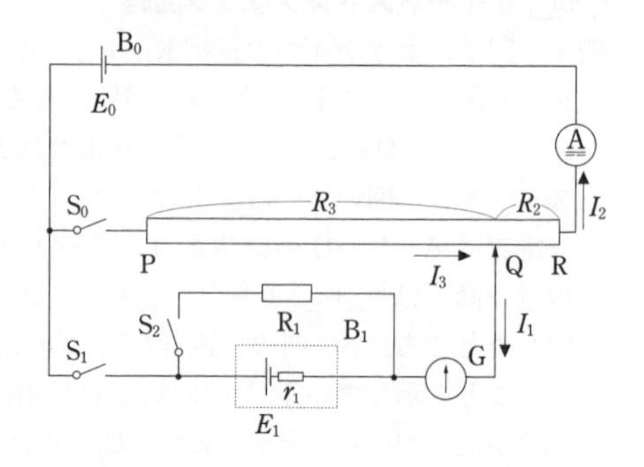

スイッチ S_0 を閉じたとき，電流計Aは $I_2=0.80$ A を示した。

問1 電池 B_0 の起電力 E_0 はいくらか。

問2 抵抗線 PR に生じる単位時間当たりの発熱量はいくらか。

さらに，スイッチ S_1 を閉じ，接点Qを抵抗線 PR の左端Pから右端Rへ向かって移動させ，抵抗線 PQ の長さが 15 cm になるようにした。

問3 抵抗線 PQ の電気抵抗 R_3 はいくらか。

問4 接点Qにおける電流 I_1，I_2，I_3 の関係を書け。

問5 閉回路 $B_0-S_1-B_1-Q-R-B_0$ における電圧降下と起電力の関係を E_0，E_1，r_1，R_2，I_1，I_2 を用いて書け。

問6 検流計Gの電流 I_1 を E_0，E_1，r_1，R_2，R_3 を用いて表せ。

次に，スイッチ S_0，S_1 を閉じたまま接点Qを移動させ，抵抗線 PQ の長さが 20 cm になるようにしたとき，検流計Gの振れが $I_1=0$ になった。

問7 電池 B_1 の起電力 E_1 はいくらか。

スイッチ S_0，S_1 を閉じたままスイッチ S_2 を閉じ，接点Qを移動させて抵抗線 PQ の長さと抵抗線 QR の長さが等しくなるようにしたとき，検流計Gの振れが $I_1=0$ になった。

問8 電池 B_1 の内部抵抗 r_1 はいくらか。 〈玉川大〉

56 非オーム抵抗を含む回路

電球Xに電圧をかけたときに流れる電流はオームの法則にしたがわず，図1のような曲線によって表される。

問1　図2のように電球Xに1.5 Vの電圧をかけた。このとき，電球Xに流れる電流は何Aか。

問2　図3のように，電球Xを2つ直列につなぎ，2.0 Vの電圧をかけた。このとき回路に流れる電流は何Aか。

問3　図4のように，電気容量Cのコンデンサーと電球Xを直列につなぎ，2.0Vの電圧をかけた。時間が十分に経ったとき，コンデンサーには電荷Qが蓄えられていた。コンデンサーに電荷が蓄えられる途中，蓄えられている電荷が$\frac{Q}{2}$である瞬間に回路に流れている電流は何Aか。

図5のように，抵抗値Rの抵抗と，電球Xを直列につなぎ，電圧V_0をかけた。電源の負極側は接地してある。抵抗と電球Xの間の点Pの電位はV_Xであったとする。

問4　このとき，回路に流れる電流I_Xを，V_0，V_X，Rを用いて表せ。

問5　$R=2.5\,\Omega$，$V_0=1.25$ Vとするとき，**問4**で求めたI_XとV_Xの関係を図1のグラフに描き込め。さらにこれを用いて，このときのV_X，I_Xの値を求めよ。

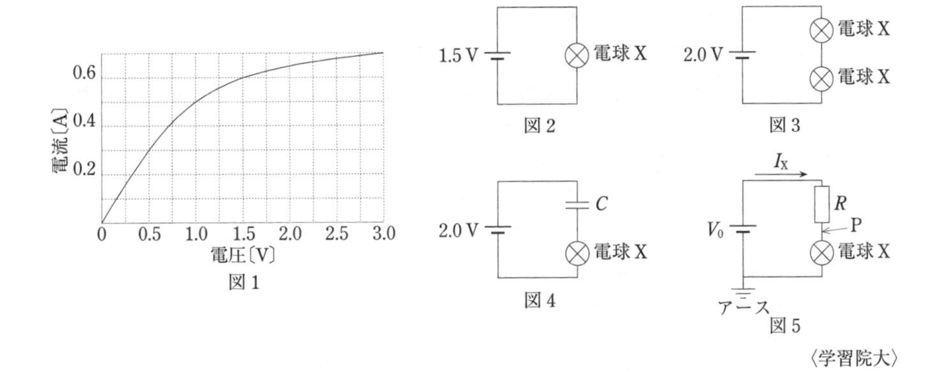

図1　図2　図3　図4　図5

〈学習院大〉

57 RC 回路

図 1 のように，3 つの抵抗 R_1〔Ω〕，R_2〔Ω〕，R_3〔Ω〕，2 つのコンデンサー C_1〔F〕，C_2〔F〕，起電力 V〔V〕の電池，検流計，2 つのスイッチ S_1，S_2 が接続された回路がある。最初の状態では，スイッチ S_1 と S_2 は開いており，2 つのコンデンサーに電荷はないものとする。以下の問いに答えよ。

問 1　まず，スイッチ S_1 を閉じた。十分に時間が経った後に，抵抗 R_3 を流れる電流 I〔A〕を求めよ。

問 2　スイッチ S_1 を閉じて十分に時間が経った後に，スイッチ S_2 を閉じたが検流計には電流が流れなかった。このとき，電気容量 C_1 と C_2 にどのような関係式が成り立つか答えよ。

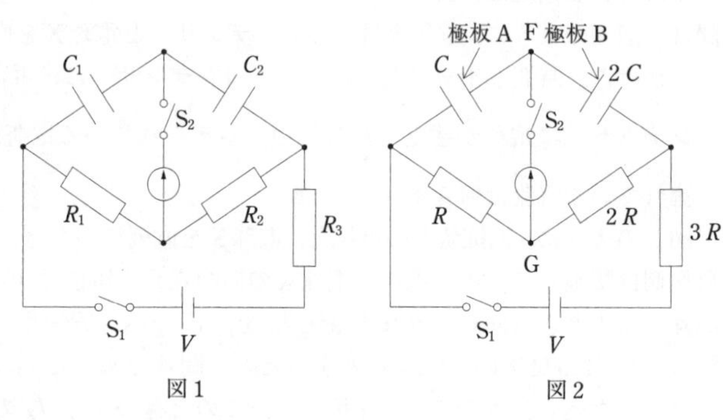

図 1　　図 2

以下では，図 2 のように $R_1=R$〔Ω〕，$R_2=2R$〔Ω〕，$R_3=3R$〔Ω〕，$C_1=C$〔F〕，$C_2=2C$〔F〕の場合を考える。スイッチ S_1 を閉じて十分に時間が経った後に，スイッチ S_2 を閉じた。

問 3　スイッチ S_2 を閉じる直前のコンデンサー C の電圧 V_0〔V〕を求めよ。

問 4　スイッチ S_2 を閉じてしばらくの間，検流計に電流が流れた。この電流の向きは，図 2 の「F から G」，「G から F」のどちらか答えよ。

問 5　スイッチ S_2 を閉じて十分に時間が経った後の，コンデンサー C の電圧 V_1〔V〕とコンデンサー $2C$ の電圧 V_2〔V〕を V で表せ。

問 6　スイッチ S_2 を閉じて十分に時間が経った後に，図 2 の極板 A と極板 B に蓄えられている電荷 Q_A〔C〕と Q_B〔C〕を C と V で表せ。

次に，スイッチ S_2 を開き，続いてスイッチ S_1 を開いた。

問 7　スイッチ S_1 を開いてから十分に時間が経った後に，コンデンサー C と $2C$ それぞれに蓄えられている電荷 Q_1〔C〕，Q_2〔C〕を C と V で表せ。

問 8　スイッチ S_1 を開いてから十分に時間が経つまでの間に，抵抗 R と $2R$ に発生するジュール熱の総量 W〔J〕を C と V で表せ。〈山口大〉

58 ダイオードを含む回路

次の文を読み，以下の問いに答えよ。

図1のように，抵抗値が R〔Ω〕，$2R$〔Ω〕，$3R$〔Ω〕の抵抗 R_1，R_2，R_3，電気容量が C〔F〕のコンデンサー C，スイッチ S_1，S_2，S_3，素子Dおよび内部抵抗が無視できる直流電源Eを用いて回路を作った。素子Dの両端 AB 間の電位差 V〔V〕と流れる電流 I〔A〕の関係を図2に示した。素子Dは，電圧を0Vから上げていくと，はじめは電流が流れないが，V_0〔V〕に達すると電流が流れ始める。その電流と電圧の関係は直線的であり，電流はAからBの向きを正とする。はじめ，コンデンサーには電荷が蓄えられていなかった。抵抗値や電気容量については R，C を用いて答えよ。また必要ならば，図2の V_0，V_D，I_D を用いてもよい。

はじめに，スイッチ S_2，S_3 は開けたままで，スイッチ S_1 だけを閉じる。

問1　電源Eの電圧を0Vから上げていく。電源電圧が V_T〔V〕を超えると素子Dに電流が流れ始めた。この電圧 V_T を求めよ。

問2　電源電圧を V_T からさらに上げると，素子Dに流れる電流が図2の I_D〔A〕になった。このときの電源電圧 V_E〔V〕を求めよ。また，抵抗 R_1 に流れる電流 I_1〔A〕を求めよ。

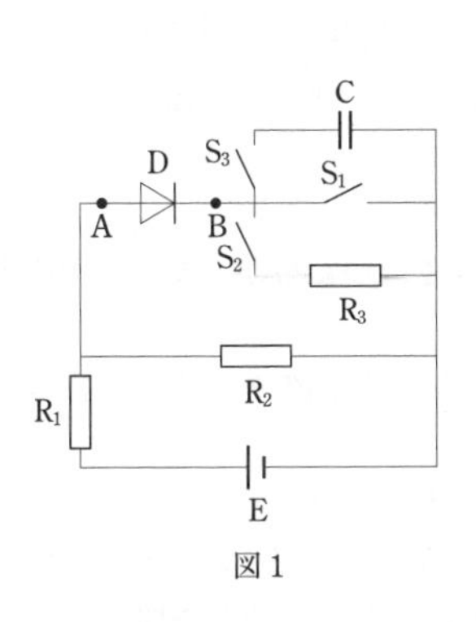

図1

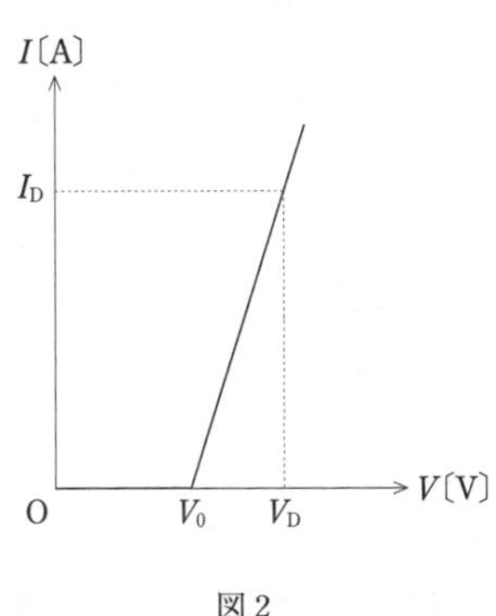

図2

続いて，スイッチ S_1 を開き，スイッチ S_2 を閉じる。スイッチ S_3 は開いたままとする。

問3　電源電圧を調整したところ，素子Dに流れる電流が前問の I_D に等しくなった。このときの電源電圧 V_E'〔V〕を求めよ。また，抵抗 R_1 に流れる電流 I_1'〔A〕を求めよ。

さらに，スイッチ S_3 を閉じた。

問4　コンデンサーCの充電が完了したとき，その両端の電位差 V_C〔V〕，電気量 Q〔C〕と静電エネルギー U_C〔J〕を求めよ。　〈岐阜大〉

17 電場・磁場中の荷電粒子

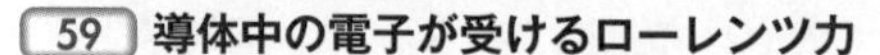

59 導体中の電子が受けるローレンツ力

問1　図1に示すような断面積S，抵抗率ρの導線があり，その両端は直流電源につながっている。図では自由電子を⊖で表し，その運動方向を矢印で示している。また，導線の断面Aでの電位はV_A，断面Bでの電位はV_Bであり，断面Aと断面Bの間隔はLである。以下の問いに答えよ。

(1)　この導線の単位長さ当たりの電気抵抗をSとρを用いて表せ。

(2)　V_AとV_Bではどちらの電位が高いか，図1中の電子の運動方向から判断せよ。

(3)　この導線に流れている電流の大きさ(絶対値)Iはいくらか。

(4)　断面Aと断面Bの間の導線部分で消費される電力はいくらか。I，V_A，V_Bを用いて表せ。

(5)　導線で消費されたエネルギーはどのような形態のエネルギーになったか。

問2　**問1**の回路全体を，磁束密度Bの一様な磁場中に図2のように置いた。磁場の向きは導線に垂直で紙面の裏からの表向きであり(図では⊙の記号で示す)，導線の内部でも磁束密度の向きと大きさは変わらない。導線中の単位体積当たりの自由電子の数はn，電子の電荷は$-e$(eは電気素量)である。導線中の自由電子はすべて矢印の方向に一定の速さvで運動しているものとして，以下の問いに答えよ。ただし，解答には**問1**のρ，V_A，V_B，Iを用いてはならない。

(6)　導線中を流れる電流の大きさはいくらか。

(7)　1個の自由電子が磁場から受ける力の大きさはいくらか。また，その力の方向を次の(ア)〜(カ)の記号で答えよ。

(ア)　↑　　(イ)　↓　　(ウ)　→　　(エ)　←　　(オ)　紙面の裏から表の向き

(カ)　紙面の表から裏の向き

(8)　単位長さの導線が磁場によって受ける力の大きさはいくらか。

問3　同じ導線を回路から切り離し，**問2**と同じ磁場中を図3のように一定の方向に一定の速さv'で動かしている。導線を動かし始めてから十分な時間が経っているものとして，以下の問いに答えよ。

(9)　磁場中を一定の速さv'で動いている導線中の自由電子の分布は，静止している状態と比較してどのような変化が生じているか。図3を使って説明せよ。

(10)　このとき導線中の電場の大きさはいくらか。また，その方向を**問2**(7)の選択肢(ア)〜(カ)の記号で答えよ。

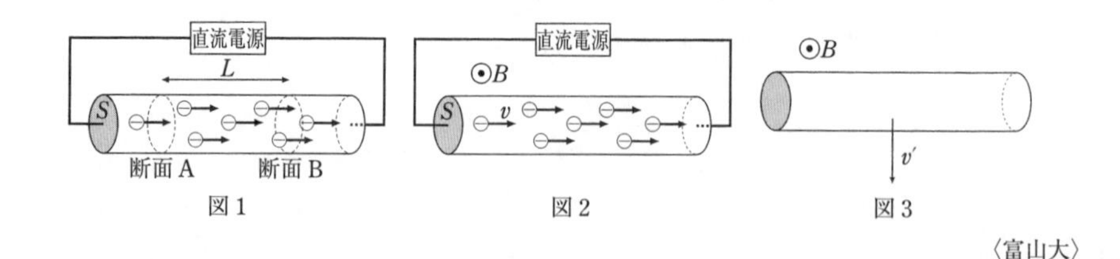

図1　　図2　　図3

〈富山大〉

60 電場・磁場中の荷電粒子の運動

次の文章を読み，(1)～(8)に適切な数式を記せ。また ア ～ カ については，次ページの選択肢の中から最も適切なものを選べ。ただし，図1に示すように x 軸と y 軸の正の方向は矢印の方向とし，z 軸の正の方向は紙面を裏から表に垂直につらぬく方向とする。なお，以下の実験は真空中で行い，重力の影響は無視するものとする。

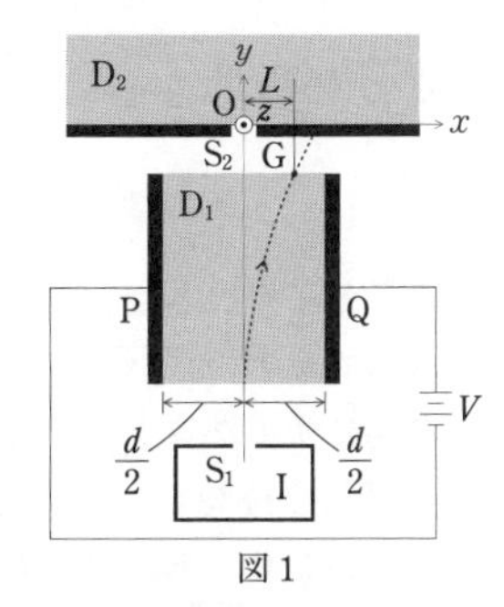

図1

図1に描かれたIはイオンの発生源であり，ここから質量 M〔kg〕と電荷 e〔C〕を持つ1価の正イオンが小さな孔 S_1 を通り，y 軸上を正の方向に向かってさまざまな速さで出射されるとする。領域 D_1 内では d〔m〕の間隔で十分に大きな平行板導体PとQが x 軸に垂直に置かれており，この平行板には電圧 V〔V〕が加えられている。このため平行板の間には x 軸の ア の方向に向かって (1)〔V/m〕の強さの電場がかかっている。したがって領域 D_1 内で y 軸上を直進するイオンは，平行板PQの間の電場によって，x 軸の ア の方向に向かって大きさ (2)〔N〕の力を受ける。また，領域 D_1 で イ 軸の ウ の方向に向かって磁束密度 B_1〔T〕の一様な磁場があると，イオンには電場による力と反対方向にローレンツ力がかかる。つまり領域 D_1 では，電場による力 (2)〔N〕と同時に，速さ v〔m/s〕のイオンは D_1 内の磁場から (3)〔N〕の大きさの力を受けることとなる。その結果，特定の速さ (4)〔m/s〕を持つイオンのみが y 軸上を直進し続け，小さな孔 S_2 を通過する。

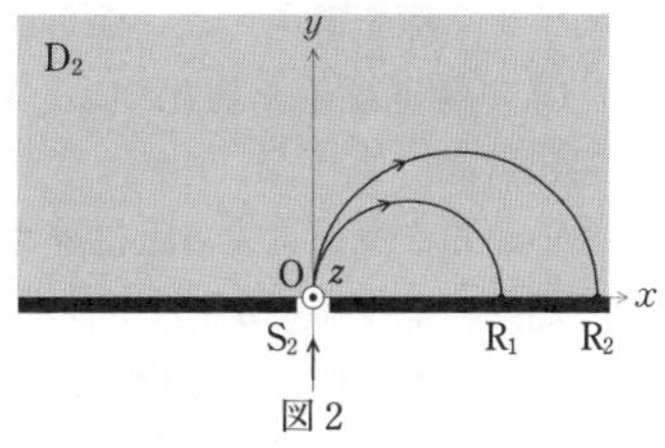

図2

図1の破線は S_2 を通過することができなかったあるイオンの軌道を描いている。S_1 から領域 D_1 に速さ w〔m/s〕で，y 軸上を正の方向に向けて出射されたイオンが，破線のような軌道を描きながら点Gを通過したとする。このとき，領域 D_1 において磁場がイオンに対してする仕事は (5)〔J〕であり，点Gにおけるイオンの速さは，(6)〔m/s〕と表すことができる。ただし，点Gは原点Oよりも距離 L〔m〕だけ x 軸の正の方向に離れた点であり，平行板PQは y 軸に対して等距離の位置に置かれているとする。

次に S_2 を通過し，領域 D_2（$y>0$ の部分）に出射されたイオンのその後の運動を見ていこう。（図2）領域 D_2 では， エ 軸の オ の方向に向かって磁束密度 B_2〔T〕の一様な磁場があるため，領域 D_2 に入ったイオンには，進行方向に向かって垂直右側に (7)〔N〕（ただし，v を使わずに表すこと）の一定な力が働く。その結果イオンは時計回りに円軌道を描き，図2に示すように x 軸上の点 R_1 に到達した。このとき OR_1 間の距離は (8)〔m〕（ただし，v を使わずに表すこと）である。

さらに電荷 $2e$〔C〕を持つ2価の正イオンに関して，同様にさまざまな速さでイオンを S_1 から出射し，その軌道を観測した。その結果イオンは x 軸上の点 R_2 に到達し，このときの OR_2 間の距離は OR_1 間の距離の1.5倍だった。この結果からこの2価のイオンの質量は M〔kg〕の カ 倍であることがわかる。

[ア]～[オ]の選択肢　① 正　② 負　③ ゼロ　④ x　⑤ y　⑥ z

[カ]の選択肢　① $\frac{1}{3}$　② $\frac{1}{2}$　③ 1　④ 2　⑤ 3　⑥ 4

〈立命館大〉

61 サイクロトロン

次の文章中の[(1)]～[(9)]を埋めよ。

右図にサイクロトロン加速器の装置図を示す。空洞を持つD字形の2つの電極 D_1, D_2 を向きあわせ，真空中に固定する。装置の中央にイオン源を置き，ここから質量m，電荷$q(>0)$の荷電粒子を放出する。電極 D_1, D_2 の間には高い電圧 V_0 がかけられており，荷電粒子がここを通過すると加速され，荷電粒子の運動エネルギーが[(1)]だけ増加する。

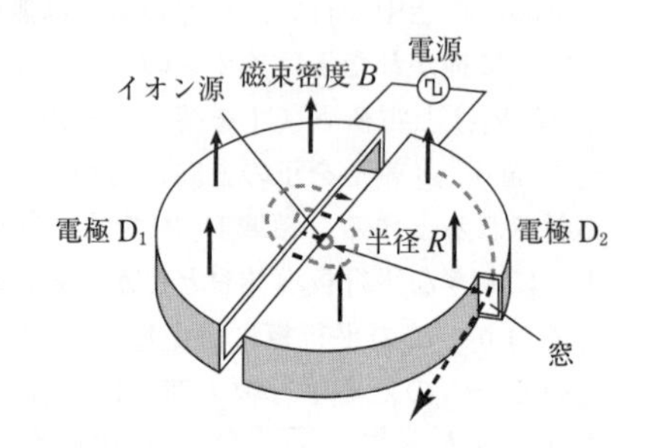

また，電極の下面から上面に向けて磁束密度の大きさBの一様な磁場がかけられており，荷電粒子は空洞内において等速円運動する。したがって，電極の正負を時間 $T=$[(2)]で切り替えると，荷電粒子は繰り返し加速されて渦巻き状の軌道を描く。荷電粒子がイオン源から放出されたときの運動エネルギーを0とすると，荷電粒子が電極の間をn回通過することによって得られる運動エネルギーは[(3)]である。荷電粒子が電極 D_2 の窓を通して外へ取り出されるとき，円運動の半径をRとすると，荷電粒子の速さは $v=$[(4)]であり，荷電粒子の運動エネルギーは $\frac{1}{2}mv^2=$[(5)]である。

荷電粒子が質量 $m=1.7\times10^{-27}$ kg，電荷 $q=1.6\times10^{-19}$ C の陽子である場合を考える。加速器の磁束密度の大きさを $B=1.0$ T，半径を $R=0.50$ m とすると，陽子を繰り返し加速するためには，$T=$[(6)]〔s〕とすればよい。円運動の半径が $r=R$ に達したとき，陽子の速さは $v=$[(7)]〔m/s〕，運動エネルギーは，$\frac{1}{2}mv^2=$[(8)]〔J〕である。電極間の電圧を $V_0=100$ kV とすると，陽子がこれだけの運動エネルギーを得るためには，加速器内で陽子を[(9)]〔周〕させてから外へ取り出せばよい。なお，円周率 $\pi=3.14$ とし，[(6)]～[(9)]は有効数字2桁の数値で答えよ。相対論効果は考慮しなくてよい。

〈関西大〉

62 ホール効果

荷電粒子の移動を電流といい，電流を担う荷電粒子をキャリアという。キャリアの電気量を電気素量 e または $-e$（ただし $e>0$）として，以下の問いに答えよ。ただし，電流は試料中を一様に流れ，キャリアの大きさや質量，重力の影響は無視してよい。なお，直方体の試料の 6 面を左側面 P，右側面 Q，手前側面 R，奥側面 S，上面 T，下面 U とし，向きは P → Q のように答えよ。

（補足説明） 図 1，図 2，図 3 について，試料の側面上にある端子の位置は，各面の中央である。

図 1 のように，幅 d，高さ h，長さ l の金属試料の両端 P，Q に電圧 V を加えると，金属内部では，キャリアである自由電子が，P → Q の向きに流れる電流を担う。この自由電子の単位体積当たりの個数を n 個とする。自由電子は，金属内部の P−Q 間に生じる電場から受ける静電気力と，金属内部の正イオンの熱振動などによる抵抗力とを受け，この 2 つの力がつりあう一定の平均の速さ v で移動する。ただし，抵抗力の大きさは v に比例し，その比例定数を k とする。

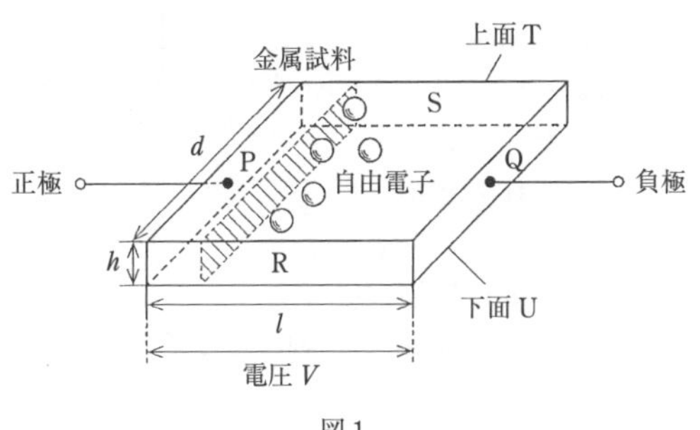

図 1

問 1　自由電子が電場から受ける静電気力の大きさ F_e を求めよ。また，その向きを答えよ。

問 2　金属試料中の自由電子の平均の速さ v を求めよ。

問 3　図 1 中の斜線部で示した断面を通過する電流の大きさ I と電圧 V の関係式を求めよ。

問 4　金属試料の抵抗率 ρ を求めよ。

次に，図 2 のように幅 d，高さ h，長さ l の半導体試料に P → Q の向きに電流 I_{H} を流す。試料中を流れる電流はキャリアが担い，その単位体積当たりの個数を n' 個とする。さらに，試料に対して垂直で U → T の向きに磁束密度 B の一様な磁場を半導体試料に加える。磁場を加えると，キャリアは磁場からローレンツ力を受ける。このローレンツ力によってキャリアはある試料端面に集まり，それとは反対側の試料端面にはキャリアとは異符号の電荷が集まる。その結果，R−S 間に一様な電場が発生する。

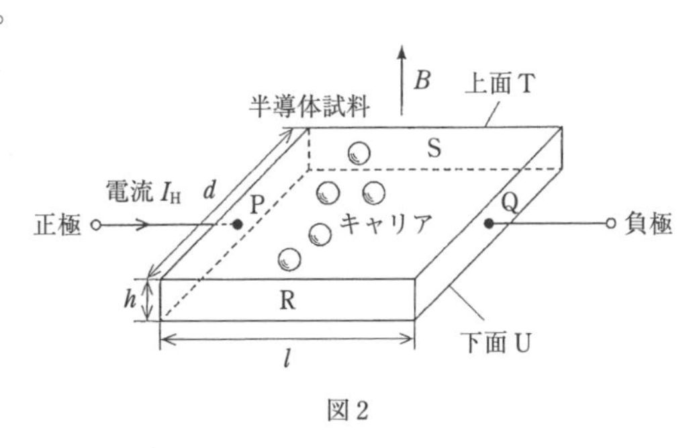

図 2

問 5　キャリアが磁場から受けるローレンツ力の大きさ F_B を求めよ。また，その向きを答えよ。

問6　試料端面へのキャリアの蓄積は，キャリアが電場から受ける静電気力と磁場から受けるローレンツ力がつりあったときに止まる。R－S 間に発生する電場の大きさ E_{H} を求めよ。

図3のように，図2と同じ半導体試料に電圧計と電流計を接続した。可変抵抗器を用いて半導体試料を流れる電流 I_{H} を変えながら，R－S 間の電圧 V_{H}（ホール電圧という）を測定した。図中の＋と－はそれぞれ測定器のプラス端子とマイナス端子を表す。測定した電圧値 V_{H} を縦軸，電流値 I_{H} を横軸にとって V_{H} と I_{H} の関係をグラフに図示したところ，傾きが正の直線が得られた。

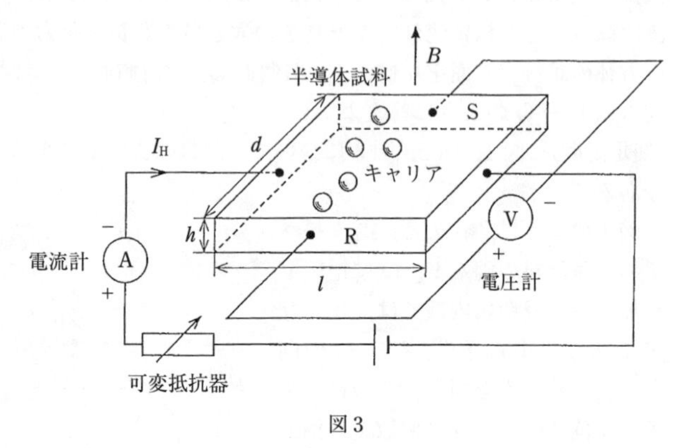

図3

問7　直線の傾きを求めよ。また，この半導体試料は n 型半導体，p 型半導体のどちらか答えよ。

〈埼玉大〉

18 電磁誘導

63 磁場中の導体棒の運動①

図のように，十分長い直線導体のレールが水平面上に間隔 l で平行に置かれている。この 2 本のレールが作る面に対し，一様で一定な磁束密度の大きさ B の磁場が鉛直下向きに働いている。質量 m の一様な金属棒をレールに対して垂直に置き，レールに沿ってなめらかに動くことができるとする。金属棒とレールの接点を A，B とし，AB 間の電気抵抗を R とする。2 本のレールには，切りかえスイッチ S と電気容量 C のコンデンサー C からなる電気回路が接続されている。レールおよび回路の電気抵抗やレールが作る磁場の影響はないとし，またコンデンサーの電荷はあらかじめ蓄えられていないとする。

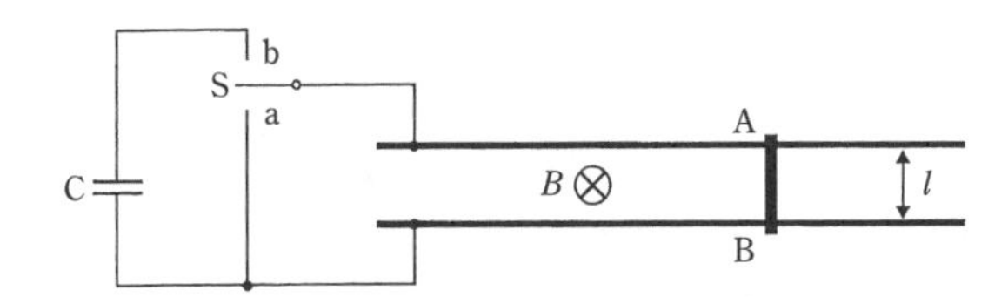

問 1 はじめにスイッチを a に接続して，金属棒を右方向に一定の速さ v_0 で動くように力を加えた。AB 間に発生する誘導起電力の大きさを求めよ。

問 2 このとき AB 間に流れる電流の大きさと向きを求めよ。

問 3 また，金属棒が磁場から受ける力の大きさと向きを求めよ。

問 4 次に，スイッチを b に接続し，十分に長い時間が経過した後，スイッチを切った。このときコンデンサーに蓄えられた電気量の大きさを求めよ。

問 5 また，コンデンサーに蓄えられた静電エネルギーの大きさを求めよ。

問 6 金属棒を一度静止させてから，再びスイッチを b に接続すると金属棒が動き始めた。スイッチを接続した直後に金属棒が磁場から受ける力の大きさと向きを求めよ。

問 7 スイッチを接続してから十分に長い時間が経過したときまでに金属棒で発生した熱の総量は Q であった。このときの金属棒の速さ v_1 を求めよ。

〈防衛大〉

64 磁場中の導体棒の運動②

以下の文章中の空欄 (1) ～ (8) にあてはまる式または数値を求めよ．また， X と Y にあてはまる適切な語句を解答群から選び，記せ。ただし，1つの選択肢を複数回使う場合もあるので注意すること。また**問1**～**問3**については，答を記せ。

図1と図2に示したように，磁束密度の大きさがBで鉛直上向きの一様かつ定常な磁場がある。水平面から角度θをなす斜面内に，太さの無視できる十分に長い2本の導体棒が，間隔lで平行に設置されている。その両端は，スイッチS_1と抵抗値R_1の抵抗，スイッチS_2と抵抗値R_2の抵抗でそれぞれ連結されている。この上を，質量mで太さの無視できる導体棒Aが，平行導体棒と直角を保ったまま，なめらかに滑ることができる。平行導体棒，Aおよび両者の接触点p，qでの電気抵抗は無視できるとする。また，重力加速度の大きさをgとし，図2のように，斜面上，平行導体棒の方向に点cを原点としてx軸をとる。

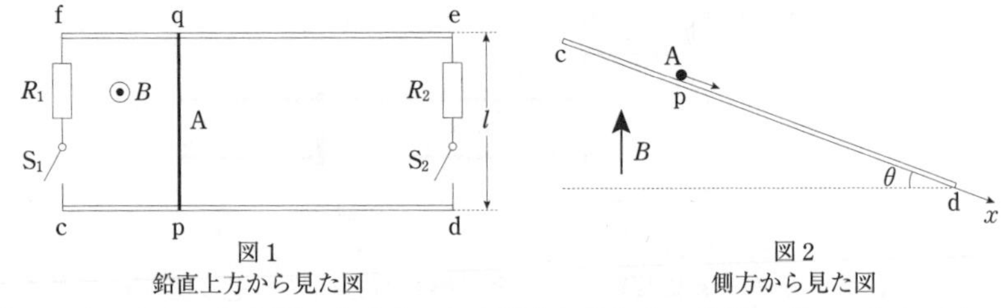

図1
鉛直上方から見た図

図2
側方から見た図

〔Ⅰ〕 スイッチS_1, S_2を開いたまま，Aを静かに放した。時間t_1後，x方向のAの速さは，v_1= (1) である。

〔Ⅱ〕 今度はS_1を閉じてから，Aを静かに放した。時間t_1後，Aは$x=x_A$の位置に達し，x方向の速さはv_2であった。このとき，回路cpqfを貫く磁束はΦ= (2) である。ここで，短い時間$\varDelta t$を考えると，$\varDelta t$間ではAの速さは一定であると考えてよい。したがって，時間$t=t_1$から$t=t_1+\varDelta t$の間に，回路cpqfを貫く磁束は$\varDelta\Phi$= (3) だけ変化し，pq間には (4) の誘導起電力が発生する。このときAに流れる電流は，大きさがI_1= (5) で， X 。

問1 Aの$+x$方向の加速度をaとおく。x方向におけるAの運動方程式をI_1を含む式で表せ。

問2 v_1とv_2の大小関係を示せ。

〔Ⅲ〕 次に，スイッチS_2も閉じてからAを静かに放した。時間t_1後，Aのx方向の速さはv_3であった。このときAに流れる電流は，大きさがI_2= (6) で， Y 。

問3 v_2とv_3の大小関係を示せ。

〔Ⅳ〕 その後，十分に長い時間が経過すると，Aは一定の速さv_fで斜面を滑り落ちるようになった。このとき，Aに流れる電流の大きさは，I_f= (7) である。特に抵抗の大きさが$R_2=2\times R_1$のとき，抵抗R_1で発生する単位時間当たりの発熱量Pは，Aの質量m，速さv_fを用いて，P= (8) と表される。

解答群　(a) pからqへ流れる　(b) qからpへ流れる
(c) 導体棒Aには流れない

〈青山学院大〉

65 磁場中の回転導体

空欄 (1) ～ (12) にあてはまる最も適当な答えを解答群から選べ。

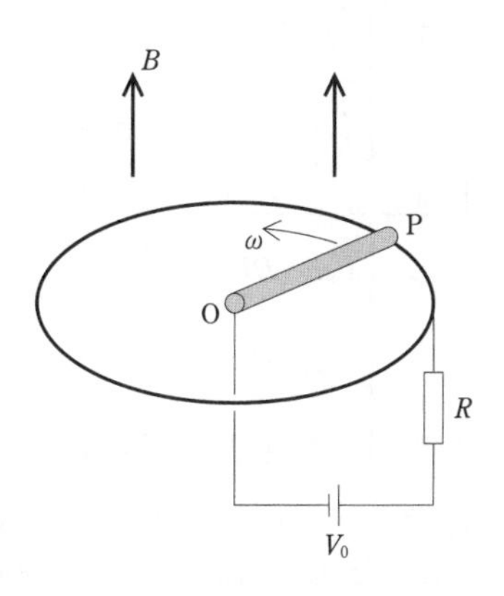

磁束密度 B〔Wb/m²〕の鉛直上向きの一様な磁場の中で，半径 a〔m〕の円形導線を水平に固定する。長さ a〔m〕の導体棒OPは，図のように端点Pで円形導線に接している。また，端点Oは円形導線の中心に位置し，導体棒は端点Oを中心としてなめらかに回転できるものとする。導体棒の端点Oと円形導線には，電圧 V_0〔V〕の電池と抵抗値 R〔Ω〕の電気抵抗が図のように接続されている。円形導線，導体棒および回路をつなぐ導線の電気抵抗は無視できる。また，導体棒と円形導線の間の摩擦も無視できるものとする。

問1 はじめに，導体棒OPに外力を加えながら，導体棒を一定の角速度 ω〔rad/s〕で図に示される向きに回転させた。このとき，微小時間 Δt〔s〕の間に導体棒が通過する部分の面積は (1) 〔m²〕であるから，導体棒に大きさ V_1= (2) 〔V〕の誘導起電力が生じる。ω が十分小さく $V_0 > V_1$ のとき，導体棒には大きさ I= (3) 〔A〕の電流が (4) の向きに流れる。この電流が磁場から力を受けるため，導体棒を一定の角速度で回転させるためには，導体棒の回転と (5) 向きの外力を加える必要がある。このとき，抵抗で発生する単位時間当たりのジュール熱は (6) 〔J/s〕，電池がする単位時間当たりの仕事は (7) 〔J/s〕であるから，外力がする単位時間当たりの仕事は，V_1 を用いて (8) 〔J/s〕と表される。

問2 次に，導体棒OPを手で押さえて静止させ，時刻0〔s〕に静かに手を放した。導体棒を流れる電流が磁場から力を受けるため，導体棒は回転を始める。回転の角速度が増すと流れる電流は (9) するため，導体棒が磁場から受ける力の大きさは (10) する。このため，導体棒の角速度は単調に増加しながら一定の値 (11) 〔rad/s〕に近づく。導体棒を流れる電流の大きさの時間変化を表すグラフは (12) である。

[(1) , (2)] として正しいものを以下から選べ。

① $[a^2\omega\Delta t,\ a^2\omega B]$　② $\left[a^2\omega\Delta t,\ \frac{1}{2}a^2\omega B\right]$　③ $[a^2\omega\Delta t,\ 2a^2\omega B]$

④ $\left[\frac{1}{2}a^2\omega\Delta t,\ a^2\omega B\right]$　⑤ $\left[\frac{1}{2}a^2\omega\Delta t,\ \frac{1}{2}a^2\omega B\right]$　⑥ $\left[\frac{1}{2}a^2\omega\Delta t,\ 2a^2\omega B\right]$

⑦ $[2a^2\omega\Delta t,\ a^2\omega B]$　⑧ $\left[2a^2\omega\Delta t,\ \frac{1}{2}a^2\omega B\right]$　⑨ $[2a^2\omega\Delta t,\ 2a^2\omega B]$

[(3) , (4) , (5)] として正しいものを以下から選びなさい。

① $\left[\frac{1}{R}(V_0+V_1)\right.$, OからP, 同じ$\left.\right]$　② $\left[\frac{1}{R}(V_0+V_1)\right.$, OからP, 逆$\left.\right]$

③ $\left[\frac{1}{R}(V_0+V_1)\right.$, PからO, 同じ$\left.\right]$　④ $\left[\frac{1}{R}(V_0+V_1)\right.$, PからO, 逆$\left.\right]$

第4章 電磁気

⑤ $\left[\frac{1}{R}(V_0-V_1),\ \text{O から P},\ \text{同じ}\right]$　⑥ $\left[\frac{1}{R}(V_0-V_1),\ \text{O から P},\ \text{逆}\right]$

⑦ $\left[\frac{1}{R}(V_0-V_1),\ \text{P から O},\ \text{同じ}\right]$　⑧ $\left[\frac{1}{R}(V_0-V_1),\ \text{P から O},\ \text{逆}\right]$

[(6) , (7) , (8)] として正しいものを以下から選べ。

① $\left[V_0I,\ RI^2,\ -\frac{V_1}{R}(V_0-V_1)\right]$　② $\left[V_0I,\ RI^2,\ -\frac{V_0}{R}(V_0-V_1)\right]$

③ $\left[V_0I,\ RI^2,\ -\frac{1}{R}(V_0-V_1)^2\right]$　④ $\left[RI^2,\ V_0I,\ -\frac{V_1}{R}(V_0-V_1)\right]$

⑤ $\left[RI^2,\ V_0I,\ -\frac{V_0}{R}(V_0-V_1)\right]$　⑥ $\left[RI^2,\ V_0I,\ -\frac{1}{R}(V_0-V_1)^2\right]$

[(9) , (10)] として正しいものを以下から選べ。

① [増加，増加]　② [増加，減少]　③ [増加，振動]　④ [減少，増加]
⑤ [減少，減少]　⑥ [減少，振動]　⑦ [振動，増加]　⑧ [振動，減少]
⑨ [振動，振動]

(11)　① $\frac{V_0}{a^2B}$　② $\frac{2V_0}{a^2B}$　③ $\frac{V_0}{2a^2B}$　④ $\frac{4V_0}{a^2B}$　⑤ $\frac{V_0}{4a^2B}$　⑥ $\frac{8V_0}{a^2B}$

(12)

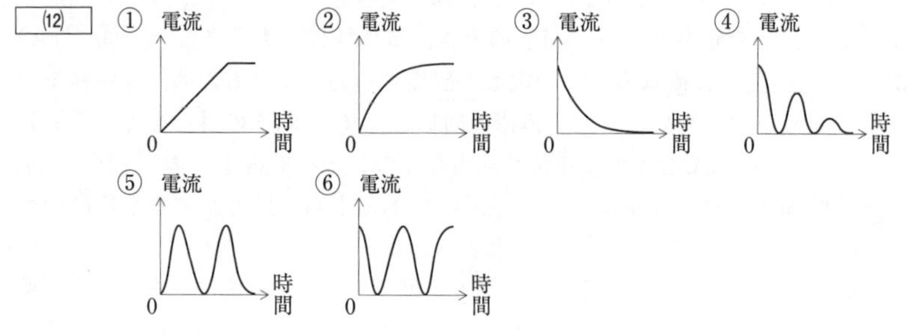

〈日本大〉

66 磁場領域を通過するコイル

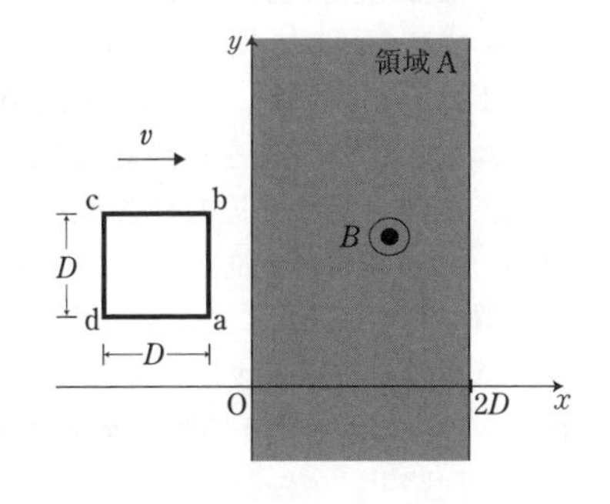

図のように xy 平面内に $0 \leqq x \leqq 2D$ の領域Aがあり，この領域を一様な磁束密度 B の磁場が紙面裏から表に向かって垂直に貫いている。磁場の向きを z 軸の正の向きとする。この領域Aを，xy 平面上にある正方形のコイル abcd が x 軸の正の向きに一定の速さ v で横切る。正方形のコイルの一辺の長さは D で，辺 ab は y 軸に平行である。コイルの抵抗は R であり，自己誘導は無視できるものとして，以下の問いに答えよ。

問1　時刻 $t=0$ にコイルの辺 ab が $x=0$ にあるとする。コイルの辺 cd が領域Aに入る時刻を t_1，辺 ab が領域Aを抜け出る時刻を t_2，辺 cd が領域Aを抜け出る時刻を t_3 とする。t_1，t_2，t_3 を求めよ。

問2　コイル全体が領域Aに入っているとき，コイルを貫く磁束の大きさを求めよ。

問3　$0 \leqq t \leqq t_1$ でコイルを貫く磁束の大きさを t を用いて表せ。

問4　$0 \leqq t \leqq t_3$ でコイルを貫く磁束の大きさについて，その概略を t の関数として，縦軸を磁束の大きさにとり，グラフに描け。

問5　$0 \leqq t \leqq t_1$ でコイルに発生する起電力の大きさを求めよ。

問6　$0 \leqq t \leqq t_1$ でコイルに流れる電流 I_1 を求めよ。また $t_1 \leqq t \leqq t_2$ でコイルに流れる電流 I_2 を書け。ただし，図の a→b→c→d の向きに流れる電流を正とする。

問7　$0 \leqq t \leqq t_3$ でコイルに流れる電流の概略を t の関数として縦軸を電流にとり，グラフに描け。

問8　$0 \leqq t \leqq t_1$ で辺 ab を流れる電流が磁場から受ける力の大きさと向きを書け。向きは下の【選択肢】から番号を選べ。

問9　時刻 $t=0$ から $t=t_3$ の間，コイルを一定の速さ v で動かし続けるために外力がする仕事を求めよ。

問10　時刻 $t=0$ から $t=t_3$ の間にコイルで発生したジュール熱を求めよ。

【選択肢】　① x 軸の正の向き　② y 軸の正の向き　③ z 軸の正の向き
　　　　　④ x 軸の負の向き　⑤ y 軸の負の向き　⑥ z 軸の負の向き

〈甲南大〉

67 直線電流周辺の磁場

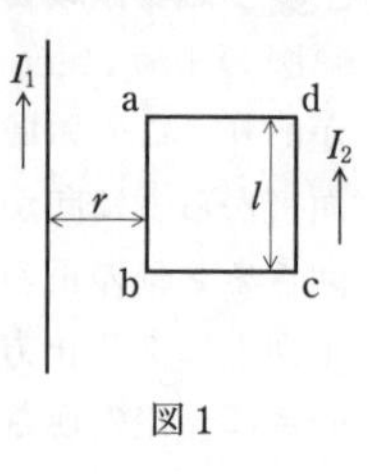

図1

次の文章を読み，設問に対する答を記せ。

図1に示すように，真空中で固定された無限に長く細い直線導線中を，大きさI_1〔A〕を持つ直流電流が矢印の向きに流れている。また，その右側に一辺の長さがl〔m〕である正方形の閉じた回路abcdが，直線導線と同じ平面上で辺abが直線導線と平行になるように置かれている。このとき，直線導線と辺abの距離はr〔m〕であり，真空の透磁率はμ_0〔N/A^2〕とする。

問1 図1に示した正方形回路を動かないように固定する。

(1) 回路上，aおよびd点における磁束密度の大きさB_a〔T〕，B_d〔T〕をそれぞれ求めよ。

(2) 次に，正方形回路にa→b→c→d→aの向きに微小な直流電流I_2〔A〕を流す。このとき，回路の一辺abが受ける力の大きさF_{ab}〔N〕を求めよ。

(3) 同様にして，回路の他の辺cdが受ける力の大きさF_{cd}〔N〕を求めよ。

(4) この正方形回路全体が回路のある平面上で直線電流が作る磁場から受ける力の大きさF_1〔N〕を求めよ。またこの力の働く向きを，b→a，a→b，c→b，b→cのいずれかで答えよ。

問2 図2に示すように，この正方形回路に流れている電流をゼロとした後十分に時間が経ってから，この回路をbからcの向きに動かすことができるようにした。その後，この回路の形を変えないように一定の速さv〔m/s〕で直線導線から同一平面上をbからcの向きに遠ざける。

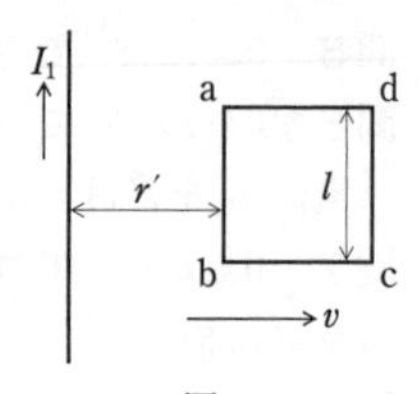

図2

(5) 辺abが，直線導線から距離r'〔m〕($r'>r$)だけ離れた位置にきた時刻から，さらに微小時間Δt〔s〕が経過する間にこの回路を貫く磁束の変化分$\Delta\Phi$〔Wb〕を求めよ。ただし，この時間内に回路が移動した距離は極めて短く，その間で磁束密度は変化しないものとする。

(6) この移動によって回路内に生じる電流の大きさI_3〔A〕を求めよ。ただし，回路abcdの電気抵抗はR〔Ω〕とする。

(7) また，このとき回路内に流れる電流の向きは(イ)a→b→c→d→a，または(ロ)a→d→c→b→aのいずれであるか，(イ)または(ロ)の記号で示せ。

〈宮崎大〉

19 交流回路

68 可変抵抗器を含む回路・電気振動

電池(起電力 E〔V〕, 内部抵抗 r〔Ω〕), 可変抵抗器, 固定抵抗(抵抗値 R〔Ω〕), コンデンサー(電気容量 C〔F〕), コイル(自己インダクタンス L〔H〕)が, 2つのスイッチ1と2で右図のように接続されている。ただし, はじめ2つのスイッチは開いており, コンデンサーに電荷は与えられていない。また, $R>r$ であり, 導線とコイルの抵抗は無視できるものとする。

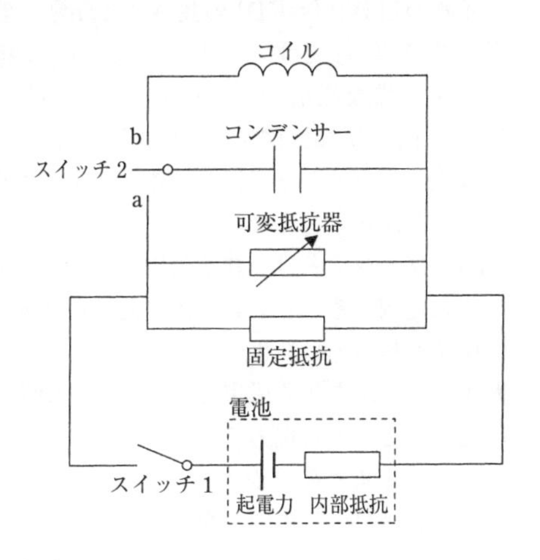

問1 スイッチ1を閉じて可変抵抗器の抵抗値を R〔Ω〕にした。

(1) スイッチ1を流れる電流を, E, r, R を用いて表せ。

問2 その後, スイッチ2をa側に閉じ, 十分に時間が経過した。

(2) コンデンサーに蓄えられた電荷 Q_0〔C〕と静電エネルギー U_0〔J〕を, E, r, R, C を用いて表せ。

問3 次に, スイッチ2を開けた後スイッチ1を開けた。その後スイッチ2をb側に閉じた。

(3) コイルに流れる電流の最大値 I_m〔A〕を L と(2)の U_0 を用いて表せ。

(4) コイルに流れる電流 I_L〔A〕の時間変化の様子について, 次の①から④のグラフの中から最も適当なものを1つ選び番号で答えよ。ただし, グラフの横軸は時間 t〔s〕であり, スイッチ2をb側に閉じたときを0とする。

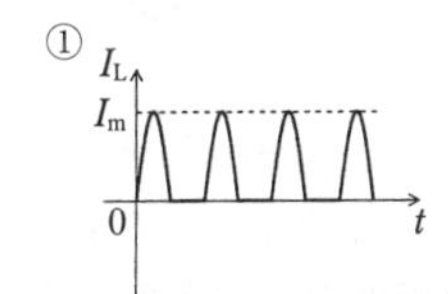

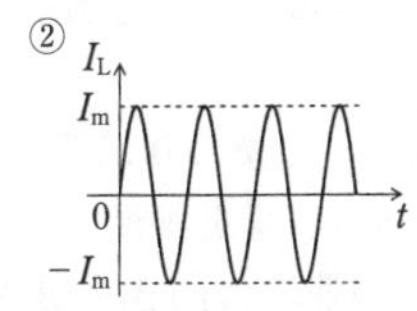

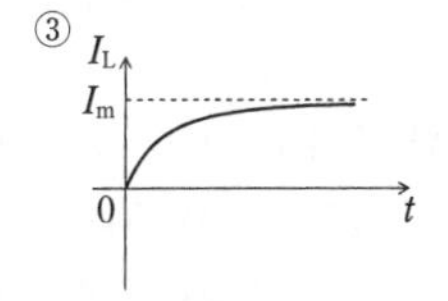

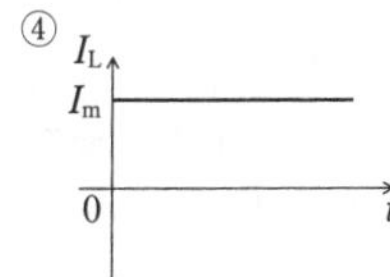

問4 スイッチ2を開けスイッチ1を閉じ, 可変抵抗器と固定抵抗の合成された抵抗での消費電力が最大になるように可変抵抗器の抵抗値を調整した。

(5) スイッチ1を流れる電流 I〔A〕, 可変抵抗器の抵抗値 R_V〔Ω〕, および合成された抵抗での消費電力の最大値 P_m〔W〕を, E, r, R の中で必要なものを用いて表せ。ただし必要ならば a を正の定数とし, $x>0$ で $x+\dfrac{a}{x}\geqq 2\sqrt{a}$ (等号は $x=\sqrt{a}$ のとき)の関係が成り立つことを使ってもよい。

〈徳島大〉

69 回転コイルによる交流の発生

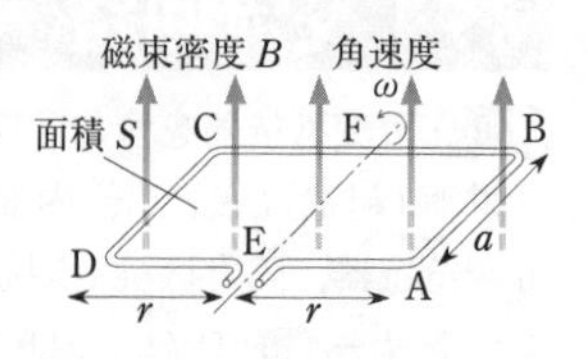

図のような，1巻きの長方形のコイル ABCD を考える。コイルの辺 AB (=CD) の長さを a〔m〕，辺 AD (=BC) の長さを $2r$〔m〕とする。上向きで，磁束密度の大きさ B〔T〕が一様な磁場中で，AD および BC の中点を結ぶ軸 EF のまわりに，図の矢印の向きに一定の角速度 ω〔rad/s〕でコイルを回転させる。以下，空欄は適切な式で埋め，**問2**および**問4**では指示にしたがって答えよ。

〔Ⅰ〕 ファラデーは，誘導起電力の大きさが，コイルを貫く磁束の単位時間当たりの変化に比例することを見い出した。磁場が一定でも，コイルの面積が実効的に変化すれば誘導起電力は発生する。

問1 コイルを貫く磁束 $\varPhi$〔Wb〕が，時間 $\varDelta t$〔s〕の間に $\varDelta\varPhi$〔Wb〕だけ変化するとき，発生する誘導起電力 V〔V〕は，$V=-$ (1) 〔V〕で表される。ただし，上図のとき，コイルを貫く磁束が正となるように $\varPhi$ の符号を定め，起電力 V についてはE→A→B→C→D→Eの向きを正方向と定める。

上図の状態のとき，コイル面が磁場と垂直なときの時刻を 0 s とすると，時刻 t〔s〕でのコイル面は角度 (2) 〔rad〕だけ回転しているので，コイルの面積を S〔m^2〕とすれば，時刻 t でのコイルを貫く磁束 $\varPhi$ は，$\varPhi=$ (3) 〔Wb〕で与えられる。ここで，$x=\cos\omega t$ とおき，ごく短い時間 $\varDelta t$ について $\dfrac{\varDelta x}{\varDelta t}$ を求めてみる。まず，定義から，

$$\varDelta x=\cos\omega(t+\varDelta t)-\cos\omega t=\cos\omega t\cos\omega\varDelta t-\sin\omega t\sin\omega\varDelta t-\cos\omega t$$

$\omega\varDelta t$ は非常に小さいので $\sin\omega\varDelta t\fallingdotseq\omega\varDelta t$，$\cos\omega\varDelta t\fallingdotseq 1$ と近似できる。したがって

$\varDelta x=-\omega\varDelta t\sin\omega t$ となり，ゆえに，$\dfrac{\varDelta x}{\varDelta t}=-\omega\sin\omega t$ を得る。

この結果を用いれば，時刻 t でコイルに発生する交流の起電力 V は，
$V=$ (4) 〔V〕で与えられる。

〔Ⅱ〕 コイルの回転運動にともない，導体中の荷電粒子が磁場から力を受けると考えて，誘導起電力を説明してみよう。

問2 コイルの導線 AB と CD の部分は，軸 EF のまわりに速さ (5) 〔m/s〕で等速円運動をしている。ここで，導線 AB 内にある質量を無視できる正電荷 q〔C〕の1個の荷電粒子に着目しよう。ある瞬間の AB の速度の向きと磁束密度 B の向きのなす角が前述の (2) 〔rad〕の場合には，荷電粒子が磁場から受けるローレンツ力のA→B方向の成分は $F=$ (6) 〔N〕で与えられる。

ここで着目した荷電粒子が単位正電荷であるとして，その粒子が受けるローレンツ力と同じ力を及ぼす電場が導線 AB 上の各点に生じていると見なす。そして仮想的にこの単位正電荷をAからBへ移動させる場合にその電場がする仕事が，AB 間のA→B方向の起電力 V_{AB} である。よって，起電力 V_{AB} は，$V_{AB}=$ (7) 〔V〕と表される。

ところで，コイルの回路に沿っての誘導起電力を求めるとき，導線 AD と BC 内に

含まれる荷電粒子が磁場から受ける力は，それに寄与しないと考えられる。よって，コイル全体に生じるE→A→B→C→D→E方向の誘導起電力 V〔V〕は，導線ABとCDの部分からの各起電力を加えて，$V=$ (8) 〔V〕になると考えられる。

コイルの面積 S は $2ra$〔m^2〕であるから，これは**問1**の結果に等しい。

〈東京農工大〉

70 変圧器

図のようにドーナツ状の鉄心（透磁率 μ〔N/A^2〕，断面積 S〔m^2〕，周長 l〔m〕）に巻数 N_1 および N_2 のコイルが巻かれている。それぞれのコイルに電流を流したとき，その電流によってコイル内部に生じる磁場の大きさは，（コイルの巻数）×（コイルに流れる電流の大きさ）÷（鉄心の周長 l）で与えられる。鉄心内部に生じる磁束は鉄心の外部に漏れないものとする。なお，鉄心内部の磁束および電流の符号は図中の矢印の向きを正とし，コイルの抵抗は無視できるとする。また，時刻を t とおく。以下の問いに答えよ。

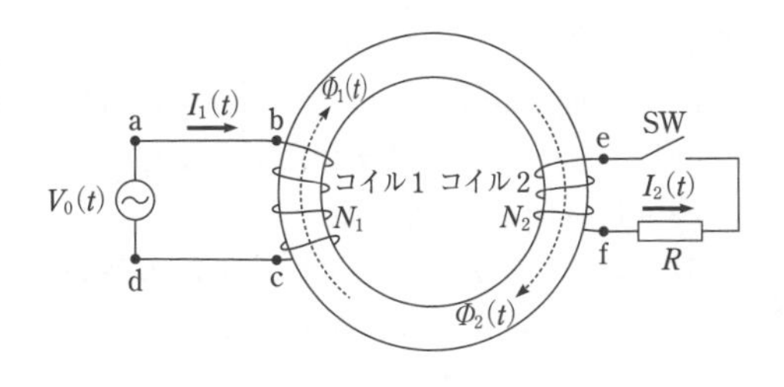

図のようにスイッチSWを開いたまま，コイル1に交流電圧 $V_0(t)$〔V〕をかけたところ，電流 $I_1(t)$〔A〕が流れた。ただし，図中の点dを基準にした点aの電位を $V_0(t)$ とする。

問1　$I_1(t)$ が作る磁束 $\Phi_1(t)$〔Wb〕を $I_1(t)$, μ, S, l, N_1, N_2 のうち必要なものを使って表せ。

問2　$I_1(t)$ が Δt〔s〕の間に ΔI_1〔A〕だけ変化したとき，コイル1に生じる誘導起電力 $V_1(t)$〔V〕，およびコイル2に生じる誘導起電力 $V_2(t)$〔V〕を Δt, ΔI_1, μ, S, l, N_1, N_2 のうち必要なものを使って表せ。ただし，図中の点bを基準にした点cの電位を $V_1(t)$ とし，点eを基準にした点fの電位を $V_2(t)$ とする。

問3　キルヒホッフの法則を用いて，$V_1(t)$ を $V_0(t)$, N_1, N_2 のうち必要なものを使って表せ。

問4　**問2**および**問3**の結果を用いて，$V_2(t)$ を $V_0(t)$, N_1, N_2 のうち必要なものを使って表せ。

次にSWを閉じて，同様に $V_0(t)$ をかけたところ，コイル2および抵抗 R〔Ω〕に電流 $I_2(t)$〔A〕が流れた。また，コイル1を流れる電流は $I_1(t)+I_1'(t)$〔A〕に変化した。

問5　$I_2(t)$ が作る磁束 $\Phi_2(t)$〔Wb〕を $V_0(t)$, R, μ, S, l, N_1, N_2 のうち必要なものを使って表せ。

問6　鉄心内部を貫く磁束の時間変化は，SWの開閉には依存しない。すなわち，$I_2(t)$ が作る磁束と $I_1'(t)$ が作る磁束の和がつねに0になる。$I_1'(t)$ を V_0, R, N_1, N_2 のうち必要なものを使って表せ。

〈熊本大〉

第4章 電磁気

71 交流回路

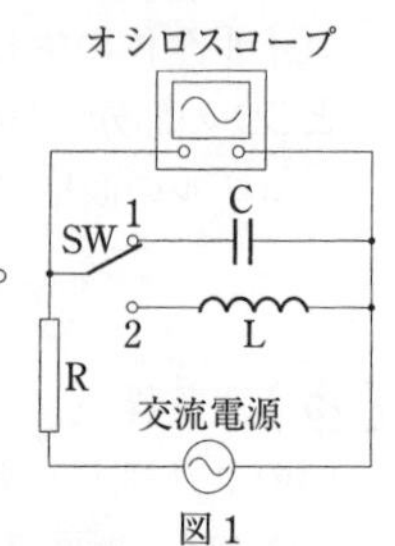

図1

電気容量 C のコンデンサーC，自己インダクタンス L のコイルL，抵抗値 R の抵抗Rと切り替えスイッチSWを，右の図1のように角周波数 ω の交流電源に接続した。コンデンサーCやコイルLの両端の電圧の時刻 t に対する変化はオシロスコープで観測できる。交流電源の内部抵抗やリード線の抵抗は無視できるとし，この回路について以下の問いに答えよ。

問1　スイッチSWを1の方につなぎ，コンデンサーにかかる電圧 V_C の時間変化をオシロスコープで測定したところ，右図のグラフに示すように，$V_C = V_{C0}\sin\omega t$ となった。

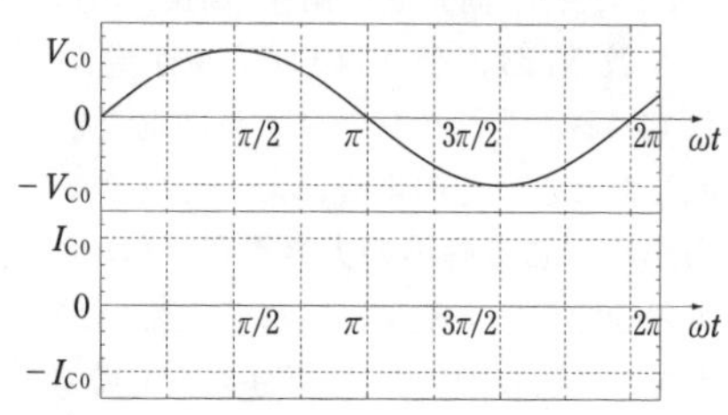

(1)　コンデンサーに流れる電流 I_C の時間変化はどのようになるか。振幅を I_{C0} として右図のグラフに示せ。

(2)　コンデンサーにかかる電圧と電流の実効値をそれぞれ V_{Ce}，I_{Ce} とすると，その比 $\dfrac{V_{Ce}}{I_{Ce}}$ はいくらか。ω，C を用いて表せ。

(3)　交流電源が供給する電力の時間平均値はいくらか。R，C，I_{C0} のうち必要なものを用いて表せ。

問2　スイッチSWを2の方につなぎ，コイルにかかる電圧 V_L の時間変化をオシロスコープで測定したところ，右図のグラフに示すように，$V_L = V_{L0}\cos\omega t$ となった。

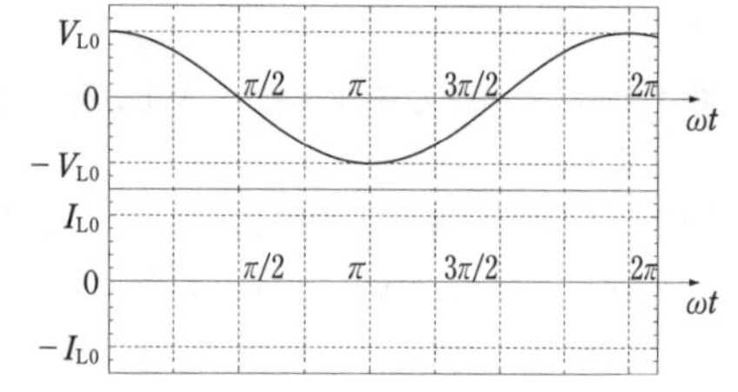

(4)　コイルに流れる電流 I_L の時間変化はどのようになるか。振幅を I_{L0} として右図のグラフに示せ。

(5)　コイルにかかる電圧と電流の実効値をそれぞれ V_{Le}，I_{Le} とすると，その比 $\dfrac{V_{Le}}{I_{Le}}$ はいくらか。ω，L を用いて表せ。

(6)　交流電源が供給する電力の時間平均値はいくらか。R，L，I_{L0} のうち必要なものを用いて表せ。

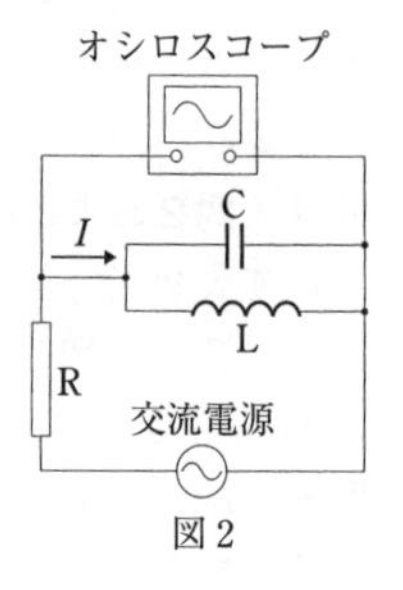

図2

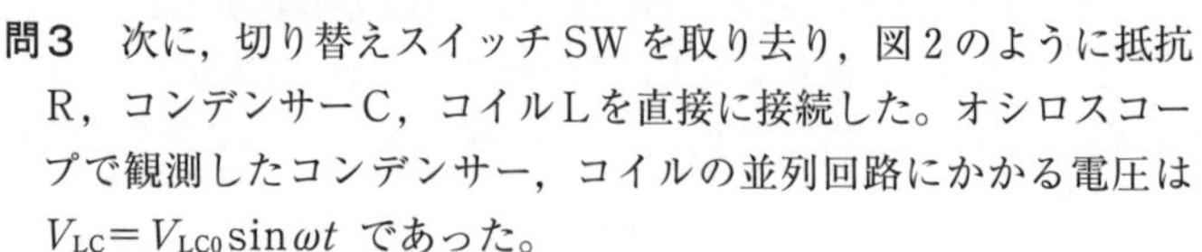

問3　次に，切り替えスイッチSWを取り去り，図2のように抵抗R，コンデンサーC，コイルLを直接に接続した。オシロスコープで観測したコンデンサー，コイルの並列回路にかかる電圧は $V_{LC} = V_{LC0}\sin\omega t$ であった。

(7)　図の矢印で示すLC並列回路に流れ込む電流 I はいくらか。C，L，V_{LC0}，ω，t を用いて表せ。

(8)　前問の電流の振幅が0となる交流電源の周波数はいくらか。C，L，R，V_{LC0} のうち必要なものを用いて答えよ。

〈高知大〉

第5章　原　子

20　原子と原子核

72　光電効果

図1の装置は真空のガラス球内壁にはりつけられた電位0Vの金属板陰極K，および陽極Pからなる光電管と，電池B，可変抵抗R，電圧計V，および電流計Aからなる回路とで構成されている。この装置において，いろいろな波長の単色光を照射しながら，陰極Kに対する陽極Pの電圧（陽極電圧）Vを変化させたときに，電流計Aに流れる電流（光電流）Iを測定した。波長が4.0×10^{-7} mの光を照射したとき電圧Vと電流Iの関係は図2のようになった。次の文章の［(1)］～［(9)］に入れるべき適当な語句または数式・数値を記し，また問いに答えよ。ただし，光速度を$c=3.0\times10^{8}$ m/sとする。

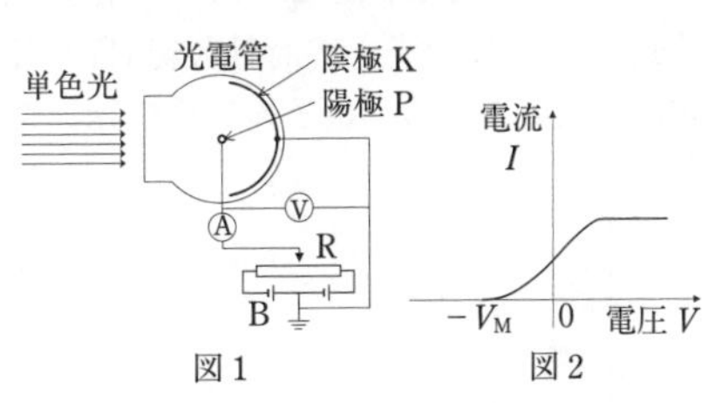

図1　図2

問1　このように光によって電子が飛び出す現象を［(1)］といい，飛び出す電子を［(2)］という。この電子の数が増加するときに光電流の大きさは［(3)］し，1秒間に陽極Pに到達する電子の数をnとしたときの電流値は［(4)］〔A〕となる。

問2　波長が一定で，光の量を2倍に増したとき，陽極電圧Vと光電流Iの関係は，図2の状態からどのように変わるか。概略を図2に実線で描き加えよ。

問3　波長を3.0×10^{-7} mに変えたとき，陽極電圧Vと光電流Iの関係は，図2の状態からどのように変わるか。図2に破線で描き加えよ。

問4　陽極電圧Vが負の範囲になると，電圧の低下に伴って光電流Iは減少し，ついには$I=0$になる。このときの電圧を$V=-V_M$〔V〕，飛び出した電子の最大運動エネルギーをK_M〔J〕とすれば，K_M-［(5)］$=0$となる。またこのとき，電子の質量をm〔kg〕とすればK_Mを持つ電子の速さv_e〔m/s〕はe，m，V_Mを使って［(6)］と表される。

問5　陰極Kがナトリウムの光電管では，飛び出した電子の最大運動エネルギーK_Mの値が，波長3.0×10^{-7} mの光を照射したときに1.7 eV，5.0×10^{-7} mの光を照射したときに0.10 eVになった。この場合の光の振動数ν〔Hz〕とK_M〔eV〕の関係を図3に描き加えよ。このときグラフの縦軸，横軸に適当な数値を記入せよ。また，ナトリウムの仕事関数Wの値は［(7)］eVとなる。光の振動数νが，陰極Kの物質で決まる値ν_0以下であれば電子は飛び出さない。このν_0のことを［(8)］という。また，物質の仕事関数Wは，このν_0とプランク定数h〔eV·s〕を用いて［(9)］〔eV〕と表される。

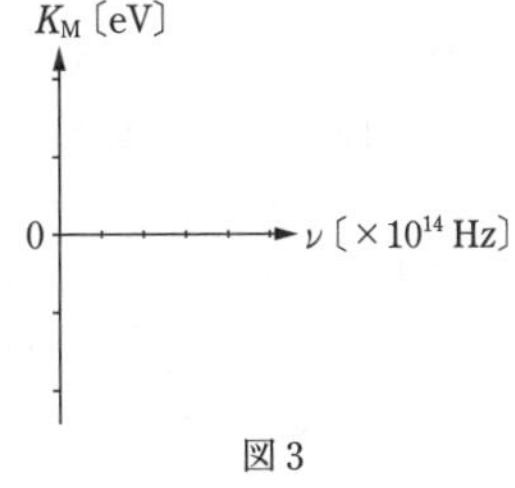

図3

〈兵庫県立大〉

73 特性X線・電子線回折

次の文章中の空欄を埋めよ。[(4)]〜[(6)]については(ア)〜(ウ)のうちから正しいものを1つ選べ。

図1のX線管内で陰極から初速度0で放出された電子を，加速電圧 V で加速して陽極に衝突させると，図2のスペクトルを持つX線が発生した。このX線は，連続X線と，波長 λ_1，λ_2 ($\lambda_1 < \lambda_2$) の特性X線(固有X線)からなる。このX線を，図1に示すように結晶に入射させる。電子の質量を m，電子の電荷を $-e$，プランク定数を h，光速を c とする。

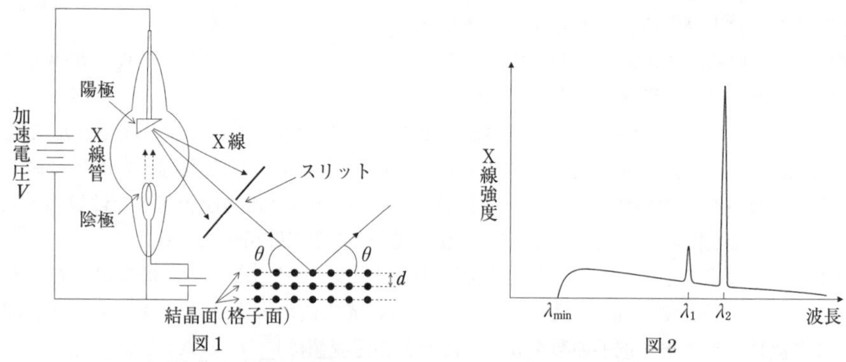

図1　　図2

問1　電子がX線管の加速電圧 V によってされた仕事は eV である。仕事とエネルギーの関係より，陽極に衝突する直前の電子の速さ v_0 と物質波としての電子の波長 λ_0 を，V，m，e，h，c のうち必要なものを用いて表すと，$v_0=$[(1)]，$\lambda_0=$[(2)]となる。また，発生する連続X線の持つエネルギーの最大値は $K_{max}=\frac{1}{2}mv_0^2$ であることから，連続X線の最短波長 λ_{min} を，V，m，e，h，c のうち必要なものを用いて表すと，$\lambda_{min}=$[(3)]となる。したがって，加速電圧 V をさらに高くするとき，発生する連続X線の最短波長 λ_{min} は[(4) (ア)長くなる，(イ)短くなる，(ウ)変化しない]。また，このとき特性X線の波長は[(5) (ア)長くなる，(イ)短くなる，(ウ)変化しない]。

問2　加速電圧 V で発生したX線を，図1に示すようにスリットを通して面間隔 d の結晶面(格子面)に対し角度 θ で入射させる。反射X線の強度の極大はブラッグの条件 $2d\sin\theta=n\lambda$ ($n=1, 2, 3, \cdots$) により決まることから，入射角度 θ を 0° から徐々に大きくするとき，反射角度 θ 方向のX線強度が最初に極大になる特性X線の波長は，[(6) (ア) λ_1，(イ) λ_2，(ウ) λ_{min})]である。図1のX線管で発生したX線の代わりに，電子線を結晶に入射させても回折が起こる。静止状態から加速電圧 V で加速させた電子線を，図1のように面間隔 d の結晶面(格子面)に対し角度 θ で入射させる。結晶面で反射した電子線の強度が極大になるような加速電圧 V は，m，e，h，d，θ，n を用いて表すと，$V=$[(7)]である。

〈秋田大〉

74 コンプトン効果

次の文［Ⅰ］・［Ⅱ］を読み，下記の問いに答えよ。

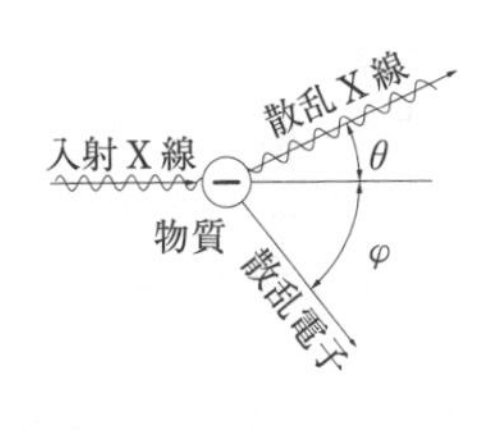

図1

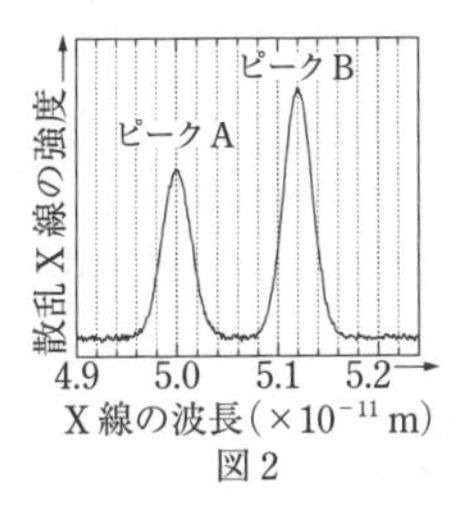

図2

［Ⅰ］ 静止した電子を50〔V〕の電圧で加速したときの電子の運動エネルギーは8.0×［イ］〔J〕であり，そのドブロイ波長は1.7×［ロ］〔m〕である。また，この電子の運動エネルギーと同じ大きさのエネルギーを持つ光子の波長は2.5×［ハ］〔m〕であり，この電磁波の波長は［あ］。

［Ⅱ］ 物質に波長λ〔m〕のX線を入射すると，散乱X線の中にλ〔m〕よりも長い波長λ'〔m〕を持つX線が含まれる現象を，発見者の名にちなんで［(1)］効果と呼ぶ。このような現象はX線を［い］ではなく［う］として扱うことによってはじめて理解できる。

いま，この現象を定量的に考える。図1で散乱後の電子の速度をv〔m/s〕，X線の散乱角度をθ，電子の散乱角度をφとし，光速をc〔m/s〕，プランク定数をh〔J·s〕，電子の質量をm〔kg〕とする。散乱の前後での運動エネルギー保存則を表す式は［(2)］となる。運動量保存則により，入射X線方向の運動量の成分は［(3)］，垂直方向の運動量の成分は［(4)］の関係式を満たす。これら3つの式からφを消去して$\lambda'-\lambda$がλに比べて十分小さいという近似の下で散乱X線の波長を求めると，

$\lambda'=\lambda+\dfrac{h}{mc}(1-\cos\theta)$ となる。

さて，ある物質にX線を入射して散乱X線を観測したところ，図2に示すようなスペクトルが得られた。このスペクトルに現れている［え］が［(1)］散乱によるピークであり，このときの散乱角は約［ニ］度である。

問1 文中の空所［イ］〜［ニ］にあてはまるもっとも近い数値を，それぞれ対応するa〜eから1つずつ選べ。ただし，電気素量を1.6×10^{-19}〔C〕，電子の質量を9.1×10^{-31}〔kg〕，プランク定数を6.6×10^{-34}〔J·s〕，光速を3.0×10^{8}〔m/s〕とする。

［イ］ a．10^{-21}　b．10^{-20}　c．10^{-19}　d．10^{-18}　e．10^{-17}

［ロ］ a．10^{-10}　b．10^{-9}　c．10^{-8}　d．10^{-7}　e．10^{-6}

［ハ］ a．10^{-12}　b．10^{-11}　c．10^{-10}　d．10^{-9}　e．10^{-8}

［ニ］ a．30　b．60　c．90　d．120　e．150

問2 文中の空所［あ］〜［え］にあてはまる語句を，［あ］については次のa〜cから［い］〜［え］については，それぞれ対応するa・bから1つずつ選べ。

［あ］ a．可視光線の波長に比べて短い　b．可視光線の波長領域に含まれる
c．可視光線の波長に比べて長い

［い］，［う］ a．波動　b．粒子

［え］ a．ピークA　b．ピークB

問3 文中の［(1)］〜［(4)］にあてはまる語句または式を記せ。 〈立教大〉

第5章 原子

75 ボーアの水素原子模型

水素原子の電子の軌道とエネルギー準位について，ボーアの原子模型を使って考えてみよう。図のように，質量が m，電気量が $-e$ の電子が，電気量が e の原子核のまわりを，速さが v で半径が r の等速円運動をしているものとする。以下の**問1**〜**8**に答えよ。

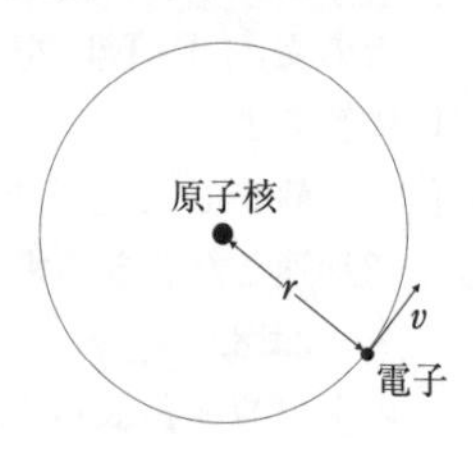

問1　電子の加速度の大きさを r，v を用いて表せ。

問2　電子と原子核との間に働く静電気力を考え，電子の半径方向の運動方程式を書け。ただし，真空中におけるクーロンの法則の比例定数を k_0 とする。

電子が原子核のまわりを円運動すると，一般に電磁波を放射してエネルギーを失うことが知られている。しかし，電子は粒子としての性質だけでなく，波動としての性質も持っている。(a)電子の軌道の円周の長さが電子波の波長の整数倍に等しいときに定常波を生じ，電子が定常状態になるため電磁波を放射しない。

問3　プランク定数 h および m，v を用いて，電子波の波長を求めよ。

問4　下線部(a)をボーアの原子模型における量子条件と呼ぶ。正の整数 n（以下 n を量子数と呼ぶ），r，h，m，v を用いて，量子条件を表せ。

問5　**問2**と**問4**で得られた式から，速さ v を用いずに電子の軌道半径 r を表せ。

次に電子のエネルギーについて考えてみよう。

問6　無限遠を基準とした，電子と原子核の間に働く静電気力による電子の位置エネルギーを k_0，r，e を用いて表せ。

問7　電子のエネルギーは運動エネルギーと位置エネルギーの和に等しい。**問2**および**問5**で得られた式を用いて，速さ v および半径 r を用いずに量子数 n に対する電子のエネルギーを表せ。

問7で求めた定常状態における電子のエネルギーをエネルギー準位と呼ぶ。電子が量子数 n のエネルギー準位 E_n から量子数 n' のエネルギー準位 $E_{n'}$（$E_n > E_{n'}$）に移るとき，その差に等しいエネルギーを1個の振動数 ν の光子として放出する。すなわち，$h\nu = E_n - E_{n'}$ となり，これがボーアの原子模型における振動数条件である。

問8　量子数 $n=1$ のときの水素原子の電子のエネルギーは $-13.6\,\mathrm{eV}$ である。水素原子の電子が，量子数 $n=2$ のエネルギー準位から量子数 $n=1$ のエネルギー準位に移るときに放出される光の波長を求めよ。ただし，プランク定数 h は $6.63 \times 10^{-34}\,\mathrm{J \cdot s}$，真空中の光の速さは $3.00 \times 10^{8}\,\mathrm{m/s}$，$1\,\mathrm{eV}$ は $1.60 \times 10^{-19}\,\mathrm{J}$ とする。

〈関西学院大〉

76 原子核の放射性崩壊

次の文章中の［(1)］については図中の(ア)～(ウ)のうち正しいものを1つ選び，［(2)］，［(3)］，［(6)］は数式で埋め，［(4)］，［(5)］，［(7)］は数値を記せ。

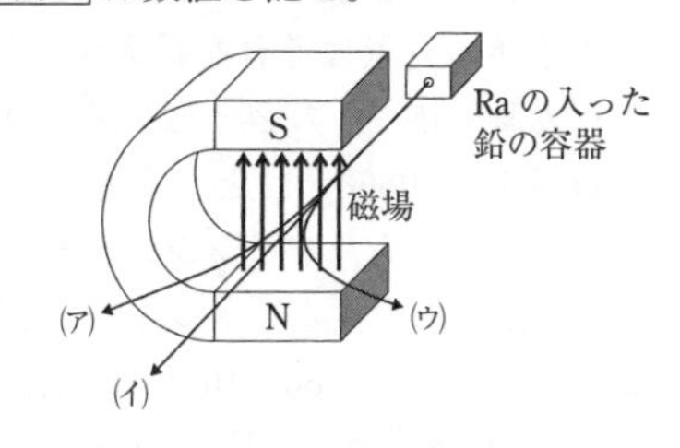

ウランやラジウムのように，原子核の中には不安定のものがあり，放置すると自然に放射線を出して他の原子核に変化する。この現象を放射性崩壊といい，このような原子核を放射性原子核という。$^{226}_{88}$Raは，α線と呼ばれる放射線を放出して，$^{222}_{86}$Rnに放射性崩壊（α崩壊）する原子核である。α線を一様な磁場中に通すと図の［(1)］の軌跡を描く。このことから，ラザフォードによってα線の正体がヘリウム原子核であることが明らかにされた。α崩壊ではヘリウム原子核が放出されるため，元の原子核の質量数をA，原子番号をZとすると，α崩壊後の原子核の質量数は［(2)］，原子番号は［(3)］と表される。

放射性崩壊には原子核内の中性子が陽子に変化して電子を放出する現象もある。これをβ崩壊といい，原子核は質量数が同じで原子番号が1だけ大きな原子核に変わる。$^{226}_{88}$Raは最終的に安定な原子核である$^{206}_{82}$Pbに変化するが，以上のことから$^{206}_{82}$Pbに変化するまでにα崩壊を［(4)］回，β崩壊を［(5)］回繰り返すことがわかる。

放射性原子核は放射性崩壊して他の原子核に変わるため，元の原子核の数は時間とともに減少する。半減期がTである放射性原子核の数をN_0，時間tの後に崩壊しないで残っている原子核の数をNとすると，$N=$［(6)］が成り立つ。$^{226}_{88}$Raの半減期は1.60×10^3年であるので，はじめあった$^{226}_{88}$Raの数が$\frac{1}{10}$になるのは約［(7)］年後である。ただし，$\log_{10}2=0.301$とし，有効数字2桁で求めよ。〈秋田大〉

第5章 原子

77 原子核反応と質量欠損

次の空欄に入る適当な式，数値，語句を求めよ。以下では，元素記号をXとして，原子番号Z，質量数Aの原子核を$^{A}_{Z}\mathrm{X}$と表す。また，陽子と中性子を総称して核子と呼ぶ。

原子核の質量はそれを構成する核子の質量の総和よりもΔmだけ小さい。たとえばホウ素原子核$^{11}_{5}\mathrm{B}$のΔmは，陽子の質量を1.0073〔u〕，中性子の質量を1.0087〔u〕，$^{11}_{5}\mathrm{B}$の質量を11.0066〔u〕とすると，$\Delta m =$ (1) 〔u〕となる。ここで，〔u〕は原子質量単位を表す。一方，アインシュタインの相対性理論によるとエネルギーと質量は等価であり，Δmに相当するエネルギーΔEは，真空中の光速をcとして， (2) に等しい。ここで，1〔u〕を1.66×10^{-27}〔kg〕，光速cを3.00×10^{8}〔m/s〕とすると，ホウ素原子核$^{11}_{5}\mathrm{B}$のΔEは (3) 〔J〕となる。このエネルギーはこの原子核の結合エネルギーに相当している。また，2つの原子核が反応した場合にも同様なことが生じる。たとえば，1個の重水素原子核$^{2}_{1}\mathrm{H}$と1個の三重水素原子核$^{3}_{1}\mathrm{H}$が反応して，1個のヘリウム原子核$^{4}_{2}\mathrm{He}$と1個の中性子が形成される場合には，2.82×10^{-12}〔J〕のエネルギーが放出される。この例のように，質量数の小さい原子核が互いに結合して質量数の大きい原子核になる反応を (4) 反応という。 〈岡山大〉

別冊　解答

大学入試

全レベル問題集

物　理

［物理基礎・物理］

私大標準・
国公立大レベル

第1章　力　学

1　速度・加速度

1 (1) $\dfrac{L}{v}$　(2) $\dfrac{V}{v}L$　(3) $\dfrac{V}{v}$　(4) $\dfrac{L}{\sqrt{v^2-V^2}}$

解説 (1)　図1のようにAを原点とする座標軸をとり，川の流れの速度を $\vec{V}$，川に対する船の相対速度を $\vec{v}$ とおくと，ここでは $\vec{V}=(V,\ 0)$，$\vec{v}=(0,\ v)$ であるから速度の合成より川岸に対する船の速度 $\vec{u}$ は
$\vec{u}=\vec{v}+\vec{V}=(V,\ v)$ となる。
船の y 方向の運動を考えて，求める時間 t_1 は

$$t_1=\frac{L}{v}\text{〔s〕}$$

(2)　船の x 方向の運動を考えて，求める距離 l_1 は

$$l_1=Vt_1=\frac{V}{v}L\text{〔m〕}$$

(3)　$\vec{V}=(V,\ 0)$，$\vec{v}=(-v\sin\theta,\ v\cos\theta)$ より
$\vec{u}=(V-v\sin\theta,\ v\cos\theta)$　(図2参照)
ここで船を y 方向に進ませるためには

$$V-v\sin\theta=0\quad すなわち\quad \sin\theta=\frac{V}{v}$$

(4)　このとき

$$\cos\theta=\sqrt{1-\sin^2\theta}=\sqrt{1-\left(\frac{V}{v}\right)^2}$$

であるから

$$\vec{u}=(0,\ \sqrt{v^2-V^2})$$

船の y 方向の運動を考えて，求める時間 t_2 は

$$t_2=\frac{L}{|\vec{u}|}=\frac{L}{\sqrt{v^2-V^2}}\text{〔s〕}$$

〈速度の合成・相対速度〉
$\vec{v}_{\mathrm{OQ}}=\vec{v}_{\mathrm{OP}}+\vec{v}_{\mathrm{PQ}}$

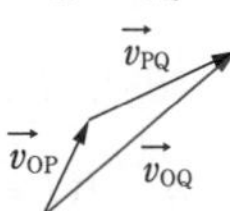

ベクトル図や成分で考えるとよい。

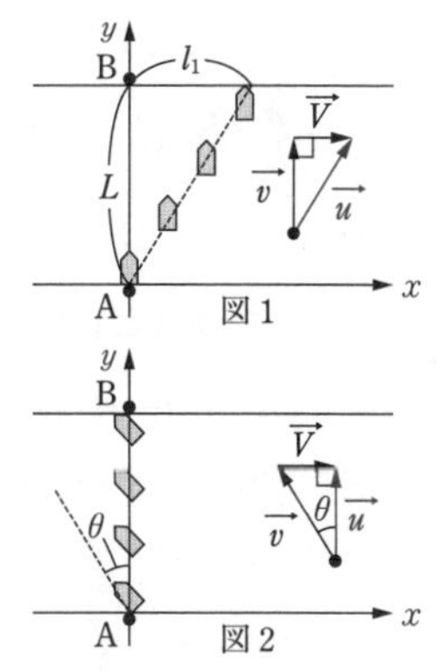

図1

図2

川の流れは水をたたえた大型移動式プールが等速度で動いているとイメージすると速度の合成がわかりやすくなる。

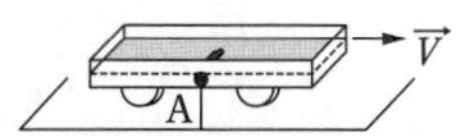

2 問1　$t=\sqrt{\dfrac{2H}{g}}$，$v_y=-\sqrt{2gH}$　問2　$u_x=U_0\cos\theta$，$u_y=U_0\sin\theta-gt$

問3　(1) U_0^2　(2) $2(L\cos\theta+H\sin\theta)U_0$　(3) L^2+H^2

問4　$\tan\theta=\dfrac{H}{L}$　問5　$U_0>\sqrt{\dfrac{g(L^2+H^2)}{2H}}$

解説 問1　物体Aは $y=H$ の位置から自由落下する。
$t=t_1$ で $y=0$ とすると等加速度運動の式より

$$0=H+\frac{1}{2}(-g)t_1^2 \quad よって \quad t_1=\sqrt{\frac{2H}{g}}$$

またこのとき，$v_y=(-g)t_1=-\sqrt{2gH}$

〈等加速度運動の公式〉

$$v=v_0+at$$

$$x=x_0+v_0t+\frac{1}{2}at^2$$

$$v^2-v_0^2=2a(x-x_0)$$

問2　物体Bは斜方投射され，x 方向には等速運動，y 方向には加速度 $-g$ の等加速度運動を行うから $u_x=U_0\cos\theta$，$u_y=U_0\sin\theta-gt$

問3　衝突前の時刻 t での物体Aの位置は $\left(L,\ H-\frac{1}{2}gt^2\right)$ であり，物体Bの位置は $\left(U_0\cos\theta\cdot t,\ U_0\sin\theta\cdot t-\frac{1}{2}gt^2\right)$ であるから求める距離を d とおくと

$$d=\sqrt{(L-U_0\cos\theta\cdot t)^2+(H-U_0\sin\theta\cdot t)^2}$$

$$=\sqrt{\underbrace{U_0^2}_{(ア)}t^2-\underbrace{2(L\cos\theta+H\sin\theta)}_{(イ)}U_0t+\underbrace{L^2+H^2}_{(ウ)}}$$

問4　t の2次式である d^2 を平方完成して

$$d^2=U_0^2\left(t-\frac{L\cos\theta+H\sin\theta}{U_0}\right)^2+(L\sin\theta-H\cos\theta)^2$$

となるから d^2 は $t=\frac{L\cos\theta+H\sin\theta}{U_0}$（$=t_2$ とおく）で最小値 $(L\sin\theta-H\cos\theta)^2$ をとる。物体Aと物体Bが衝突する条件は d の最小値が0となることなので

$$(L\sin\theta-H\cos\theta)^2=0 \quad よって \quad \tan\theta=\frac{H}{L}$$

この結果は $t=0$ で物体Bを物体Aの方向に発射すればよいことを表している。

問5　前問の条件が満たされるとき右図から

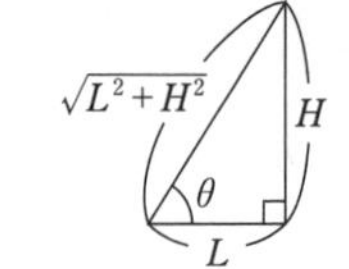

$$\cos\theta=\frac{L}{\sqrt{L^2+H^2}},\quad \sin\theta=\frac{H}{\sqrt{L^2+H^2}}$$

であるから

$$t_2=\frac{1}{U_0}\frac{L^2+H^2}{\sqrt{L^2+H^2}}=\frac{\sqrt{L^2+H^2}}{U_0}$$

ここで $t_1>t_2$ であればよいので

$$\sqrt{\frac{2H}{g}}>\frac{\sqrt{L^2+H^2}}{U_0} \quad よって \quad U_0>\sqrt{\frac{g(L^2+H^2)}{2H}}$$

2　力と運動

3　問1　$mg\cos\theta$　問2　$-g(\sin\theta+\mu'\cos\theta)$　問3　$\frac{v_0}{g(\sin\theta+\mu'\cos\theta)}$

問4　$\frac{mg(\sin\theta+\mu\cos\theta)}{d}$　問5　$\frac{\sin\theta+\mu'\cos\theta}{\sin\theta+\mu\cos\theta}$ 倍

解説 **問1**　物体に働く垂直抗力の大きさをNとおく。物体は運動中も静止しているときも斜面を離れないので斜面に垂直な方向の力がつりあっている。よって右の重力の分解図を参考に

$$N = mg\cos\theta \quad \cdots\cdots①$$

〈摩擦力の公式〉
静止摩擦力　$f \leqq \mu N$
動摩擦力　$f' = \mu' N$

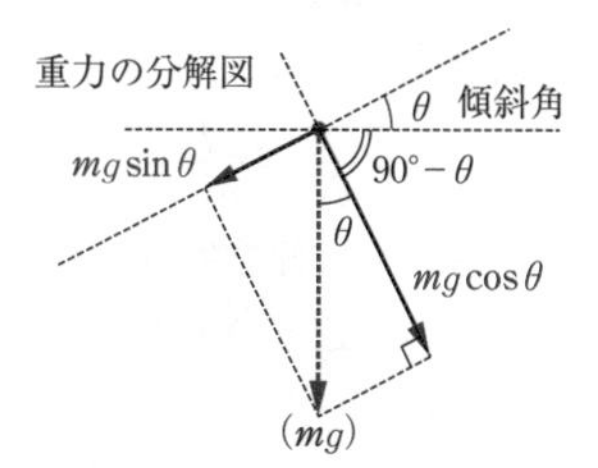

問2　物体に働く動摩擦力は向きが斜面下向きで，大きさが$\mu' N$であるので，物体の斜面上向き方向の加速度をaとおくと物体の運動方程式より

$$ma = -mg\sin\theta - \mu' N$$

が成り立つ。これに①を代入して

$$a = -g(\sin\theta + \mu'\cos\theta) \quad \cdots\cdots②$$

〈運動方程式〉
$m\vec{a} = \vec{F}$（合力）

問3　求める時間をt_1とおくと等加速運動の式より

$$0 = v_0 + at_1$$

これに②を代入して

$$t_1 = \frac{v_0}{g(\sin\theta + \mu'\cos\theta)}$$

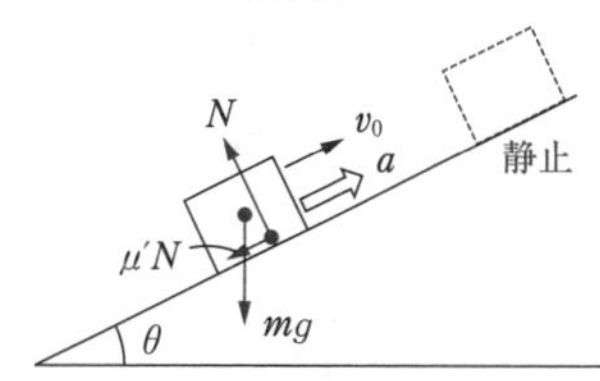

問4　物体が滑り出す直前にばねの伸びがdであると考えればよい。このとき静止摩擦力の大きさは最大値μNをとる。ばね定数をkとして斜面に平行な方向の力のつりあいより

$$kd = mg\sin\theta + \mu N \quad \cdots\cdots③$$

①を使って

$$k = \frac{mg(\sin\theta + \mu\cos\theta)}{d}$$

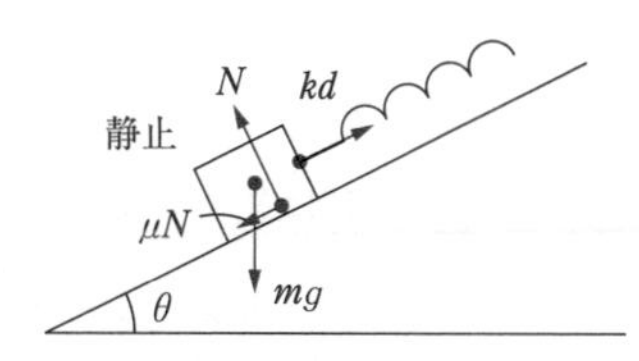

問5　物体は等速度運動をするので物体に働く力はつりあっている。ここでばねの伸びをd'として斜面方向の力のつりあいの式より

$$kd' = mg\sin\theta + \mu' N \quad \cdots\cdots④$$

③，④に①を代入して④÷③より

$$\frac{d'}{d} = \frac{\sin\theta + \mu'\cos\theta}{\sin\theta + \mu\cos\theta}$$

◀等速度運動では合力0

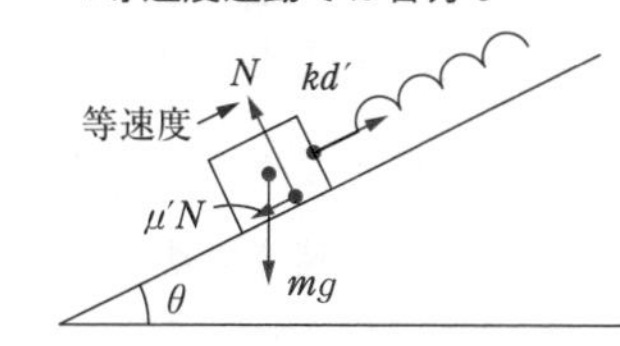

4　**問1**　$\dfrac{3}{4}$　**問2**　$\dfrac{5}{21}g$　**問3**　$\dfrac{4}{7}m_A g$　**問4**　$\sqrt{\dfrac{10}{21}gh}$　**問5**　$\dfrac{12}{7}h$

解説 **問1**　$m_B = \dfrac{3}{4}m_A$ で，A，Bが動き出す直前の静止状態にある場合を考える。Aに働く垂直抗力，静止摩擦力，糸の張力の大きさをそれぞれN, f, T_0とおく。Aに働く力のつりあいより

水平方向：$f = T_0$，鉛直方向：$N = m_A g$　……①

またBに働く力のつりあいより

$$T_0=m_Bg=\frac{3}{4}m_Ag$$

ここでAが面上で滑り出す直前であるから

$$f=\mu_0 N\ (\text{最大摩擦力})$$

が成り立つ。よって，

$$\mu_0=\frac{f}{N}=\frac{T_0}{m_Ag}=\frac{3}{4}$$

問2，3　糸は伸び縮みしないのでAの水平右向き方向の加速度の大きさも a である。運動方程式をそれぞれ考えて

$$\text{A}:m_Aa=T-\mu N\quad\cdots\cdots②$$

$$\text{B}:m_Ba=m_Bg-T\quad\cdots\cdots③$$

ここで①も成り立つ。②＋③に①を代入して

$$\left(m_A+\frac{3}{4}m_A\right)a=\frac{3}{4}m_Ag-\frac{1}{3}m_Ag$$

よって

$$a=\frac{5}{21}g\quad\cdots\cdots④$$

また③より

$$T=m_B(g-a)=\frac{3}{4}m_A\left(g-\frac{5}{21}g\right)=\frac{4}{7}m_Ag$$

問4　④よりBは鉛直下向きに等加速度運動をするから

$$v_B{}^2-0^2=2ah\quad\text{よって}\quad v_B=\sqrt{2ah}=\sqrt{\frac{10}{21}gh}\quad\cdots\cdots⑤$$

問5　Aは動き始めてからBが床に達するまでに距離 h だけ移動して，Bと同じ速さ v_B まで加速している。そこからさらに距離 x だけ移動してAが静止するとする。この間のAの水平右向きの加速度を a' とおくと運動方程式は　$m_Aa'=-\mu N$　であるから

①より　$a'=-\mu g=-\dfrac{1}{3}g$　(等加速度)

一方，等加速度運動の公式より，$0^2-v_B{}^2=2a'x$ が成り立つから⑤より

$$0-\frac{10}{21}gh=2\left(-\frac{1}{3}g\right)x\quad\text{よって}\quad x=\frac{5}{7}h$$

したがって求める距離 l は

$$l=h+x=\frac{12}{7}h$$

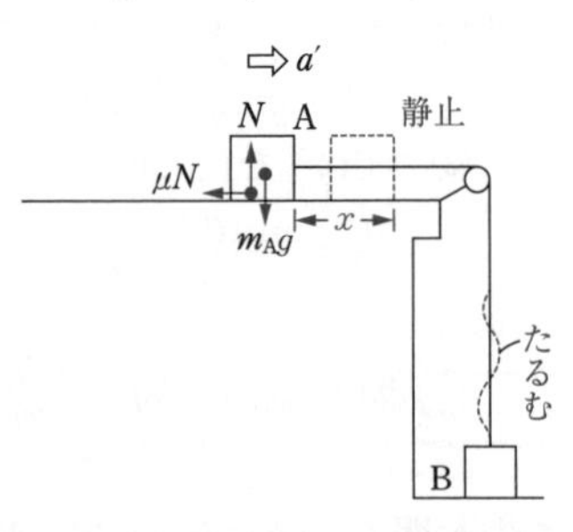

5　問1　$M=m$　　問2　$\dfrac{1}{2}$倍　　問3　$\dfrac{M-m}{M+4m}g$　　問4　$\dfrac{5Mmg}{2(M+4m)}$

問5　$\sqrt{\dfrac{2(M+4m)h}{(M-m)g}}$

解説 **問1**　物体Aに取り付けたひもの張力の大きさを S_0 とする。物体Aに働く力の斜面平行方向のつりあいより

$$mg\sin 30° = S_0$$

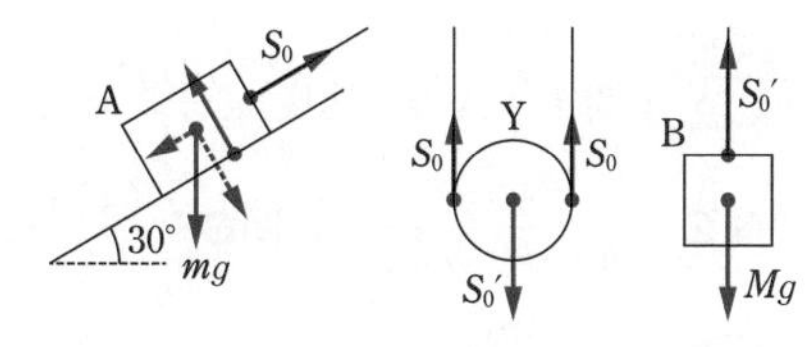

また，物体Bをつるしたひもの張力の大きさを S_0' とおくと，質量の無視できる滑車Yと物体Bに働く力の鉛直方向のつりあいの式よりそれぞれ

$$2S_0 = S_0' + 0 \cdot g,\quad S_0' = Mg$$

が成り立つ。以上3式より

$$M = m$$

問2　ひもは伸び縮みしないので物体Bが微小時間 $\varDelta t$ に鉛直下向きに $\varDelta x$ だけ移動すると，物体Aは斜面上方へ $2\varDelta x$ だけ移動する（図1参照）。

よってつねに物体Bの速さ $v_{\mathrm{B}}\left(=\dfrac{\varDelta x}{\varDelta t}\right)$ は物体Aの速さ $v_{\mathrm{A}}\left(=\dfrac{2\varDelta x}{\varDelta t}\right)$ の半分である。また，同様に同じ微小時間での速さの変化も半分となるので，Bの加速度の大きさはAの加速度の大きさの $\dfrac{1}{2}$ 倍である。

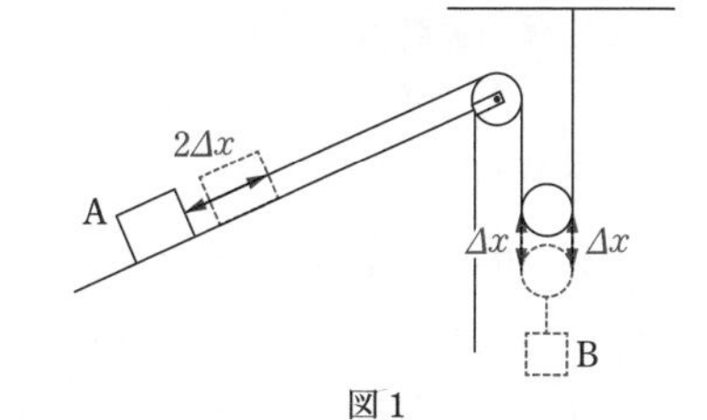

図1

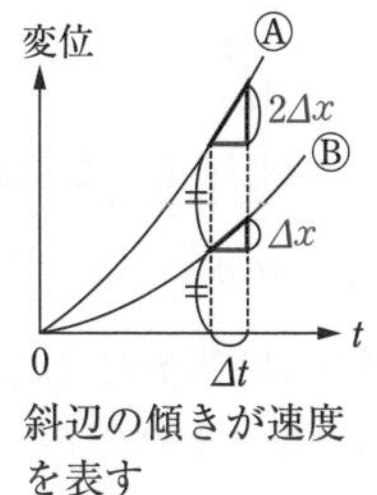

斜辺の傾きが速度を表す

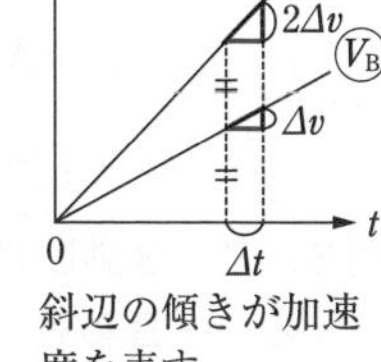

斜辺の傾きが加速度を表す

問3，4　Bの加速度の大きさを a，求めるひもの張力の大きさを S，Bをつるしたひもの張力の大きさを S' とすると，Aの加速度の大きさは $2a$ となるので（図2），A，Y，Bそれぞれの運動方程式は

A：$m \cdot 2a = S - mg\sin 30°$

B：$0 \cdot a = S' - 2S$

Y：$Ma = Mg - S'$

となるから

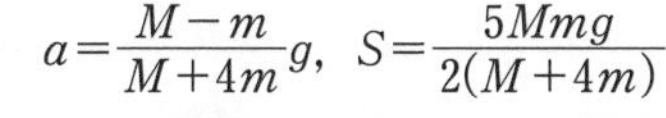

$$a = \frac{M-m}{M+4m}g,\quad S = \frac{5Mmg}{2(M+4m)}$$

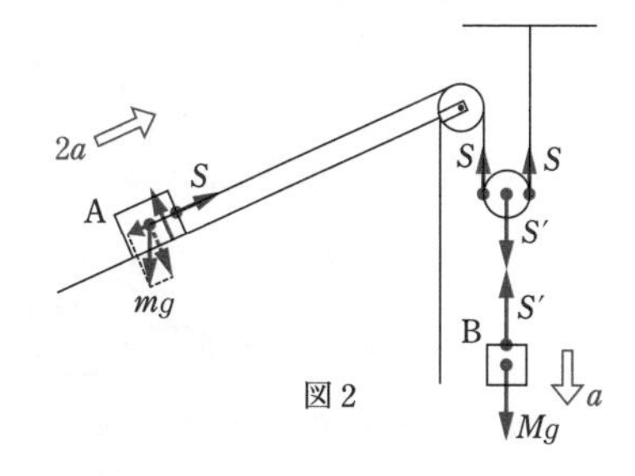

図2

問5　Bは初速度0，加速度 a の等加速度運動を行うので，求める時間を t とすると

$$h = \frac{1}{2}at^2 \quad よって \quad t = \sqrt{\frac{2h}{a}} = \sqrt{\frac{2(M+4m)h}{(M-m)g}}$$

6 **問1**　Aの加速度：$\dfrac{\mu' m}{M}g$，Bの加速度：$-\mu' g$

問2　$\dfrac{Mv_0}{\mu'(M+m)g}$　　**問3**　$\dfrac{(M+2m)Mv_0{}^2}{2\mu'(M+m)^2g}$　　**問4**　$\dfrac{Mv_0{}^2}{2\mu'(M+m)g}$

問5　$\dfrac{m^2v_0{}^2}{2(M+m)}$

解説 **問1**　Aの加速度およびBの加速度をそれぞれ a_A，a_B とおく。Bに衝撃力が加えられた直後，Aには直接衝撃力は作用しないのでAは初速度0から滑り始める。作用・反作用の法則より，AはBから左向きに，BはAから右向きに大きさ $\mu' mg$ の動摩擦力が働く。よって2物体の運動方程式より

はじめ
a_B　v_0　B
a_A
A　$\mu' mg$　$\mu' mg$
時間 T
B　V
A　V
l_1
l_2　l_A

$$A：Ma_A=\mu' mg,\ B：ma_B=-\mu' mg$$

が成り立つ。したがって

$$a_A=\frac{\mu' m}{M}g,\ a_B=-\mu' g$$

問2　運動開始から時間 t だけ経過したときの，水平左向きを正方向にとった床に対するA，Bの速度をそれぞれ v_A，v_B とおくと等加速度運動の公式より

$$v_A=0+a_At=\frac{\mu' m}{M}gt,\ v_B=v_0+a_Bt=v_0-\mu' gt$$

$t=T$ でBがAに対して滑らなくなるとき $v_A=v_B$ となるから

$$\frac{\mu' m}{M}gT=v_0-\mu' gT\quad よって\quad T=\frac{Mv_0}{\mu'(M+m)g}$$

問3，4　運動開始から時間 t だけ経過するまでの床に対するA，Bの移動距離をそれぞれ x_A，x_B とおくと等加速度運動の公式より

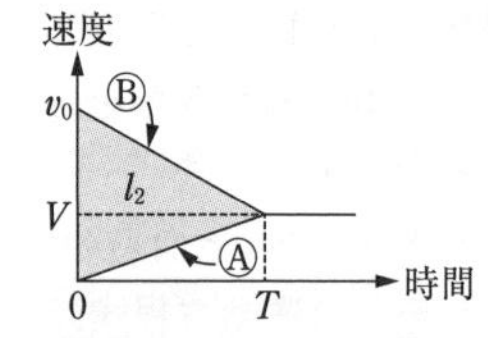

別解 上図の赤い部分が l_2 を表すので

$$l_2=\frac{1}{2}v_0T$$

から求めることもできる。

$$x_A=\frac{1}{2}a_At^2=\frac{1}{2}\cdot\frac{\mu' m}{M}g\cdot t^2$$

$$x_B=v_0t+\frac{1}{2}a_Bt^2=v_0t-\frac{1}{2}\mu' gt^2$$

ここで $t=T$ のとき $x_B=l_1$ より

$$l_1=v_0T-\frac{1}{2}\mu' gT^2=\frac{(M+2m)Mv_0{}^2}{2\mu'(M+m)^2g}$$

また $t=T$ のとき $x_A=l_A$ とおくと

$$l_A=\frac{\mu' mg}{2M}T^2=\frac{Mmv_0{}^2}{2\mu'(M+m)^2g}\quad よって\quad l_2=l_1-l_A=\frac{Mv_0{}^2}{2\mu'(M+m)g}$$

問5　$t=T$ のとき

$$v_A=v_B=\frac{\mu' mg}{M}T=\frac{m}{M+m}v_0\ (=V\ とおく)$$

であるから求める運動エネルギーの和は

$$\frac{1}{2}MV^2+\frac{1}{2}mV^2=\frac{1}{2}(M+m)\left(\frac{mv_0}{M+m}\right)^2=\frac{m^2v_0{}^2}{2(M+m)}$$

7 問1　$m \leqq M\left(\frac{\mu}{\tan\theta}-1\right)$〔kg〕　問2　$g\tan\theta$〔m/s²〕

問3　$g\frac{\mu+\tan\theta}{1-\mu\tan\theta}$〔m/s²〕

解説 問1　小物体Bが斜面から受ける垂直抗力の大きさをN_B，静止摩擦力の大きさをf_Bとし，小物体Bが小物体Cから受ける垂直抗力の大きさをNとする。Bに働く力のつりあいの式から

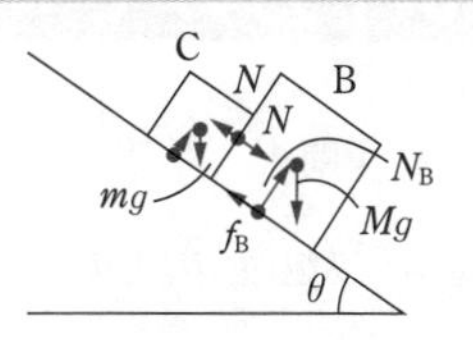

斜面平行方向：$f_B=Mg\sin\theta+N$

斜面垂直方向：$N_B=Mg\cos\theta$

また，Cに働く力の斜面方向のつりあいより

$mg\sin\theta=N$

これらの式より

$f_B=(M+m)g\sin\theta$

ここで，Bが滑らないための条件は $f_B \leqq \mu N_B$ であるから

$(M+m)g\sin\theta \leqq \mu Mg\cos\theta$

よって　$m \leqq M\left(\frac{\mu}{\tan\theta}-1\right)$〔kg〕

〈力の作用点をそろえた図〉

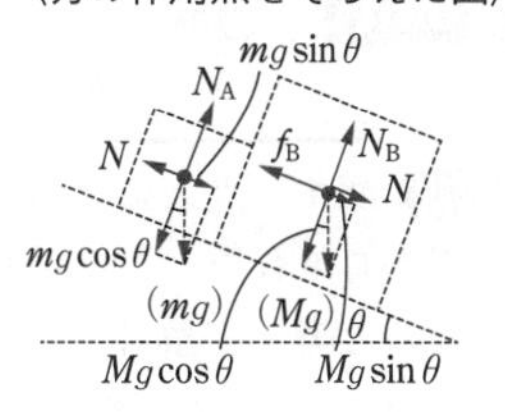

問2　物体AのR方向の加速度がa_1のとき，A上の観測者から見ると小物体CにはR方向とは逆向きに大きさがma_1の慣性力が働いていると考えればよい。このときCはBから離れる直前であり，BとCの間の垂直抗力は0で，Cは静止して見えるので，Cに働く力の斜面方向のつりあいより

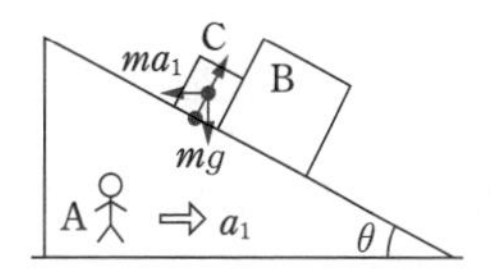

$ma_1\cos\theta=mg\sin\theta$　よって　$a_1=g\tan\theta$〔m/s²〕

問3　物体AのR方向の加速度がa_2のとき，A上の観測者から見ると小物体BにはR方向とは逆向きに大きさがMa_2の慣性力が働いていると考えればよい。Bが斜面から受ける垂直抗力の大きさをN_B'，静止摩擦力の大きさをf_B'とする。このときBはA上を滑り出す直前であるので，BがAから受ける摩擦力の大きさが最大となっているから

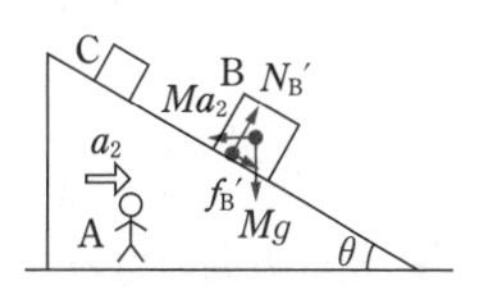

$f_B'=\mu N_B'$

よってA上の観測者から見た，Bに働く力のつりあいの式より

斜面平行方向：$Ma_2\cos\theta=f_B'+Mg\sin\theta$

〈力の作用点をそろえた図〉

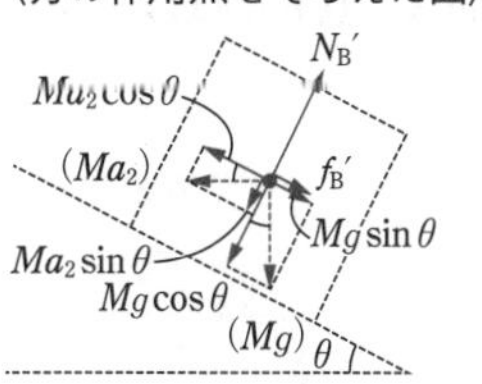

斜面垂直方向：$N_B'=Ma_2\sin\theta+Mg\cos\theta$

以上3式より N_B' と f_B' を消去して

$$a_2=g\frac{\mu\cos\theta+\sin\theta}{\cos\theta-\mu\sin\theta}=g\frac{\mu+\tan\theta}{1-\mu\tan\theta}\ \text{〔m/s}^2\text{〕}$$

3 力のモーメント

8 問1 $\dfrac{(m_1+xm_3)g}{k}$　問2 $\dfrac{\{m_2+(1-x)m_3\}g}{k}$

問3 $\dfrac{(m_1+m_2+m_3)g}{k}$　問4 $\dfrac{m_1+xm_3}{m_1+m_2+m_3}$　問5 $\dfrac{m_1}{m_1+m_2}$

Point 力のモーメントのつりあい
（左回りのモーメントの和）＝（右回りのモーメントの和）

解説 **問1**　点Aにばねを取り付けた場合，点Aが水平面から離れたとき水平面と棒との接触点は点Bだけになると考えて解答する（このときの垂直抗力の大きさを N_B とおく）。棒に働く力は右の図1の通りであるので，点Bのまわりの力のモーメントのつりあいより

$$l\cdot m_1g+xl\cdot m_3g=l\cdot kd_1$$

よって

$$d_1=\frac{(m_1+xm_3)g}{k}$$

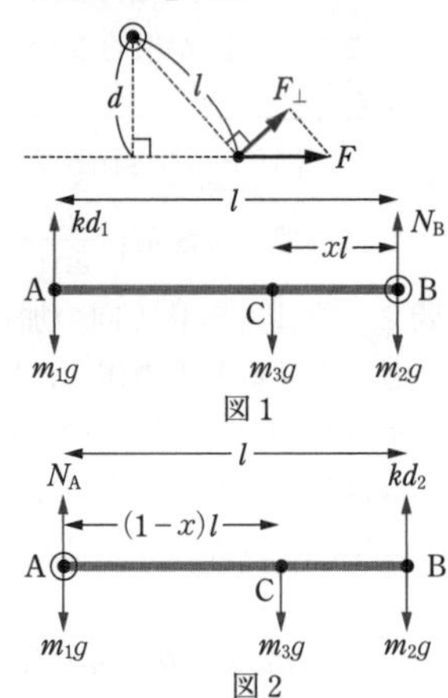

図1

図2

問2　点Bにばねを取りつけた場合も**問1**と同様に考える。棒が点Aで床から受ける垂直抗力の大きさを N_A とおくと，棒に働く力は右の図2の通りであるので，点Aのまわりの力のモーメントのつりあいより

$$l\cdot kd_2=l\cdot m_2g+(1-x)l\cdot m_3g=0$$

よって

$$d_2=\frac{\{m_2+(1-x)m_3\}g}{k}$$

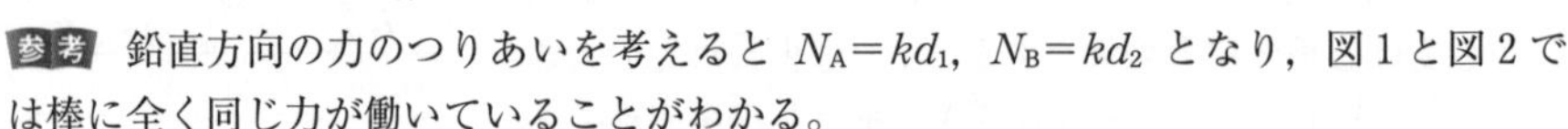

参考 鉛直方向の力のつりあいを考えると $N_A=kd_1$，$N_B=kd_2$ となり，図1と図2では棒に全く同じ力が働いていることがわかる。

問3　点Pにばねを取りつけた場合を考える。棒に働く力の鉛直方向の力のつりあいより

$$kd_3=m_1g+m_2g+m_3g\quad よって\quad d_3=\frac{(m_1+m_2+m_3)g}{k}$$

問4　$x \leqq y$ のときは右の図3で点Pのまわりの力のモーメントのつりあいより

$$(1-y)l \cdot m_1 g = yl \cdot m_2 g + (y-x)l \cdot m_3 g \quad \cdots\cdots ①$$

また $x > y$ のときは右の図4の点Pのまわりの力のモーメントのつりあいより

$$(1-y)l \cdot m_1 g + (x-y)l \cdot m_3 g = yl \cdot m_2 g \quad \cdots\cdots ②$$

となるが①と②は同じ式である。よってどちらの場合も

$$y = \frac{m_1 + x m_3}{m_1 + m_2 + m_3}$$

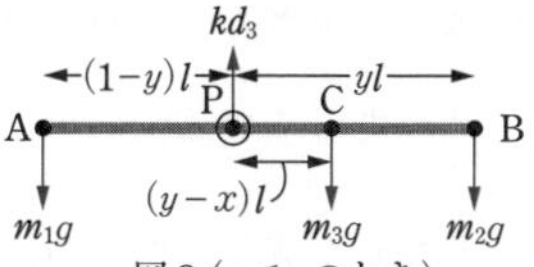

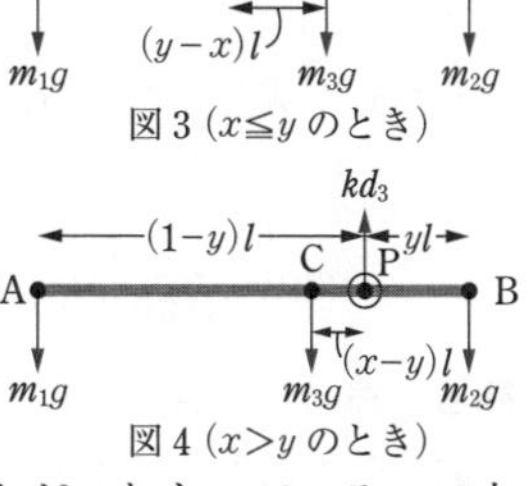

図3（$x \leqq y$ のとき）

図4（$x > y$ のとき）

なお，①（または②）より点Pのまわりで重力のモーメントがつりあっているので点Pは全体の重心である。

問5　点Pが点Cに一致するとき $x = y$ であるから

$$x = \frac{m_1 + x m_3}{m_1 + m_2 + m_3} \quad よって \quad x = \frac{m_1}{m_1 + m_2}$$

9　**問1**　$2mg$　**問2**　$mg\left(\frac{l+2x}{2l\tan\theta}\right)$　**問3**　$mg\left(\frac{l+2x}{2l\tan\theta}\right)$

問4　$\frac{3}{8\tan\theta}$　**問5**　$2mg$　**問6**　$\frac{6}{5}mg$

Point　剛体のつりあい
1. 直交する2方向の力のつりあいの式を立てる
2. 力のモーメントのつりあいの式を立てる

解説　**問1，2**　図1のように棒には力が働いている。ここで棒の密度は均一なのでその重心GはABの中点であり，棒が壁から受ける垂直抗力の大きさを N' とする。

棒に働く力のつりあいより

鉛直方向：$N = mg + mg = 2mg$　……①

水平方向：$f = N'$　……②

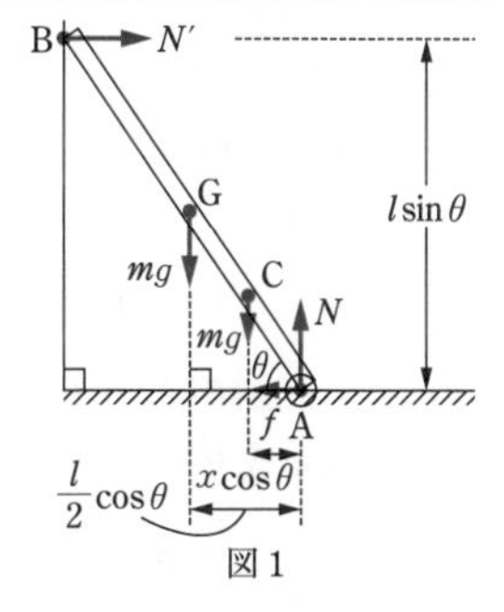

図1

また，点Aのまわりの棒に働く力のモーメントのつりあいより，

$$\frac{l}{2}\cos\theta \cdot mg + x\cos\theta \cdot mg = l\sin\theta \cdot N' \quad \cdots\cdots ③$$

②，③より，$f = mg\left(\frac{l+2x}{2l\tan\theta}\right)$　……④

問3　作用・反作用の法則より棒の上端Bが壁を押す力の大きさと N' は等しいので，②，④より求める力の大きさは，$mg\left(\frac{l+2x}{2l\tan\theta}\right)$

参考　同様に作用・反作用の法則から棒の下端Aが床を押す力の大きさ R は

$$R = \sqrt{N^2 + f^2} = mg\sqrt{4 + \left(\frac{l+2x}{2l\tan\theta}\right)^2}$$

問4　太郎さんが点Dに達する直前，棒の下端Aに働く静止摩擦力は最大となって棒はつりあっている。このとき①，②はそのまま成り立ち，さらに③において $x=\dfrac{l}{4}$ とした式が成り立つから，④において $x=\dfrac{l}{4}$ を代入した式が最大摩擦力となるので

$$mg\left(\frac{l+2\cdot\frac{l}{4}}{2l\tan\theta}\right)=\mu_0\cdot 2mg \quad よって \quad \mu_0=\frac{3}{8\tan\theta} \quad \cdots\cdots⑤$$

問5　棒の下端Aを鉛直下向きに押す力の大きさを F_A とおく。太郎さんは下端Aから距離 x' だけ登ったとする。$(0\leqq x'\leqq l)$

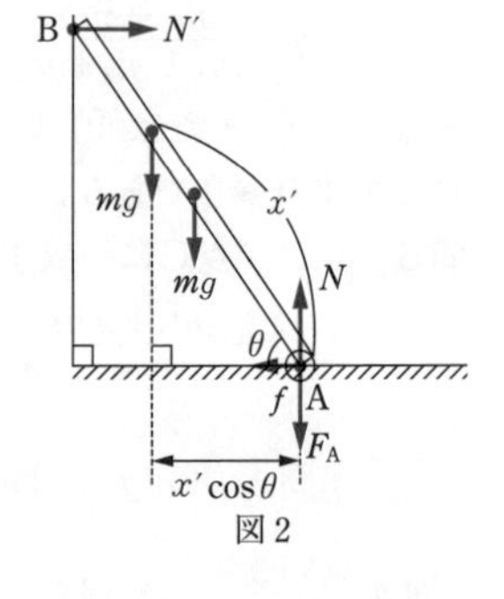

図2

図2で棒のつりあいを**問1**と同様に考えると，①のかわりに $N=2mg+F_A$，そして②，さらに③で x を x' に置き換えた式の3式が成り立つ。よって④で $x=x'$ として $f=mg\left(\dfrac{l+2x'}{2l\tan\theta}\right)$ となる。

ここで，棒が滑らないための条件は $f\leqq\mu_0 N$ より

$$mg\left(\frac{l+2x'}{2l\tan\theta}\right)\leqq\frac{3}{8\tan\theta}(2mg+F_A) \quad (⑤を利用)$$

よって

$$F_A\geqq mg\frac{8x'-2l}{3l}$$

この式が $0\leqq x'\leqq l$ で常に成り立つためには F_A が $x'=l$ のときの右辺の最大値 $mg\dfrac{8l-2l}{3l}=2mg$ 以上であればよい。

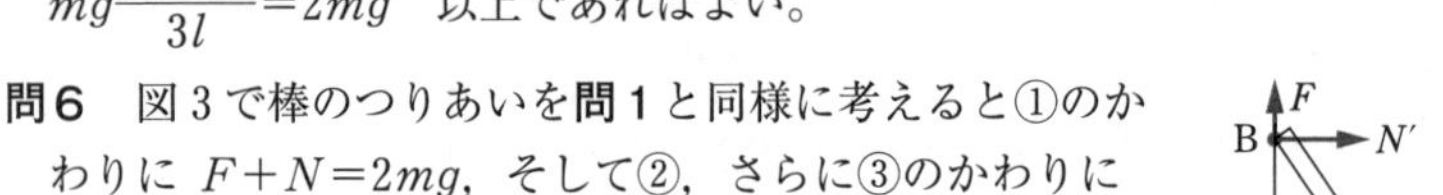

問6　図3で棒のつりあいを**問1**と同様に考えると①のかわりに $F+N=2mg$，そして②，さらに③のかわりに

$$\frac{l}{2}\cos\theta\cdot mg+x'\cos\theta\cdot mg$$
$$=l\sin\theta\cdot N'+l\cos\theta\cdot F$$

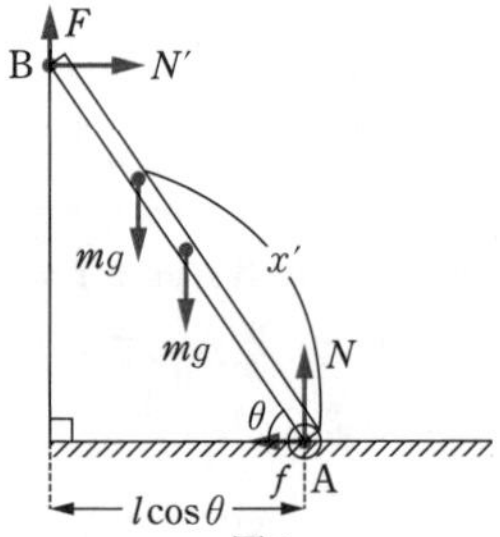

の3式が成り立つ。上式を変形すると

$$N'=\frac{mg\left(\frac{l}{2}+x'\right)-Fl}{l\tan\theta} \quad (=f)$$

図3

また，$N=2mg-F$ であるから，⑤とこれらの式を棒が滑らない条件 $f\leqq\mu_0 N$ に代入して

$$\frac{mg\left(\frac{l}{2}+x'\right)-Fl}{l\tan\theta}\leqq\frac{3}{8\tan\theta}(2mg-F)$$

よって

$$F\geqq mg\frac{8x'-2l}{5l}$$

この式が $0 \leqq x' \leqq l$ で常に成り立つためにはFが

$x'=l$ のときの右辺の最大値 $\frac{6}{5}mg$ 以上であればよい。

10 **問1** μmg〔N〕 **問2** $\frac{1}{2}amg$〔N·m〕 **問3** $\frac{1}{2}mg$〔N〕 **問4** $\mu>\frac{1}{2}$

問5 $mg-F\sin\theta$〔N〕 **問6** $\frac{mg}{2(\sin\theta+\cos\theta)}$〔N〕 **問7** $\frac{\pi}{4}$〔rad〕 **問8** $\mu>\frac{1}{3}$

解説 **問1** 物体が滑り出す直前に，最大摩擦力が左向きに作用し右向きの外力とつりあっている。物体が水平面から受ける垂直抗力の大きさは mg であるので求める力の大きさは μmg〔N〕

問2 重力の作用点Gは立方体の中心であるから，点Aから重力の作用線までの距離は $\frac{a}{2}$ であるので，図1を参照して重力のモーメントの大きさは

$$\frac{a}{2}\cdot mg=\frac{1}{2}amg\text{〔N·m〕}$$

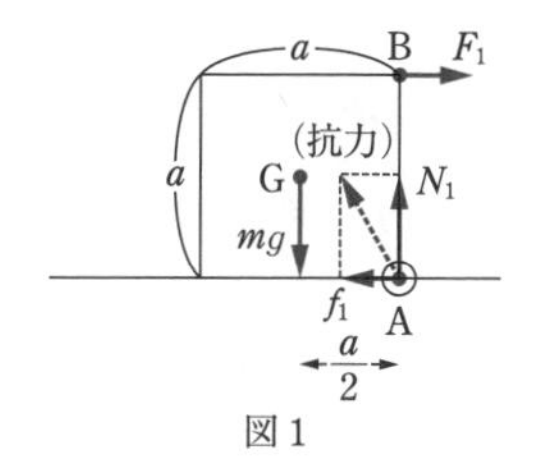

図1

問3 物体が傾き始める直前に，物体が水平面から受ける抗力(垂直抗力と静止摩擦力の合力)の作用点は点Aの位置にあるので，点Bで加えた外力の大きさを F_1 として点Aまわりの力のモーメントのつりあいより

$$a\cdot F_1=\frac{a}{2}\cdot mg \quad よって \quad F_1=\frac{1}{2}mg\text{〔N〕}$$

問4 物体に働く垂直抗力と静止摩擦力の大きさをそれぞれ N_1，f_1 とおくと，力のつりあいより

水平方向：$f_1=F_1$，鉛直方向：$N_1=mg$

また，傾き始めるのは滑り出すより前だからこのとき $f_1<\mu N_1$ が成り立つ。**問3**の結果を使って

$$\frac{1}{2}mg<\mu mg \quad よって \quad \mu>\frac{1}{2}$$

なお，上の条件 $f_1<\mu N_1$ で不等号が≦でないのは，問題文に「物体が滑ることなく傾き始める」とあるので，傾く直前での静止摩擦力がまだ最大摩擦力に達していないと判断できるからである。

問5 物体が傾き始める直前の垂直抗力と静止摩擦力の大きさをそれぞれ N_2，f_2 とおくと，図2を参照して力のつりあいより

水平方向：$f_2=F\cos\theta$ ……①

鉛直方向：$N_2+F\sin\theta=mg$ ……②

よって

$$N_2=mg-F\sin\theta\text{〔N〕}$$

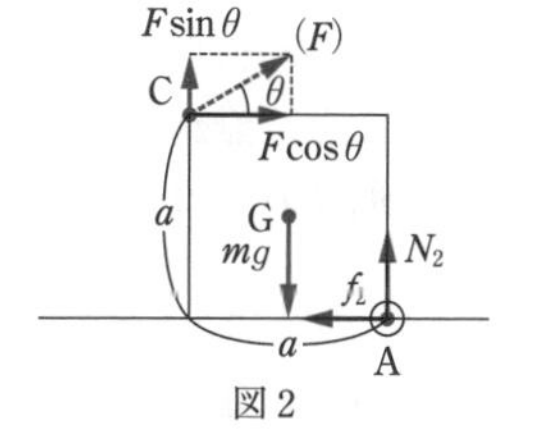

図2

問6　物体が傾き始める直前の点Aのまわりの力のモーメントのつりあいより

$$\frac{a}{2}\cdot mg = a\cdot F\sin\theta + a\cdot F\cos\theta$$

◀ここでは物体に加えた力を鉛直方向，水平方向の分力に分解して力のモーメントを求めている。

よって

$$F = \frac{mg}{2(\sin\theta + \cos\theta)}\ \text{〔N〕}\quad \cdots\cdots③$$

問7　三角関数の合成則より

$$\sin\theta + \cos\theta = \sqrt{2}\sin\left(\theta + \frac{\pi}{4}\right) \leqq \sqrt{2}\quad \left(0 \leqq \theta \leqq \frac{\pi}{2}\right)$$

であるからFを最小とする角度θ_mは③の分母が最大となるときで

$$\theta_m = \frac{\pi}{4}\ \text{〔rad〕}$$

問8　$\theta_m = \frac{\pi}{4}$ のときに物体が傾き始める直前を考える。$F = F_m$ とおくと①，②は

$$f_2 = \frac{1}{\sqrt{2}}F_m,\quad N_2 + \frac{1}{\sqrt{2}}F_m = mg$$

また，③より　$F_m = \frac{mg}{2\sqrt{2}}$　よって

$$f_2 = \frac{1}{4}mg,\quad N_2 = \frac{3}{4}mg$$

傾き始めるのは滑り出すより前だから $f_2 < \mu N_2$ が成り立つので

$$\frac{1}{4}mg < \mu\cdot\frac{3}{4}mg\quad よって\quad \mu > \frac{1}{3}$$

4　力学的エネルギーと運動量

11　問1　$d\sqrt{\frac{k}{M+m}}$　　問2　$d\sqrt{\frac{M}{M+m}}$　　問3　$\frac{kd^2}{2\mu(M+m)g} - \frac{h}{\mu}$

問4　$\sqrt{4gh - \frac{kd^2}{M+m}}$

解説　**問1**　PとQは接触しているだけなので，分離の直前・直後で互いに力積を及ぼさないから直前・直後でそれぞれの速度は変わらない。よって求めるQの速さをv_0とおくと，離れる直前のPとQの速さもv_0である。PとQが一体となって運動している間は力学的エネルギー保存則が成り立つので

$$\frac{1}{2}kd^2 = \frac{1}{2}(M+m)v_0^2\quad よって\quad v_0 = d\sqrt{\frac{k}{M+m}}\quad \cdots\cdots①$$

問2　Qとの分離後，Pはばねの自然長の位置から速さv_0で運動する。ばねの伸びの最大値をx_0とおくと力学的エネルギー保存則より

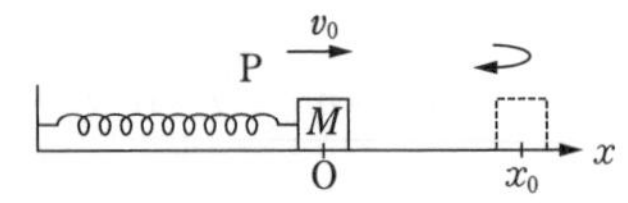

$$\frac{1}{2}Mv_0^2=\frac{1}{2}kx_0^2$$

①を使って　$x_0=v_0\sqrt{\frac{M}{k}}=d\sqrt{\frac{M}{M+m}}$

問3　求めるRSの長さを l とおく。区間RSを運動中，Qは進行方向とは逆向きに，大きさ μmg の動摩擦力を受ける。

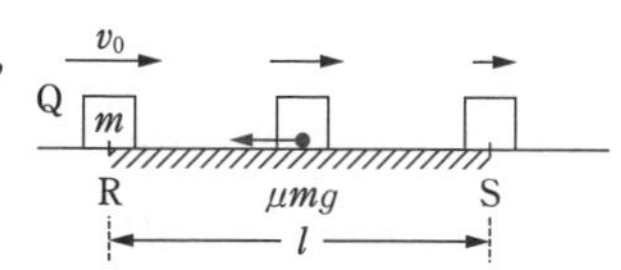

(力学的エネルギーの変化)=(非保存力の仕事の和)の関係を分離後からQが斜面上で一旦静止するまでの間に適用して

$$mgh-\frac{1}{2}mv_0^2=-\mu mg\cdot l \quad \cdots\cdots②$$

①を使って，$l=\frac{v_0^2}{2\mu g}-\frac{h}{\mu}=\frac{kd^2}{2\mu(M+m)g}-\frac{h}{\mu} \quad \cdots\cdots③$

Point　(力学的エネルギーの変化量)=(非保存力の仕事の和)

問4　Qは区間RSを2度目に通過して以後は一定の速さを保ってPに衝突する。求めるQの速さを v_1 とおくと，Qが斜面上で動き始めてから点Rを通過する間で，**問3**と同様に考えて

$$\frac{1}{2}mv_1^2-mgh=-\mu mg\cdot l \quad \cdots\cdots④$$

②と④で左辺どうしも等しくなるので①を使って

$$v_1=\sqrt{4gh-v_0^2}=\sqrt{4gh-\frac{kd^2}{M+m}}$$

12　**問1**　Mv_0　　**問2**　$-\frac{1}{2}Mv_0^2$　　**問3**　V_1-v_1

問4　$v_1=\frac{m-M}{m+M}v_0$，$V_1=\frac{2m}{m+M}v_0$　　**問5**　$\frac{2m}{m+M}l$　　**問6**　$v_2=v_0$，$V_2=0$

Point　(系の運動量の変化量)=(外力が及ぼした力積)

解説　**問1**　外力を瞬間的に加えて貨車を静止させたとき，貨車とおもりの間に水平方向の力は働かないので，おもりの速度は v_0 のままである(慣性の法則)。貨車に加えた撃力としての外力の力積(成分)を $F\Delta t$ とおくと貨車において運動量と力積の関係より

〈運動量と力積の関係〉
$m\vec{v}_{後}-m\vec{v}_{前}=\vec{F}\Delta t$

$$M\cdot 0-Mv_0=F\Delta t$$

ここで $v_0>0$ であるから求める力積の大きさは
$|F\Delta t|=Mv_0$ である。

問2　貨車が静止するまでの瞬間で，貨車に作用する力のうち仕事をする非保存力は外力のみである。この外力がする仕事をWとすると力学的エネルギーの変化は非保存力の仕事に等しいから

$$\frac{1}{2}M\cdot 0^2-\frac{1}{2}Mv_0{}^2=W \quad よって \quad W=-\frac{1}{2}Mv_0{}^2$$

問3　荷台はなめらかなのでおもりは静止していた貨車の右壁に速度 v_0 で反発係数1の弾性衝突をする。反発係数の式より

$$1=-\frac{v_1-V_1}{v_0-0} \quad であるから \quad v_0=V_1-v_1 \quad \cdots\cdots①$$

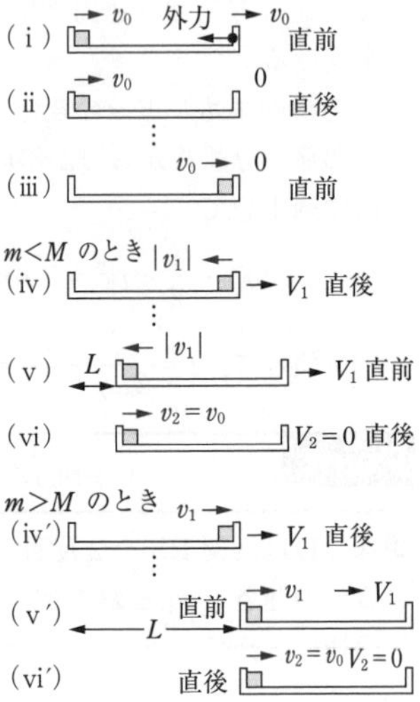

(i) v_0 外力 v_0 直前
(ii) v_0 0 直後
(iii) v_0 0 直前
$m<M$ のとき
(iv) $|v_1|$ V_1 直後
(v) L $|v_1|$ V_1 直前
(vi) $v_2=v_0$ $V_2=0$ 直後
$m>M$ のとき
(iv′) v_1 V_1 直後
(v′) L 直前 v_1 V_1
(vi′) 直後 $v_2=v_0$ $V_2=0$

Point 反発係数の式

$$e=-\frac{直後の相対速度成分}{直前の相対速度成分}$$

問4　衝突時には水平方向に外力は働いていないので，次の運動量保存則が成り立つ。

$$mv_0=mv_1+MV_1 \quad \cdots\cdots②$$

①，②より $v_1=\dfrac{m-M}{m+M}v_0$，$V_1=\dfrac{2m}{m+M}v_0$

問5　右壁での衝突から次の左壁での衝突まで水平方向の力は働かないので両者の速度は変わらない。①より相対速度は $v_1-V_1=-v_0$ となるから貨車から見るとおもりは左向きに速さ v_0 で運動する。この間の時間を t_1 とおくと $t_1=\dfrac{l}{v_0}$ となる。よって貨車が床上で動いた距離Lは

$$L=V_1t_1=\frac{2m}{m+M}l$$

問6　2回目の衝突での反発係数の式と運動量保存則より

$$1=-\frac{v_2-V_2}{v_1-V_1} \quad \cdots\cdots③$$

$$mv_1+MV_1=mv_2+MV_2 \quad \cdots\cdots④$$

①，③より $v_2-V_2=v_0$，②，④より $mv_2+MV_2=mv_0$
以上2式より，$v_2=v_0$，$V_2=0$

◀ mとMの大小にかかわらず2回目の衝突後両者はそれぞれ最初の速度に戻り，同じ衝突を繰り返す。

13　問1 $\dfrac{1}{\sqrt{2}}v_0t$　問2 $\dfrac{1}{\sqrt{2}}v_0-gt$　問3 0　問4 $\dfrac{1}{2}l$
問5 el　問6 $\dfrac{e^2}{2}l$　問7 $2e^2l$　問8 $\dfrac{1-e^2}{2}mv_0{}^2$　問9 $\dfrac{1}{2}$

解説 **問1**　右図のように座標を定める。時刻 $t=0$ での
ボールの初速度は

$$(v_0\cos 45°,\ v_0\sin 45°)=\left(\frac{1}{\sqrt{2}}v_0,\ \frac{1}{\sqrt{2}}v_0\right)$$

であり，その後壁に当たるまでボールの速度の水平方向成分は一定であるから，求める距離 x は

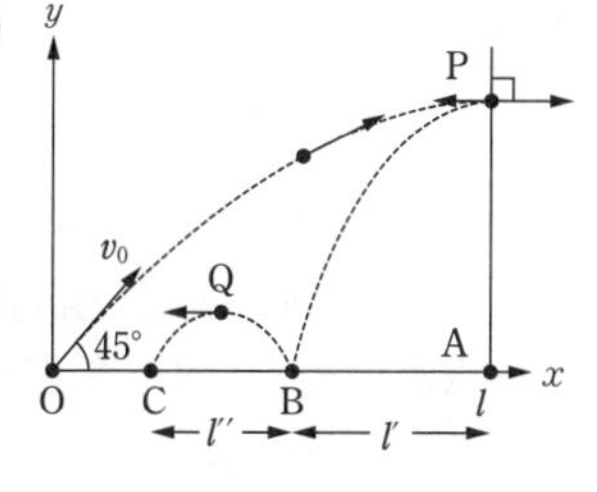

$$x=\frac{1}{\sqrt{2}}v_0t \quad \cdots\cdots①$$

問2　ボールの y 方向の加速度成分は $-g$ であるから求める速度成分 v_y は

$$v_y=\frac{1}{\sqrt{2}}v_0-gt \quad \cdots\cdots②$$

問3　壁と衝突するときボールの速度は壁に垂直であるから求める速度の鉛直方向成分は0である。

問4　$t=t_1$ でボールが壁に衝突するとすると**問3**と②より

$$0=\frac{1}{\sqrt{2}}v_0-gt_1 \quad よって \quad t_1=\frac{v_0}{\sqrt{2}g}$$

また $t=t_1$ のとき $x=l$ であるから①より

$$l=\frac{1}{\sqrt{2}}v_0t_1=\frac{1}{\sqrt{2}}v_0\cdot\frac{v_0}{\sqrt{2}g}=\frac{{v_0}^2}{2g}$$

ここで $v_0>0$ より，$v_0=\sqrt{2gl}$ ……③

点Pの y 座標を y_P とおくと壁に当たるまでの鉛直方向の等加速度運動に着目して

$$0^2-\left(\frac{1}{\sqrt{2}}v_0\right)^2=2(-g)y_P \quad よって \quad y_P=\frac{{v_0}^2}{4g}$$

ここで③より求める高さは，$y_P=\dfrac{2gl}{4g}=\dfrac{1}{2}l$ ……④

問5　壁との衝突直後のボールの速度成分は $\left(-\dfrac{e}{\sqrt{2}}v_0,\ 0\right)$
であり，その後速度の x 成分は変化しない。衝突から床に落下するまでの時間を t_2 とすると鉛直方向の等加速度運動を考えて

$$y_P=\frac{1}{2}g{t_2}^2 \quad これと④より \quad t_2=\sqrt{\frac{l}{g}} \quad \cdots\cdots⑤$$

であるから，求める点Aと点Bとの距離 l' は水平方向の等速度運動を考えて，③を使って

$$l'=\left|-\frac{e}{\sqrt{2}}v_0\right|\cdot t_2=\frac{e}{\sqrt{2}}\sqrt{2gl}\cdot\sqrt{\frac{l}{g}}=el$$

◀O→P→B でのボールの鉛直方向の運動は鉛直投げ上げ運動と同じであるから等加速度運動の対称性より $t_2=t_1$ であることを使ってもよい。

問6　床と衝突直前のボールの速度は③，⑤より

$$\left(-\frac{e}{\sqrt{2}}v_0,\ -gt_2\right)=(-e\sqrt{gl},\ -\sqrt{gl})$$

であり，衝突直後の速度は $(-e\sqrt{gl},\ e\sqrt{gl})$ である。点Qではボールの速度の鉛直成分が0になるから，点Qの y 座標を y_Q とおくと鉛直方向の等加速度運動を考えて

$$0^2-(e\sqrt{gl})^2=2(-g)y_Q$$

よって求める高さは，$y_Q=\dfrac{e^2}{2}l$

◀なめらかな面との衝突では面に平行方向の速度成分は変わらず，面に垂直方向の速度成分は $-e$ 倍になる。

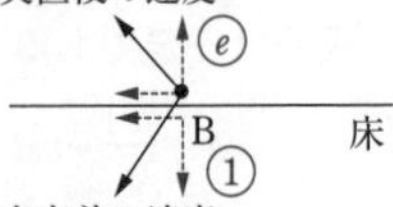

○は速度の鉛直方向成分の大きさの比を表す。

問7　ボールが点Bから点Cまで移動する時間を t_3 とおくと鉛直方向の等加速度運動を考えて

$$0=e\sqrt{gl}\,t_3-\frac{1}{2}gt_3^2 \quad ここで\ t_3\neq0\ より \quad t_3=2e\sqrt{\frac{l}{g}}$$

求める距離を l'' とおくと水平方向の等速度運動を考えて

$$l''=|-e\sqrt{gl}\,|t_3=2e^2l$$

参考　反発係数 $e\ (0<e\leqq1)$ のなめらかな水平面との衝突では軌道の形は次のようになる。

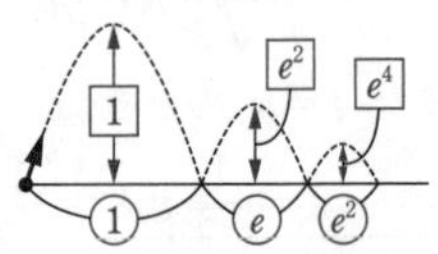

□，○は鉛直，水平方向それぞれの長さの比を表す。

問8　ボールの力学的エネルギーは点Bではね返った直後から点Cに落下する直前までは保存されるので，ボールが失った力学的エネルギー $\varDelta E$ は点Oから打ち出されたときと点Bではね返った直後の運動エネルギーの差に等しい。ここで**問4**での式 $l=\dfrac{v_0^2}{2g}$ も使って

$$\varDelta E=\frac{1}{2}mv_0^2-\frac{1}{2}m\{(-e\sqrt{gl})^2+(-e\sqrt{gl})^2\}=\frac{1}{2}mv_0^2-e^2mgl$$

$$=\frac{1}{2}mv_0^2-e^2mg\cdot\frac{v_0^2}{2g}=\frac{1-e^2}{2}mv_0^2$$

問9　$l=l'+l''$ となるので**問5**と**問7**の結果より，$l=el+2e^2l$ で，$l\neq0$ だから

$$2e^2+e-1=0 \quad つまり \quad (2e-1)(e+1)=0$$

ここで $0<e\leqq1$ であるから，$e=\dfrac{1}{2}$

14　**問1**　運動量保存の式：$m_Av_A+m_Bv_B=(m_A+m_B)V$

力学的エネルギー保存の式：$\dfrac{1}{2}m_Av_A^2+\dfrac{1}{2}m_Bv_B^2=\dfrac{1}{2}(m_A+m_B)V^2+\dfrac{1}{2}kl^2$

問2　$(v_B-v_A)\sqrt{\dfrac{m_Am_B}{k(m_A+m_B)}}$　　**問3**　(1)　$\dfrac{v_B}{v_A}\left(1-\dfrac{m_B}{m_A}\right)=2$　　(2)　$m_A>m_B$

Point　なめらかな平面上で，互いに力を及ぼしあう2物体の運動量の和は保存される。

解説 **問1**　水平方向に外力は作用していないので，台車A，Bの運動量の和が保存される。水平右向きを正方向にとって，運動量保存則

$$m_{\mathrm{A}}v_{\mathrm{A}}+m_{\mathrm{B}}v_{\mathrm{B}}=(m_{\mathrm{A}}+m_{\mathrm{B}})V \quad \cdots\cdots①$$

が成り立つ。また，2台の台車に働く非保存力は平面から受ける垂直抗力のみであり，この力は物体に対して仕事をしないので，力学的エネルギーが保存される。よって，

$$\frac{1}{2}m_{\mathrm{A}}v_{\mathrm{A}}{}^2+\frac{1}{2}m_{\mathrm{B}}v_{\mathrm{B}}{}^2+\frac{1}{2}k\cdot 0^2$$
$$=\frac{1}{2}m_{\mathrm{A}}V^2+\frac{1}{2}m_{\mathrm{B}}V^2+\frac{1}{2}k\cdot l^2$$

〔接触時〕

〔ばねの縮みが最大時〕

〔分離時〕

なお，分離後，軽いばねは自然長を保ったまま振動しなくなる。

すなわち，$\frac{1}{2}m_{\mathrm{A}}v_{\mathrm{A}}{}^2+\frac{1}{2}m_{\mathrm{B}}v_{\mathrm{B}}{}^2=\frac{1}{2}(m_{\mathrm{A}}+m_{\mathrm{B}})V^2+\frac{1}{2}kl^2$　……②

問2　①より，$V=\dfrac{m_{\mathrm{A}}v_{\mathrm{A}}+m_{\mathrm{B}}v_{\mathrm{B}}}{m_{\mathrm{A}}+m_{\mathrm{B}}}$　……①′

②より，$kl^2=m_{\mathrm{A}}v_{\mathrm{A}}{}^2+m_{\mathrm{B}}v_{\mathrm{B}}{}^2-(m_{\mathrm{A}}+m_{\mathrm{B}})V^2$　……②′

①′を②′に代入して，

$$kl^2=m_{\mathrm{A}}v_{\mathrm{A}}{}^2+m_{\mathrm{B}}v_{\mathrm{B}}{}^2-(m_{\mathrm{A}}+m_{\mathrm{B}})\left(\frac{m_{\mathrm{A}}v_{\mathrm{A}}+m_{\mathrm{B}}v_{\mathrm{B}}}{m_{\mathrm{A}}+m_{\mathrm{B}}}\right)^2=\frac{m_{\mathrm{A}}m_{\mathrm{B}}(v_{\mathrm{A}}-v_{\mathrm{B}})^2}{m_{\mathrm{A}}+m_{\mathrm{B}}}$$

ここで $v_{\mathrm{B}}>v_{\mathrm{A}}$ であるから，$l=(v_{\mathrm{B}}-v_{\mathrm{A}})\sqrt{\dfrac{m_{\mathrm{A}}m_{\mathrm{B}}}{k(m_{\mathrm{A}}+m_{\mathrm{B}})}}$

問3　(1)　台車Bがばねから離れて静止するときの台車Aの速度を v_{A}' とする。運動量保存則より，

$$m_{\mathrm{A}}v_{\mathrm{A}}+m_{\mathrm{B}}v_{\mathrm{B}}=m_{\mathrm{A}}v_{\mathrm{A}}' \quad \cdots\cdots③$$

また力学的エネルギー保存則より，

$$\frac{1}{2}m_{\mathrm{A}}v_{\mathrm{A}}{}^2+\frac{1}{2}m_{\mathrm{B}}v_{\mathrm{B}}{}^2=\frac{1}{2}m_{\mathrm{A}}v_{\mathrm{A}}'^2 \quad \cdots\cdots④$$

③より，$m_{\mathrm{B}}v_{\mathrm{B}}=m_{\mathrm{A}}(v_{\mathrm{A}}'-v_{\mathrm{A}})$　……③′

④より，$m_{\mathrm{B}}v_{\mathrm{B}}{}^2=m_{\mathrm{A}}(v_{\mathrm{A}}'^2-v_{\mathrm{A}}{}^2)$　……④′

$v_{\mathrm{B}}\neq 0$ より ④′÷③′ を計算して，$v_{\mathrm{B}}=v_{\mathrm{A}}'+v_{\mathrm{A}}$　……⑤

③と⑤で v_{A}' を消去して

$$m_{\mathrm{A}}v_{\mathrm{A}}+m_{\mathrm{B}}v_{\mathrm{B}}=m_{\mathrm{A}}(v_{\mathrm{B}}-v_{\mathrm{A}})$$
$$2m_{\mathrm{A}}v_{\mathrm{A}}=(m_{\mathrm{A}}-m_{\mathrm{B}})v_{\mathrm{B}}$$

この両辺を $m_{\mathrm{A}}v_{\mathrm{A}}$ で割って，$2=\left(1-\dfrac{m_{\mathrm{B}}}{m_{\mathrm{A}}}\right)\dfrac{v_{\mathrm{B}}}{v_{\mathrm{A}}}$　……⑥

(2)　$v_{\mathrm{B}}>v_{\mathrm{A}}>0$ より，$\dfrac{v_{\mathrm{B}}}{v_{\mathrm{A}}}>0$

これと⑥より，$1-\dfrac{m_{\mathrm{B}}}{m_{\mathrm{A}}}>0$　　よって　$m_{\mathrm{A}}>m_{\mathrm{B}}$

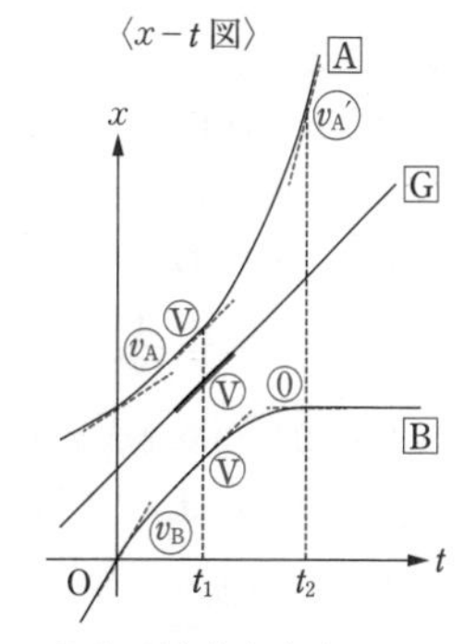

○内は速度を表す。
$t=0$ で接触，$t=t_1$ でばねは最短，$t=t_2$ で再び分離。どの時刻でも，重心をGとして AG：GB$=m_{\mathrm{B}}:m_{\mathrm{A}}$（質量の逆比）となっている。

15 **問1** (1) 運動エネルギー：$\frac{1}{2}(M+m)V^2$，運動量：$(M+m)V$

(2) $V=\frac{m}{M+m}v_0$，$h=\frac{Mv_0{}^2}{2(M+m)g}$ (3) Aの速さ：$\frac{2m}{M+m}v_0$，向き：水平右向き，

Bの速さ：$\frac{M-m}{M+m}v_0$，向き：水平左向き

問2 (4) $Ma_A=N\sin\theta$　(5) $ma_B=mg\sin\theta+ma_A\cos\theta$

(6) $N+ma_A\sin\theta=mg\cos\theta$　(7) $\frac{(M+m)\sin\theta}{M+m\sin^2\theta}g$

解説 **問1** (1) 小物体Bが斜面の最高点に達した瞬間には物体A，Bは床に対して同じ水平右向きの速度 V を持つので，求める物体系の運動エネルギーは，

$\frac{1}{2}(M+m)V^2$

また，水平右向きの物体系の運動量は，$(M+m)V$

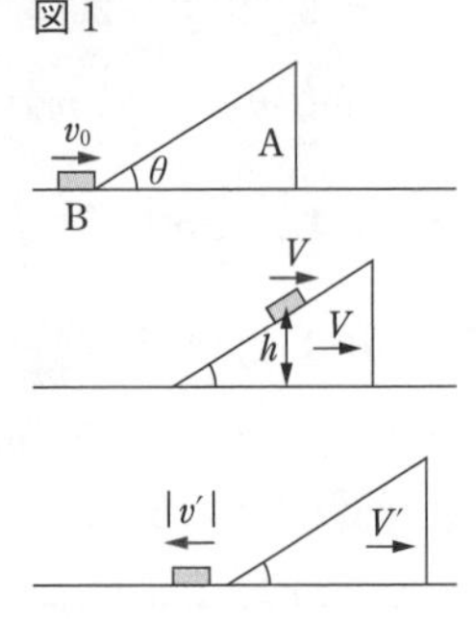

(2) 重力の位置エネルギーの基準を床にとると，物体Aの重心の高さは変わらないから，物体系の力学的エネルギー保存の法則より

$$\frac{1}{2}mv_0{}^2=\frac{1}{2}(M+m)V^2+mgh \quad \cdots\cdots①$$

また，水平方向には外力が作用しないから，水平方向の運動量保存の法則より

$$mv_0=(M+m)V \quad よって \quad V=\frac{m}{M+m}v_0$$

これを①に代入して，$\frac{1}{2}mv_0{}^2\left(1-\frac{m}{M+m}\right)=mgh$　よって　$h=\frac{Mv_0{}^2}{2(M+m)g}$

(3) AとBが分離した後の水平右向きの速度成分をそれぞれ V'，v' とおくと，運動量保存の法則より

$$mv_0=MV'+mv' \quad \cdots\cdots②$$

また，力学的エネルギー保存の法則より

$$\frac{1}{2}mv_0{}^2=\frac{1}{2}MV'^2+\frac{1}{2}mv'^2 \quad \cdots\cdots③$$

この②と③×$2m$ から mv' を消去して，$MV'\{(M+m)V'-2mv_0\}=0$

BがAの上を運動する間AはBから水平右向きの力積を受け続けているから $V'>0$ である。よって　$V'=\frac{2m}{M+m}v_0$ であり，このとき②より，$v'=\frac{m-M}{M+m}v_0$，$m<M$ であるから $v'<0$ となる。よって求めるAの速さは $\frac{2m}{M+m}v_0$，向きは水平右向き。Bの速さは $\frac{M-m}{M+m}v_0$，向きは水平左向き（図1参照）。

なお，この V'，v' はAとBが弾性衝突したときの結果と一致する。

問2 (4) 図2を参照してAの水平右向きの運動方程式は

$$Ma_{\mathrm{A}}=N\sin\theta \quad \cdots\cdots⑤$$

(5) Aから見てBには水平左向きに大きさ ma_{A} の慣性力が働くと考えればよい。図3を参照してBの斜面下向き方向の運動方程式は

$$ma_{\mathrm{B}}=ma_{\mathrm{A}}\cos\theta+mg\sin\theta \quad \cdots\cdots⑥$$

(6) Bの斜面垂直方向の力のつりあいの式は，図3より

$$N+ma_{\mathrm{A}}\sin\theta=mg\cos\theta \quad \cdots\cdots⑦$$

(7) ⑤と⑦から N を消去して，$a_{\mathrm{A}}=\dfrac{mg\sin\theta\cos\theta}{M+m\sin^2\theta}$

これを⑥に代入して，$a_{\mathrm{B}}=\dfrac{(M+m)\sin\theta}{M+m\sin^2\theta}g$

図2 床から見たAの運動

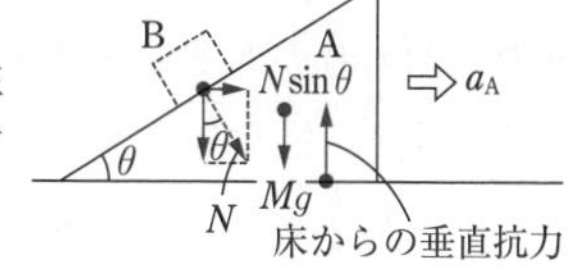

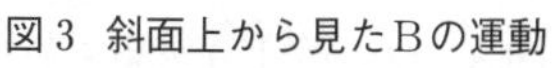

図3 斜面上から見たBの運動

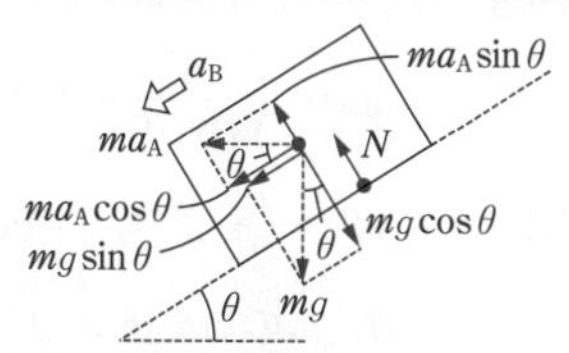

5 円運動

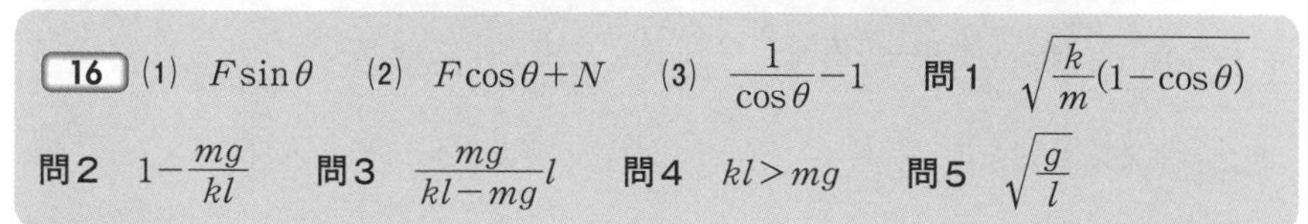

16 (1) $F\sin\theta$ (2) $F\cos\theta+N$ (3) $\dfrac{1}{\cos\theta}-1$ **問1** $\sqrt{\dfrac{k}{m}(1-\cos\theta)}$

問2 $1-\dfrac{mg}{kl}$ **問3** $\dfrac{mg}{kl-mg}l$ **問4** $kl>mg$ **問5** $\sqrt{\dfrac{g}{l}}$

Point 等速円運動

1. 回転面に垂直な方向の力のつりあいの式を立てる
2. 向心方向の運動方程式を立てる
   物体と一緒に回転する観測者から見る場合は遠心力を取り入れて，適当な2方向で力のつりあいの式を立てる

解説 おもりは半径 $l\tan\theta$ の等速円運動をしている。右図よりおもりと一緒に回転する観測者から見た，おもりに働く力のつりあいの式は

水平方向：$\underline{F\sin\theta}_{(1)}=ml\tan\theta\cdot\omega^2 \quad \cdots\cdots①$

鉛直方向：$\underline{F\cos\theta+N}_{(2)}=mg \quad \cdots\cdots②$

また，このときのばねの伸び Δl は

$$\Delta l=\frac{l}{\cos\theta}-l=l\times\underline{\left(\frac{1}{\cos\theta}-1\right)}_{(3)} \quad \cdots\cdots③$$

問1 $F=k\Delta l$ より①，③から

$$kl\left(\frac{1}{\cos\theta}-1\right)\sin\theta=ml\tan\theta\cdot\omega^2$$

ここで $\omega>0$ であるから

〈遠心力の大きさ〉

$$f=m\frac{v^2}{r}=mr\omega^2$$

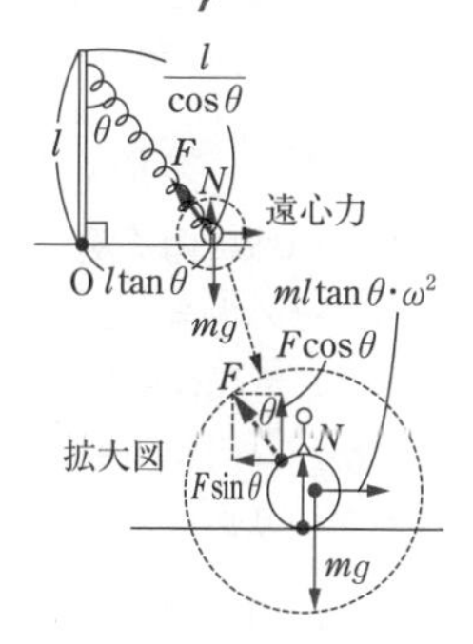

$$\omega=\sqrt{\frac{k}{m}(1-\cos\theta)}\quad\cdots\cdots④$$

問2　おもりがちょうど浮き上がるとき $\theta=\theta_0$, $N=0$ と考えて②, ③を使って

$$k\Delta l\cdot\cos\theta_0+0=kl\left(\frac{1}{\cos\theta_0}-1\right)\cos\theta_0=mg$$

よって　$\cos\theta_0=1-\dfrac{mg}{kl}$　……⑤

問3　③, ⑤より求める伸び Δl_0 は,

$$\Delta l_0=l\left(\frac{1}{\cos\theta_0}-1\right)=\frac{mg}{kl-mg}l\quad\cdots\cdots⑥$$

〈円錐振り子〉

固定点　L　h　ω

角速度　$\omega=\sqrt{\dfrac{g}{h}}$

周期　$T=\dfrac{2\pi}{\omega}=2\pi\sqrt{\dfrac{h}{g}}$

問4　$0<\theta_0<\dfrac{\pi}{2}$ より $0<\cos\theta_0<1$。⑤より, $0<\dfrac{mg}{kl}<1$　よって求める条件式は, $kl>mg$（このとき⑥より $\Delta l_0>0$ も満たされている。）

問5　④で $\theta=\theta_0$ として⑤を代入して求める角速度 ω_0 は, $\omega_0=\sqrt{\dfrac{k}{m}(1-\cos\theta_0)}=\sqrt{\dfrac{g}{l}}$

なお, この結果は円錐振り子の角速度と一致している。

17　**問1**　周期：$\dfrac{2\pi h\tan\theta}{v}$〔s〕, 角速度：$\dfrac{v}{h\tan\theta}$〔rad/s〕

問2　加速度の大きさ：$\dfrac{v^2}{h\tan\theta}$〔m/s²〕, 向心力の大きさ：$N\cos\theta$〔N〕

問3　$N=\dfrac{mg}{\sin\theta}$〔N〕, $v=\sqrt{gh}$〔m/s〕　**問4**　$\dfrac{h}{\cos^2\theta}$〔m〕

解説　**問1**　小球の円運動の半径を r とすると, 右の図1より $r=h\tan\theta$　……①　であるから, 求める円運動の周期 T は, $T=\dfrac{2\pi r}{v}=\dfrac{2\pi h\tan\theta}{v}$〔s〕

また, 角速度を ω とおくと, $\omega=\dfrac{v}{r}=\dfrac{v}{h\tan\theta}$〔rad/s〕

〈等速円運動の公式〉

$v=r\omega\ \left(\omega=\dfrac{v}{r}\right)$

$m\dfrac{v^2}{r}=F\ (mr\omega^2=F)$

$T=\dfrac{2\pi r}{v}\ \left(T=\dfrac{2\pi}{\omega}\right)$

問2　小球は半径 r, 速さ v の等速円運動をしているので, その向心加速度の大きさ a は①より

$$a=\frac{v^2}{r}=\frac{v^2}{h\tan\theta}\text{〔m/s}^2\text{〕}$$

また, 小球に働く重力と垂直抗力の合力が向心力であるから, その大きさ F は右の図1より,

$$F=N\cos\theta\text{〔N〕}\quad\cdots\cdots②$$

問3　小球は円軌道面に拘束されているので, 鉛直方向には力がつりあっているから, 右の図1より

$$N\sin\theta=mg\quad よって\quad N=\frac{mg}{\sin\theta}\text{〔N〕}\quad\cdots\cdots③$$

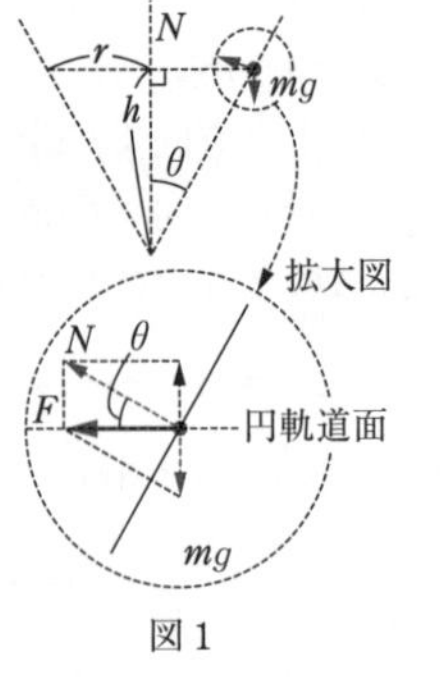

図1

また向心方向の運動方程式は，$m\dfrac{v^2}{r}=F$

①，②，③より，$m\dfrac{v^2}{h\tan\theta}=\dfrac{mg}{\sin\theta}\cdot\cos\theta$ ……Ⓐ

よって，$v=\sqrt{gh}$〔m/s〕 ……④

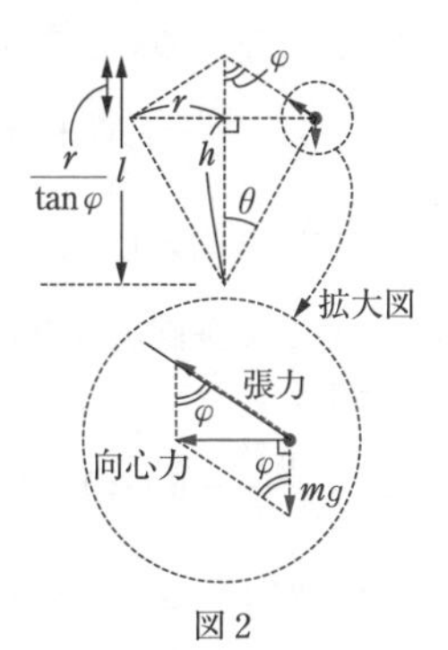

図2

問4 ひもと鉛直線とのなす角をφとおく。小球に働く重力と張力の合力が向心力となって，小球は半径r，速さvの等速円運動をしている。右の図2より向心力の大きさは$mg\tan\varphi$であるから，向心方向の運動方程式は

$$m\frac{v^2}{r}=mg\tan\varphi \quad \cdots\cdots Ⓑ$$

よって④より，$\tan\varphi=\dfrac{v^2}{gr}=\dfrac{h}{r}$

◀①より $\tan\varphi=\dfrac{1}{\tan\theta}$ $\left(\varphi=\dfrac{\pi}{2}-\theta\right)$ の関係があり，ⒶとⒷは，実は同一の式であることがわかる。

求める高さlは図2を参照して①より

$$l=h+\frac{r}{\tan\varphi}=h+\frac{r^2}{h}=h(1+\tan^2\theta)=\frac{h}{\cos^2\theta}\text{〔m〕}$$

18 **問1** $\sqrt{2gh}$ **問2** $\dfrac{m_\mathrm{p}}{m_\mathrm{q}}v_\mathrm{pB}$

問3 $v_\mathrm{qD}=\sqrt{{v_\mathrm{qC}}^2-4gr}$，$N_\mathrm{D}=m_\mathrm{q}\left(\dfrac{{v_\mathrm{qC}}^2}{r}-5g\right)$ **問4** $h\geqq\dfrac{5}{2}\left(\dfrac{m_\mathrm{q}}{m_\mathrm{p}}\right)^2 r$

解説 以下の運動は全て同一鉛直面内で起こると考える。

問1 点Aから点Bへの運動において，力学的エネルギーが保存されるので，BCを含む水平面を重力の位置エネルギーの基準にとって

$$m_\mathrm{p}gh=\frac{1}{2}m_\mathrm{p}{v_\mathrm{pB}}^2 \quad よって \quad v_\mathrm{pB}=\sqrt{2gh}$$

問2 衝突後，点Bから点Cへの運動で小球qは速度を変えない。また，衝突の直前直後で運動量保存則が成り立つ。水平右向きを正方向にとって

$$m_\mathrm{p}v_\mathrm{pB}+m_\mathrm{q}\cdot 0=m_\mathrm{p}\cdot 0+m_\mathrm{q}v_\mathrm{qC}$$

よって　$v_\mathrm{qC}=\dfrac{m_\mathrm{p}}{m_\mathrm{q}}v_\mathrm{pB}$

参考 この衝突における反発係数eは以下のとおり。

$$e=-\frac{0-v_\mathrm{qC}}{v_\mathrm{pB}-0}=\frac{m_\mathrm{p}}{m_\mathrm{q}}$$

問3 点Cから点Dへの運動において，力学的エネルギー保存則が成り立つから

$$\frac{1}{2}m_\mathrm{q}{v_\mathrm{qC}}^2=\frac{1}{2}m_\mathrm{q}{v_\mathrm{qD}}^2+m_\mathrm{q}g\cdot 2r$$

よって　$v_\mathrm{qD}=\sqrt{{v_\mathrm{qC}}^2-4gr}$ ……①

Point 鉛直面内の円軌道を周回するための最下点での速さv_0の条件

①半拘束型

糸　　円筒面の内側

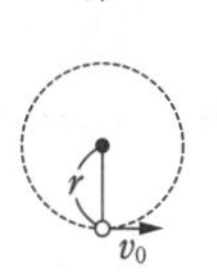

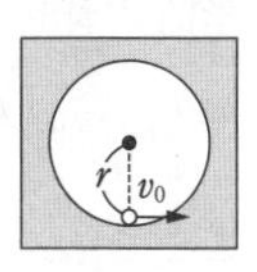

最高点で糸の張力の大きさ（もしくは垂直抗力の大きさ）が0以上という条件から，$v_0\geqq\sqrt{5gr}$

②拘束型

棒　　リング

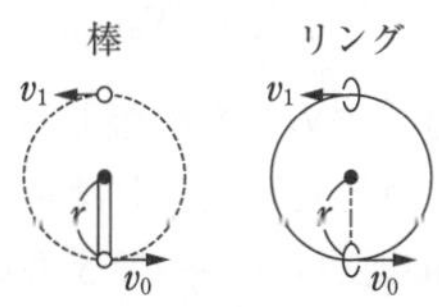

最高点で運動エネルギーが0より大きいという条件から

$$\frac{1}{2}m{v_1}^2=\frac{1}{2}m{v_0}^2-mg\cdot 2r>0$$

よって，$v_0>2\sqrt{gr}$

また，点Dでの向心方向の運動方程式より

$$m_q\frac{v_{qD}{}^2}{r}=N_D+m_qg$$

これに①を代入して，$N_D=m_q\left(\frac{v_{qC}{}^2}{r}-5g\right)$ ……②

問4　点Dで垂直抗力の大きさが0以上であればよいから②より

$$\frac{v_{qC}{}^2}{r}-5g\geqq 0 \quad よって \quad v_{qC}\geqq\sqrt{5gr}$$

これに**問1**，**2**の結果を代入して，$\frac{m_p}{m_q}\sqrt{2gh}\geqq\sqrt{5gr}$

よって求める条件は，$h\geqq\frac{5}{2}\left(\frac{m_q}{m_p}\right)^2r\ \left(=\frac{5}{2e^2}r\right)$

◀物体が円筒面を上昇するにしたがって垂直抗力の大きさNは単調に減少していく。よって点DでN_Dが0になったとしてもそれより手前では$N>0$となり，面から離れることなく点Dに達する。

19　**問1**　$\frac{\sqrt{7gL}}{2}$　**問2**　$\frac{11}{4}mg$　**問3**　$\frac{9}{2}mg$　**問4**　$\sqrt{gL\left(\frac{3}{4}+\cos\theta\right)}$

問5　$3mg\left(\frac{1}{2}+\cos\theta\right)$　**問6**　120°　**問7**　$\frac{\sqrt{gL}}{2}$　**問8**　0

Point　鉛直面内の非等速円運動
1. 向心方向の運動方程式を立てる
2. 力学的エネルギー保存則の式を立てる

解説　**問1**　求める速さをv_0とおく。糸の張力はPの速度と常に垂直方向に働くから仕事をしていない。よって，点Rを含む水平面を位置エネルギーの基準として次の力学的エネルギー保存則が成り立つ。

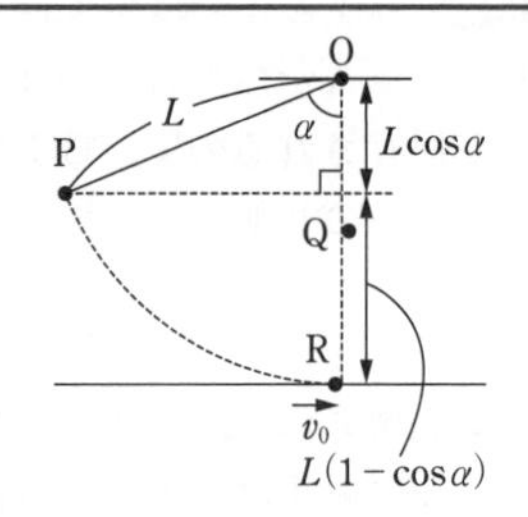

$$mgL(1-\cos\alpha)=\frac{1}{2}mv_0{}^2$$

ここで $\cos\alpha=\frac{1}{8}$ を使って，$v_0=\frac{\sqrt{7gL}}{2}$ ……①

問2　求める糸の張力の大きさをS_0とおくと，糸がくぎに触れる直前は半径Lの円運動よりPの向心方向の運動方程式から

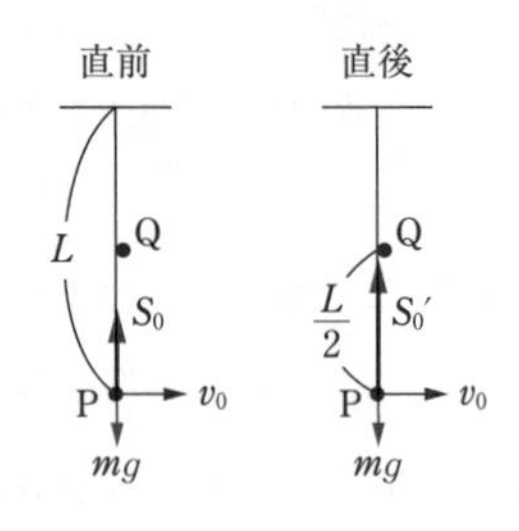

$$m\frac{v_0{}^2}{L}=S_0-mg \quad ①を代入して \quad S_0=\frac{11}{4}mg$$

問3　求める糸の張力の大きさをS_0'とおくと，糸がくぎに触れた瞬間，Pは糸から水平方向に撃力的な張力の力積を受けないので運動量が保存する。よってPの速さは変わらずv_0である。糸がくぎに触れた直後は半径$\frac{L}{2}$の円運動より，Pの向心方向の運動方程式より

$$m\frac{v_0{}^2}{\frac{L}{2}}=S_0'-mg$$ ①を代入して $S_0'=\frac{9}{2}mg$

問4 求める速さを v_θ とおく。**問1**と同様に考えて力学的エネルギー保存則より

$$\frac{1}{2}mv_0{}^2=\frac{1}{2}mv_\theta{}^2+mg\cdot\frac{L}{2}(1-\cos\theta) \quad \cdots\cdots Ⓐ$$

$v_\theta>0$ より，$v_\theta=\sqrt{gL\left(\frac{3}{4}+\cos\theta\right)}$ ……②

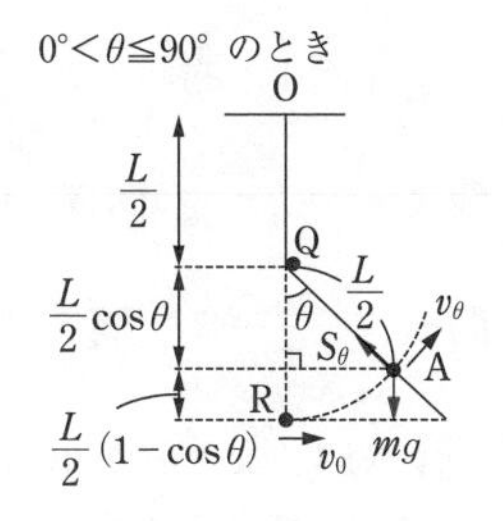

問5 求める糸の張力の大きさを S_θ とおく。Pの向心方向の運動方程式より

$$m\frac{v_\theta{}^2}{\frac{L}{2}}=S_\theta-mg\cos\theta \quad \cdots\cdots Ⓑ$$

よって，$S_\theta=3mg\left(\frac{1}{2}+\cos\theta\right)$ ……③

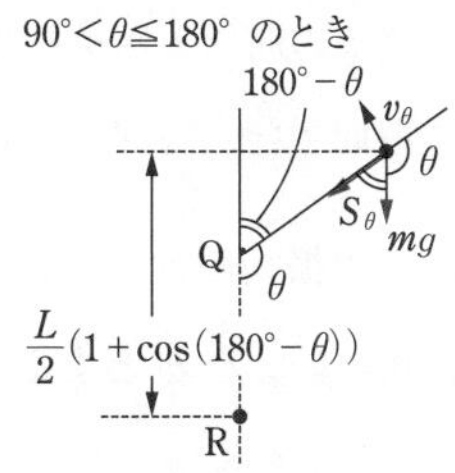

以上の図より $0°\leqq\theta\leqq180°$ で円運動するときⒶ，Ⓑが成り立つことがわかる。

問6 ③で $S_\theta=0$ のとき $\cos\theta=-\frac{1}{2}$

$0\leqq\theta\leqq180°$ より，$\theta=120°$

問7 ②で $\cos\theta=-\frac{1}{2}$ として，$v_\theta=\frac{\sqrt{gL}}{2}$

問8 糸がたるみ始めた時刻を0とする。このときPの座標は右図より

$$\left(\frac{L}{2}\sin60°,\ \frac{L}{2}(1+\cos60°)\right)=\left(\frac{\sqrt{3}}{4}L,\ \frac{3}{4}L\right)$$

またこのときの速度成分は

$$\left(-\frac{\sqrt{gL}}{2}\cos60°,\ \frac{\sqrt{gL}}{2}\sin60°\right)=\left(-\frac{\sqrt{gL}}{4},\ \frac{\sqrt{3gL}}{4}\right)$$

であるので時刻 t でのPの座標 $(x,\ y)$ は

$$x=\frac{\sqrt{3}}{4}L-\frac{\sqrt{gL}}{4}t \quad \cdots\cdots ④$$

$$y=\frac{3}{4}L+\frac{\sqrt{3gL}}{4}t-\frac{1}{2}gt^2 \quad \cdots\cdots ⑤$$

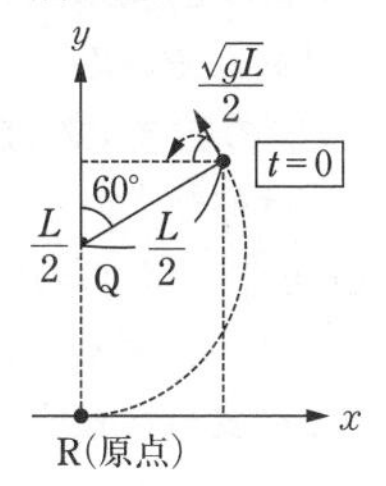

Pが y 軸上に達したとき④で $x=0$ として，$t=\sqrt{\frac{3L}{g}}$

これを⑤に代入して求める y 座標は，$y=0$

6 単振動

20 **問1**　振幅：x_0，周期：$\dfrac{t}{n}$，振動数：$\dfrac{n}{t}$，角振動数：$\dfrac{2\pi n}{t}$

問2　$-2kx$　**問3**　$ma=-2kx$　**問4**　$\dfrac{2\pi^2 n^2 m}{t^2}$　**問5**　$x=0$

問6　$\dfrac{2\pi n x_0}{t}$　**問7**　$\dfrac{gt^2}{4\pi^2 n^2}$　**問8**　$\dfrac{t}{n}$　**問9**　7倍

解説 **問1**　$x=0$ が単振動の中心で，$x=x_0\,(>0)$ が単振動の端であるから，振幅Aは $A=|x_0-0|=x_0$ である。時間 t の間にn回単振動したから1回振動する時間である周期Tは $T=\dfrac{t}{n}$ である。また振動数fは単位時間当たりの振動回数のことであるから $f=\dfrac{n}{t}\left(=\dfrac{1}{T}\right)$。さらに角振動数を ω とすると

$$\omega T=2\pi \quad より \quad \omega=\frac{2\pi}{T}=2\pi f=\frac{2\pi n}{t}$$

〈単振動の公式〉

$$ma=-k(x-x_0)$$

$$\omega=\sqrt{\frac{k}{m}}$$

$$T=\frac{2\pi}{\omega}=2\pi\sqrt{\frac{m}{k}}$$

$$\frac{1}{2}mv^2+\frac{1}{2}k(x-x_0)^2=一定$$

問2　復元力Fの正方向もx軸正方向と考える。

(i)　$x>0$ のとき，左のばねがxだけ伸び，右のばねがxだけ縮んでいる。

(ii)　$x<0$ のとき左のばねが $-x$ だけ縮み，右のばねが $-x$ だけ伸びている。

よって(i)，(ii)どちらの場合も ($x=0$ も含めて)

$$F=-kx-kx=-2kx$$

なお，この式はばね定数$2k$の1個のばねが取り付けられているときの復元力と同じである。

(i) $x>0$ のとき

(ii) $x<0$ のとき

問3　物体には水平方向に復元力F(2つのばねの弾性力)のみ作用するから，物体の水平右向きの運動方程式は

$$ma=-2kx \quad \cdots\cdots①$$

問4　①より単振動の周期の公式から

$$T=2\pi\sqrt{\frac{m}{2k}}=\frac{t}{n} \quad よって \quad k=\frac{2\pi^2 n^2 m}{t^2} \quad \cdots\cdots②$$

問5　①より最初 $x>0$ のとき復元力は左向きで，物体は左向きに加速されるが，$x<0$ になると復元力は右向きに変わり，物体は減速し始める。よって物体の速さが最大となるのは $x=0$ (振動の中心) である。

Point　単振動においては，中心 ($x=0$) で $|v|=\omega A$ (最大)，$a=0$ となり，端点 ($x=\pm A$) で $v=0$，$|a|=\omega^2 A$ (最大) となる。

問6　単振動における速さの最大値 $v_{\max}$ は $v_{\max}=\omega A$ より**問1**の結果から

$$v_{\max}=\frac{2\pi n}{t}\cdot x_0=\frac{2\pi n x_0}{t}$$

問7　上のばねの伸びと下のばねの縮みが x' より，物体の鉛直方向の力のつりあいの式は

$$mg-2kx'=0\quad \text{よって②より，}\ x'=\frac{mg}{2k}=\frac{gt^2}{4\pi^2n^2}$$

問8　右図で単振動中の(i)，(ii)，(iii)のいずれの場合も復元力は**問2**の F と同じ形になるのが確かめられるので，物体の鉛直方向の運動方程式は

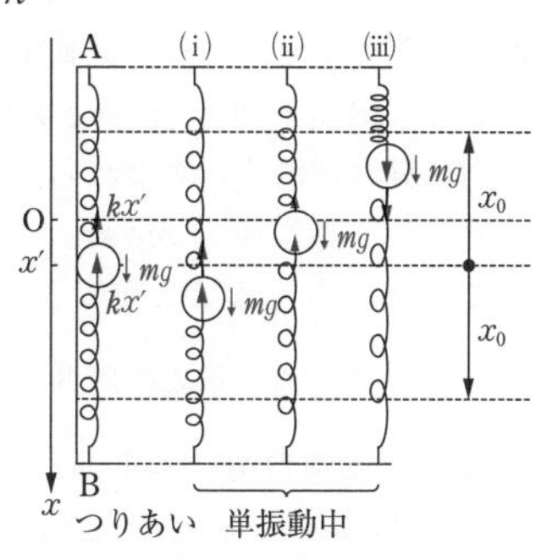

$$ma=mg-2kx=-2k\left(x-\frac{mg}{2k}\right)$$
$$=-2k(x-x')$$

よって求める周期 T' は

$$T'=2\pi\sqrt{\frac{m}{2k}}=T=\frac{t}{n}$$

問9　物体の鉛直方向の運動方程式は

$$ma=mg-kx-k'x=-(k+k')\left(x-\frac{mg}{k+k'}\right)$$

◀どちらのばねを交換しても運動方程式は変わらない。

◀重力のような一定の力は単振動の周期に影響を与えない。

よってこのときの単振動の周期 T'' は，$T''=2\pi\sqrt{\dfrac{m}{k+k'}}$

ここで $T''=\dfrac{1}{2}T'$ より

$$2\pi\sqrt{\frac{m}{k+k'}}=\frac{1}{2}\cdot 2\pi\sqrt{\frac{m}{2k}}\quad \text{これより}\quad k'=7k$$

21　**問1**　$2\pi\sqrt{\dfrac{l}{g}}$　**問2**　$2\pi\sqrt{\dfrac{l}{g\sin\varphi}}$　**問3**　$2l\sqrt{1-\cos\theta_0}$

解説　**問1**　微小角振動の単振り子の周期の公式より，

$$T=2\pi\sqrt{\frac{l}{g}}$$

〈微小角振動の単振り子の周期の公式〉

$$T=2\pi\sqrt{\frac{l}{g}}$$

補足　重力加速度の大きさが g の鉛直面内で振動する単振り子を考える（糸の長さ l，おもりPの質量を m）。右図のように円弧に沿って x 座標をとり，最下点Oをその原点とする。θ の正方向は反時計回り方向にとる。加速度の接線方向成分を a とおくとPの接線方向の運動方程式は
$\theta=-\theta_0$ で手を放したとして

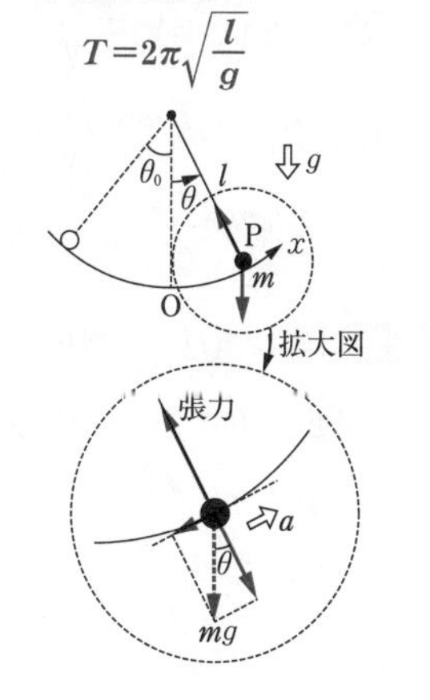

$$ma=-mg\sin\theta\quad (\text{ただし}\ -\theta_0\leqq\theta\leqq\theta_0)\ \cdots\cdots①$$

ここで θ_0 が微小角とすると θ も微小角で次ページの右図より $\sin\theta=\dfrac{h}{l}\fallingdotseq\dfrac{x}{l}\,(=\theta)$ と近似できるから

$$ma \fallingdotseq -mg\frac{x}{l} = -\left(\frac{mg}{l}\right)x \quad (=-kx \text{ とおく})$$

これは，おもりが単振動に近似できることを示している。

〈近似のための図〉

この単振動の周期Tは

$$T = 2\pi\sqrt{\frac{m}{k}} = 2\pi\sqrt{\frac{l}{g}} \quad \cdots\cdots②$$

となり，mやθ_0によらないことがわかる。

問2　斜面上でおもりが運動するとき，その位置と速度によらず斜面下向き（a→c 方向）に大きさ$mg\sin\varphi$の重力の分力が働く。すなわち，この斜面を鉛直面と見なすとき，一様な重力$mg\sin\varphi$が①のmgのかわりに働いていると考えることができる。よって②でgを$g\sin\varphi$に置き換えて，求める周期T'は，$T' = 2\pi\sqrt{\dfrac{l}{g\sin\varphi}}$

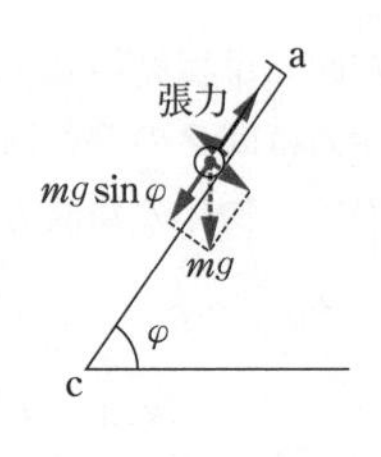

問3　単振動の中心bを通過するときのおもりの速さをv_0とおく。斜面上の運動は重力加速度の大きさが$g\sin\varphi$の鉛直面内の運動と同じと見なせるので，右図のようにcを原点としてx軸とy軸をとると，おもりがbからdへ運動する時間をtとして糸を切断した直後からのおもりのx方向とy方向の運動を考えて

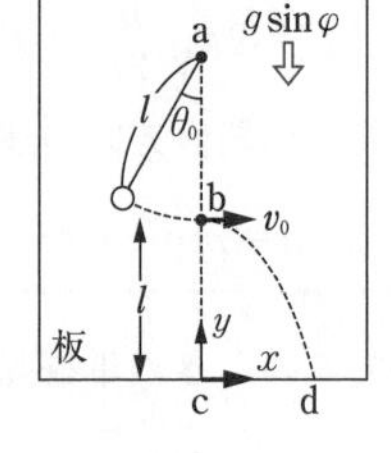

$$\mathrm{cd} = v_0 t,\ \ 0 = l - \frac{1}{2}(g\sin\varphi)t^2$$

力学的エネルギー保存則より

$$\frac{1}{2}mv_0{}^2 = m(g\sin\varphi)l(1-\cos\theta_0) \quad \text{より} \quad v_0 = \sqrt{2gl\sin\varphi(1-\cos\theta_0)}$$

以上より求める距離 cd は

$$\mathrm{cd} = \sqrt{2gl\sin\varphi(1-\cos\theta_0)} \times \sqrt{\frac{2l}{g\sin\varphi}} = 2l\sqrt{1-\cos\theta_0}$$

22　**問1**　(1)　$\dfrac{\pi}{2}\sqrt{\dfrac{m}{k}}$　　(2)　$-v_0\sqrt{\dfrac{m}{k}}$

問2　(3)　$-\dfrac{\mu_d mg}{k}\left\{\sqrt{1+\dfrac{k}{m}\left(\dfrac{v_0}{\mu_d g}\right)^2}-1\right\}$　　(4)　$v_0 > g\sqrt{\dfrac{\mu_S(\mu_S+2\mu_d)m}{k}}$

(5)　$-\dfrac{\mu_d mg}{k}$　　(6)　$-x_1-\dfrac{2\mu_d mg}{k}$　　(7)　$x_1+2(n-1)\dfrac{\mu_d mg}{k}$

解説　**問1**　(1)　小物体は$x=0$を中心とする単振動をする。単振動ではその端での速度が0であり，中心から端までの移動時間は$\dfrac{1}{4}$周期であるから求める時刻をt_0とおくと，

$$t_0=\frac{1}{4}\cdot 2\pi\sqrt{\frac{m}{k}}=\frac{\pi}{2}\sqrt{\frac{m}{k}}\ \text{〔s〕}$$

(2) 求める位置を $x=x_0$ とおく。小物体が単振動を始めてから力学的エネルギーが保存するから，

$$\frac{1}{2}mv_0{}^2+\frac{1}{2}k\cdot 0^2=\frac{1}{2}m\cdot 0^2+\frac{1}{2}kx_0{}^2$$

$x_0<0$ より，$x_0=-v_0\sqrt{\dfrac{m}{k}}$ 〔m〕

問2 (3) $0\leqq t\leqq t_1$ で力学的エネルギーの変化は動摩擦力がした仕事に等しいので，$x_1<0$ であることに気をつけて，

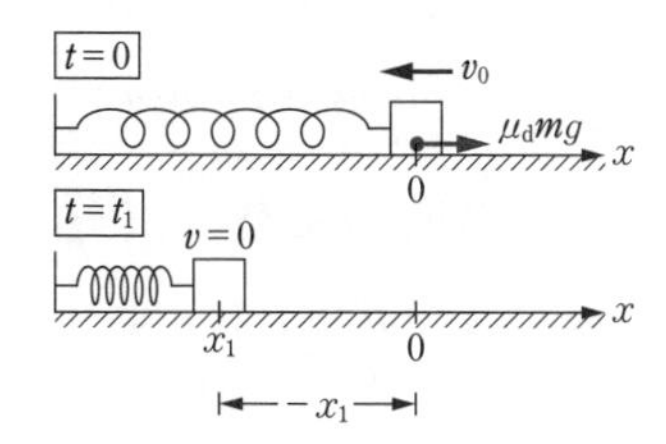

$$\left\{\frac{1}{2}m\cdot 0^2+\frac{1}{2}k(-x_1)^2\right\}-\left\{\frac{1}{2}mv_0{}^2+\frac{1}{2}k\cdot 0^2\right\}$$
$$=-\mu_d mg(-x_1)$$

が成り立つ。これより，

$$kx_1{}^2-2\mu_d mgx_1-mv_0{}^2=0 \quad よって \quad x_1=\frac{\mu_d mg\pm\sqrt{(\mu_d mg)^2+kmv_0{}^2}}{k}$$

$x_1<0$ であるから，複号のマイナスの方をとって，

$$x_1=-\frac{\mu_d mg}{k}\left\{\sqrt{1+\frac{k}{m}\left(\frac{v_0}{\mu_d g}\right)^2}-1\right\}\ \text{〔m〕} \quad \cdots\cdots①$$

(4) $x=x_1$ で小物体に働くばねの弾性力の大きさが最大摩擦力を超えていればよいので，求める条件は，$k(-x_1)>\mu_s mg$ である。①より，

$$\mu_d mg\left\{\sqrt{1+\frac{k}{m}\left(\frac{v_0}{\mu_d g}\right)^2}-1\right\}>\mu_s mg$$

$$\sqrt{1+\frac{k}{m}\left(\frac{v_0}{\mu_d g}\right)^2}>\frac{\mu_s}{\mu_d}+1\ (>0)$$

両辺2乗して，さらに変形すると，

$$\frac{k}{m}\left(\frac{v_0}{\mu_d g}\right)^2>\left(\frac{\mu_s}{\mu_d}+1\right)^2-1^2=\left(\frac{\mu_s}{\mu_d}+2\right)\frac{\mu_s}{\mu_d}$$

$$v_0{}^2>(\mu_s+2\mu_d)\mu_s\frac{m}{k}g^2$$

$v_0>0$ より，$v_0>g\sqrt{\dfrac{\mu_s(\mu_s+2\mu_d)m}{k}}$

(5) $t_1\leqq t\leqq t_2$ における小物体の加速度を a とおくと，大きさが $\mu_d mg$ の動摩擦力を x 軸負方向に受けるから，小物体が右向きに進むときの運動方程式は，

$$ma=-kx-\mu_d mg=-k\left(x+\frac{\mu_d mg}{k}\right) \quad \cdots\cdots②$$

よって，この間小物体は $x=-\dfrac{\mu_d mg}{k}$ を振動の中心とする単振動を半周期分行うが，単振動では振動の中心を通るとき速さが最大となるから，求める位置は $x=-\dfrac{\mu_d mg}{k}$ 〔m〕である。

(6) $x=x_1$, x_2 がそれぞれ単振動の左端と右端の位置であり，その中点が振動の中心であるから

$$\frac{x_1+x_2}{2}=-\frac{\mu_d mg}{k} \quad よって \quad x_2=-x_1-\frac{2\mu_d mg}{k}\text{〔m〕}$$

(7) 小物体が右向きに進むときその運動方程式はいずれも②であり，中心が $x=-\frac{\mu_d mg}{k}$ の単振動を半周期分行う。一方，小物体が左向きに進むときその運動方程式はいずれも

$$ma=-kx+\mu_d mg=-k\left(x-\frac{\mu_d mg}{k}\right)$$

となり，中心が $x=\frac{\mu_d mg}{k}$ の単振動を半周期分行う。

ここで n 回目に小物体の速度が 0 になる時刻を t_n とおく。n が奇数のとき $n=2l-1$（l：自然数）とおける。

$t_{2l-1} \leqq t \leqq t_{2l}$ では小物体は右向きに単振動するから，

$$\frac{x_{2l-1}+x_{2l}}{2}=-\frac{\mu_d mg}{k} \quad \cdots\cdots③$$

また，$t_{2l} \leqq t \leqq t_{2l+1}$ では小物体は左向きに単振動するから，

$$\frac{x_{2l}+x_{2l+1}}{2}=\frac{\mu_d mg}{k} \quad \cdots\cdots④$$

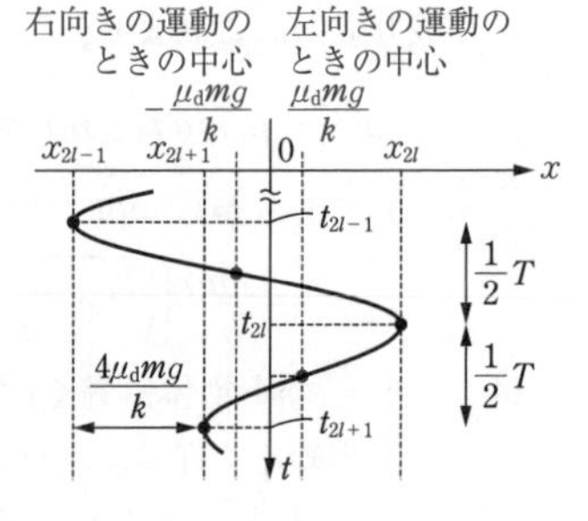

④−③ より x_{2l} を消去して，$x_{2l+1}-x_{2l-1}=\frac{4\mu_d mg}{k}$

この式は小物体が右向き，そして左向きに 1 往復する間に座標が $\frac{4\mu_d mg}{k}$ だけ増加することを意味する。よって，

$$x_{2l-1}=x_1+(l-1)\frac{4\mu_d mg}{k}$$

$n=2l-1$（奇数）のとき　$l-1=\frac{n-1}{2}$ より，$x_n=x_1+2(n-1)\frac{\mu_d mg}{k}$

なお，同様に考えると $n=2l$（偶数）のとき，$x_n=x_2-2(n-2)\frac{\mu_d mg}{k}$

参考 小物体は $-\frac{\mu_s mg}{k} \leqq x \leqq \frac{\mu_s mg}{k}$ の範囲で，一度静止するとばねの弾性力と静止摩擦力がつりあい，そのまま静止し続ける。よって，$x=x_{n_e}$ で静止し続けるには，

$$|x_{n_e-1}|>\frac{\mu_s mg}{k} \quad かつ \quad |x_{n_e}| \leqq \frac{\mu_s mg}{k}$$

という条件が成り立つ必要がある。

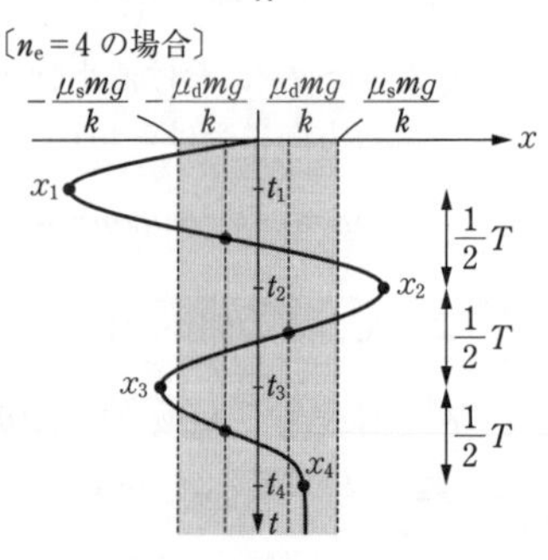

23 問1 (1) 重力：$\rho a^3 g$〔N〕，浮力：$\rho_{\mathrm{W}} a^2(a-d)g$〔N〕　(2) $\left(1-\dfrac{\rho}{\rho_{\mathrm{W}}}\right)a$〔m〕

問2 (3) $\dfrac{m}{\rho_{\mathrm{W}} a^2}$〔m〕　(4) $\dfrac{m}{\rho_{\mathrm{W}} a^2}$〔m〕　(5) $2\pi\sqrt{\dfrac{\rho a}{\rho_{\mathrm{W}} g}}$〔s〕

(6) $x_0\sqrt{\dfrac{\rho_{\mathrm{W}} g}{\rho a}}$〔m/s〕

Point 浮力の原理（アルキメデスの原理）
物体が周りの流体（気体や液体）から受ける浮力の大きさは，その物体が排除した流体の重さ（重力の大きさ）に等しい。

解説 問1 (1) 立方体の質量は ρa^3 より，求める重力の大きさは $\rho a^3 g$〔N〕。また，浮力の原理より求める浮力の大きさ F_1 は，

〈浮力の公式〉
$F=\rho V g$

$$F_1=\rho_{\mathrm{W}} a^2(a-d)g \text{〔N〕}$$

(2) 鉛直方向の重力と浮力のつりあいより，

$$\rho a^3 g=\rho_{\mathrm{W}} a^2(a-d)g \quad \cdots\cdots ① \quad \text{よって，} d=\left(1-\frac{\rho}{\rho_{\mathrm{W}}}\right)a \text{〔m〕}$$

なお，$0<d<\dfrac{a}{2}$ の条件（これは立方体の重心が浮力の作用点より下にあり，立方体が安定して浮くための条件である。）より，$\dfrac{1}{2}\rho_{\mathrm{W}}<\rho<\rho_{\mathrm{W}}$ を満たさなければならない。

問2 (3) 図2より立方体は高さ $a-(d-x_0)$ だけ沈んでいる。おもりと糸の体積は無視してよいので，それらが受ける浮力は考えなくてよい。立方体とおもりを合わせた物体について，鉛直方向の重力と浮力のつりあいより，

$$\rho a^3 g+mg=\rho_{\mathrm{W}} a^2\{(a-d)+x_0\}g \quad \cdots\cdots ②$$

②−① より，$mg=\rho_{\mathrm{W}} a^2 x_0 g$　よって　$x_0=\dfrac{m}{\rho_{\mathrm{W}} a^2}$〔m〕

なお，$x_0<d$ の条件より，$m<\rho_{\mathrm{W}} a^2 d=(\rho_{\mathrm{W}}-\rho)a^3$ を満たさなければならない。

(4) 水の抵抗を無視するので，運動を始めた立方体には鉛直方向に重力と浮力の合力が復元力として作用する。図1のつりあい状態で，立方体の上面Aの位置を原点とし，x 軸を鉛直下向き方向にとる（右図参照）。運動中上面Aの位置が x のときの立方体の加速度を α とおくと，立方体の運動方向にかかわらず運動方程式は

$$\rho a^3\cdot\alpha=\rho a^3 g-\rho_{\mathrm{W}} a^2(a-d+x)g$$

①より，$\rho a^3\cdot\alpha=-\rho_{\mathrm{W}} a^2 g\cdot x$　……③

質量 $M=\rho a^3$　……④，復元力の比例定数 $K=\rho_{\mathrm{W}} a^2 g$　……⑤ とおくと③は $M\alpha=-Kx$ となる。

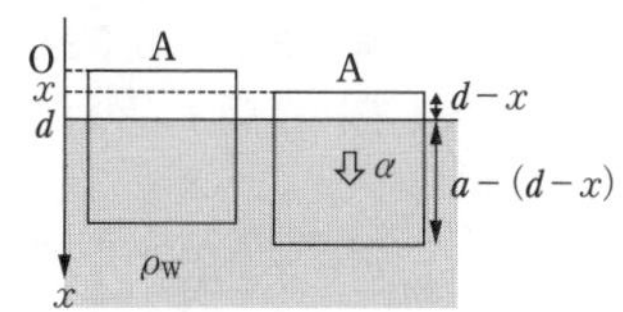

おもりを下げる前の立方体　Aの位置の時間変化

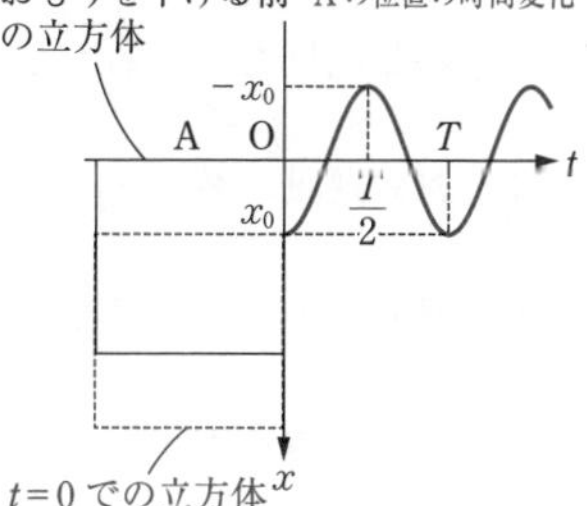

よって，立方体は $x=0$ を中心とする単振動を行う。糸を切った直後，立方体の速度は0より，最初単振動の端から運動が始まる。ここで中心と端との距離が振幅であるから，求める振幅は

$$x_0=\frac{m}{\rho_{\mathrm{W}}a^2}\text{〔m〕}$$

(5) 単振動の周期の公式より，求める周期 T は④，⑤を使って

$$T=2\pi\sqrt{\frac{M}{K}}=2\pi\sqrt{\frac{\rho a}{\rho_{\mathrm{W}}g}}\text{〔s〕}$$

なお，$x_0<d<\dfrac{a}{2}<a$ より，立方体は完全に水中に沈んでしまうことはなく，また水面上に飛び出てしまうこともなく，単振動を続ける。

(6) 求める速さを v_0 とおくと，単振動のエネルギー保存則より④，⑤を使って

$$\frac{1}{2}M\cdot0^2+\frac{1}{2}Kx_0{}^2=\frac{1}{2}Mv_0{}^2+\frac{1}{2}K\cdot0^2 \quad \text{よって} \quad \frac{1}{2}(\rho_{\mathrm{W}}a^2g)x_0{}^2=\frac{1}{2}(\rho a^3)v_0{}^2$$

したがって，$v_0=x_0\sqrt{\dfrac{\rho_{\mathrm{W}}g}{\rho a}}$〔m/s〕

7 万有引力

24 問1 (1) $\dfrac{GMm}{r_0{}^2}$ (2) $2\pi\sqrt{\dfrac{r_0{}^3}{GM}}$ (3) $\dfrac{GMm}{2r_0}$ (4) $-\dfrac{GMm}{2r_0}$

(5) イ (6) ア 問2 (7) $mr_1\omega^2$ (8) $\sqrt{\dfrac{GM}{r_0{}^2r_1}}$ (9) $\dfrac{M}{M+m}r_0$

(10) $2\pi\sqrt{\dfrac{r_0{}^3}{G(M+m)}}$

解説 問1 (1) 万有引力の法則より，求める力の大きさは $G\dfrac{Mm}{r_0{}^2}$ である。

〈万有引力の法則〉

$$\boldsymbol{F=G\frac{m_1m_2}{r^2}}$$

$$\boldsymbol{U=-G\frac{m_1m_2}{r}}$$

(2) 月の速さを v とおくと，万有引力が向心力となって月は等速円運動するので，月の向心方向の運動方程式は

$$m\frac{v^2}{r_0}=G\frac{Mm}{r_0{}^2} \quad \text{より} \quad v=\sqrt{\frac{GM}{r_0}} \quad \cdots\cdots①$$

求める周期を T とおくと，$T=\dfrac{2\pi r_0}{v}=2\pi\sqrt{\dfrac{r_0{}^3}{GM}}$

(3) 月の運動エネルギー K は①より，$K=\dfrac{1}{2}mv^2=\dfrac{GMm}{2r_0}$ ……②

(4) 無限遠方を基準にした月の位置エネルギー U は，$U=-G\dfrac{Mm}{r_0}$

よって求める力学的エネルギー E は，$E=K+U=-\dfrac{GMm}{2r_0}$ ……③

(5) 月の力学的エネルギーが E' ($<E$) となり，半径 r' の等速円運動をするとき E' は③で $r_0 \to r'$ とした式となる。よって，

$$-\frac{GMm}{2r'} < -\frac{GMm}{2r_0}$$

すなわち $r' < r_0$ となるから，地球と月の距離は短くなる。

(6) 半径 r' の等速円運動をするときの運動エネルギー K' は，②で $r_0 \to r'$ とした式となるから，$r' < r_0$ のとき運動エネルギーは増加する。よって月の速さは速くなる。

問2 (7) 月は点Oを中心とする半径 r_1 の等速円運動を行っている。月が受ける向心力の大きさ F' は向心方向の運動方程式より $F' = mr_1\omega^2$ と表せる。

(8) 万有引力が向心力となるので，$F' = G\frac{Mm}{{r_0}^2}$

よって，$mr_1\omega^2 = G\frac{Mm}{{r_0}^2}$ が成り立ち，求める角速度は　$\omega = \sqrt{\frac{GM}{{r_0}^2 r_1}}$　……④

(9) 地球は点Oを中心とする半径 r_2 の等速円運動を行っている。地球が月から受ける万有引力も F' より，向心方向の運動方程式は

$$Mr_2\omega^2 = G\frac{Mm}{{r_0}^2} \quad よって \quad \omega = \sqrt{\frac{Gm}{{r_0}^2 r_2}} \quad ……⑤$$

④と⑤を比較して，$\frac{M}{r_1} = \frac{m}{r_2}$　よって　$r_2 = \frac{m}{M}r_1$

また $r_1 + r_2 = r_0$ より，$r_1\left(1 + \frac{m}{M}\right) = r_0$　よって　$r_1 = \frac{M}{M+m}r_0$　……⑥

なお⑥より点Oは地球と月の重心であることがわかる。

(10) ④，⑥より，$\omega = \sqrt{\frac{G(M+m)}{{r_0}^3}}$ となるから求める周期を T' とおくと

$$T' = \frac{2\pi}{\omega} = 2\pi\sqrt{\frac{{r_0}^3}{G(M+m)}} \quad \left(= \sqrt{\frac{M}{M+m}}T\right)$$

25 **問1** (1) $G\frac{Mm}{(R+h)^2}$　(2) $\sqrt{{v_0}^2 - \frac{2GMh}{R(R+h)}}$　**問2** $\frac{{v_0}^2R^2}{2GM - {v_0}^2R}$

問3 (3) 速さ：$\sqrt{\frac{GM}{R+H}}$，周期：$2\pi\sqrt{\frac{(R+H)^3}{GM}}$　(4) $\sqrt{\frac{2GM}{R+H}}$

(5) Aの質量：$(2-\sqrt{2})m$，Bの質量：$(\sqrt{2}-1)m$

解説 **問1** (1) 地球の質量分布は球対称であると仮定すると，その中心に全質量 M が集中したと考えて万有引力の法則を使えばよいので，求める万有引力の大きさ F は

$$F = G\frac{Mm}{(R+h)^2}$$

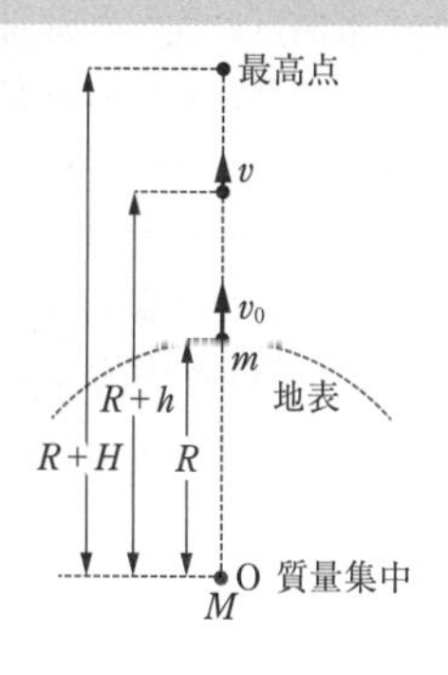

(2) 求める小物体の速さを v とおく。万有引力の位置エネルギーの基準を無限遠方にとって力学的エネルギー保存則は，

$$\frac{1}{2}mv_0^2 - G\frac{Mm}{R} = \frac{1}{2}mv^2 - G\frac{Mm}{R+h} \quad \cdots\cdots①$$

〈万有引力による運動のエネルギー保存則〉

$\frac{1}{2}mv^2 - G\frac{Mm}{r} = 一定$

よって，求める速さは，$v=\sqrt{v_0^2 - \frac{2GMh}{R(R+h)}}$

問2 最高点 ($h=H$) では小物体の速さ v が 0 となるので前問の結果から

$$0=\sqrt{v_0^2 - \frac{2GMH}{R(R+H)}} \quad よって \quad H=\frac{v_0^2R^2}{2GM - v_0^2R}$$

別解 ①で $h=H$, $v=0$ として H を求めてもよい。

参考 H の式で $v_0 \to \sqrt{\frac{2GM}{R}}$ のときは，$2GM - v_0^2R \to 0$ で $H \to \infty$ となり，地表に戻ってこなくなることがわかる。

参考 Bの最高点での速さ v_B' による軌道の違い。

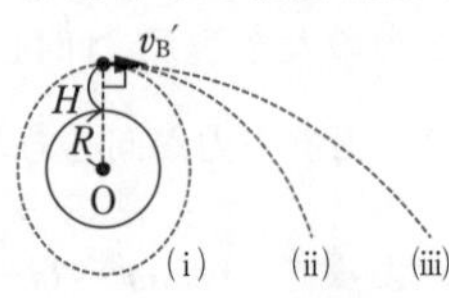

(i) $0 < v_B' < \sqrt{\frac{2GM}{R+H}}$ ($E<0$) のとき楕円軌道（点Oは焦点の1つ）

特に $v_B'=\sqrt{\frac{GM}{R+H}}$ のときは点Oを中心とする円軌道

(ii) $v_B'=\sqrt{\frac{2GM}{R+H}}$ ($E=0$) のとき放物線軌道

(iii) $v_B' > \sqrt{\frac{2GM}{R+H}}$ ($E>0$) のとき双曲線軌道

$E \geqq 0$ では無限遠方へ飛び去ってしまう

問3 (3) 分裂後Aは万有引力が向心力となって半径 $R+H$ の等速円運動を行う。Aの質量を m_A，求める速さを v_A とおくと向心方向の運動方程式より

$$m_A\frac{v_A^2}{R+H} = G\frac{Mm_A}{(R+H)^2}$$

よって　$v_A=\sqrt{\frac{GM}{R+H}} \quad \cdots\cdots②$

また，円運動の周期 T は

$$T=\frac{2\pi(R+H)}{v_A}=2\pi\sqrt{\frac{(R+H)^3}{GM}}$$

(4) Bの質量を m_B，分裂直後の速さを v_B とおく。Bは万有引力の位置エネルギーが 0 となる無限遠方で運動エネルギーも 0 になったことから，その力学的エネルギー E は 0 である。よって力学的エネルギー保存則より

$$\frac{1}{2}m_Bv_B^2 - G\frac{Mm_B}{R+h} = 0$$

よって　$v_B=\sqrt{\frac{2GM}{R+H}} \quad \cdots\cdots③$

(5) 最高点に達した瞬間の小物体の速度は 0 である。瞬間的な分裂ではA，Bに作用する外力としての万有引力の力積は無視してよいので，分裂前後で運動量保存則が成り立つ。Aの進行方向を正方向にとり，分裂の直前直後で運動量保存則を使うと

$$0=m_Av_A+m_B(-v_B)$$

ここで②，③より $v_B=\sqrt{2}\,v_A$ であるから，$m_A=\sqrt{2}\,m_B \quad \cdots\cdots④$

一方，質量の保存より $m_A+m_B=m \quad \cdots\cdots⑤$ が成り立つから④，⑤より

$$m_A=(2-\sqrt{2})m, \qquad m_B=(\sqrt{2}-1)m$$

26 問1 $\sqrt{\dfrac{GM}{R}}$〔m/s〕　問2 $\sqrt{\dfrac{GM}{R}}+\dfrac{m_1}{m_0}u$〔m/s〕

問3 (1) $a=3R$〔m〕, $b=\sqrt{5}R$〔m〕　(2) $\dfrac{1}{5}v_1$〔m/s〕　(3) $\sqrt{\dfrac{5GM}{3R}}$〔m/s〕

(4) $\dfrac{v_1}{\sqrt{5}}$〔m/s〕　(5) $6\pi\sqrt{\dfrac{3R^3}{GM}}$〔s〕　問4 2.6×10 N

解説 以下の解説は木星が静止しているように見える観測者の立場で考えている。

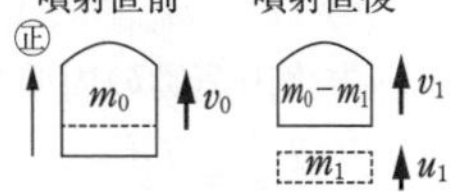

問1 木星は密度分布がほぼ球対称と考えられるから，中心Oに全質量が集中したと見なして，探査機が受ける万有引力を求めればよい。等速円運動する探査機の向心方向の運動方程式は，

$$m_0\frac{{v_0}^2}{R}=G\frac{Mm_0}{R^2}\quad よって\quad v_0=\sqrt{\frac{GM}{R}}〔m/s〕$$

ここで，v_0 は m_0 によらないことに注意すること。

問2 点Sで探査機の進行方向を正方向にとり，ガス噴射前後の速度を右上図のように考える。噴射直後のガスの速度を u_1 とおくと，瞬間的な噴射では，外力である万有引力の力積は無視できるので運動量保存則が成り立ち，

$$m_0v_0=(m_0-m_1)v_1+m_1u_1\quad ……①$$

また，探査機から見ると，ガスは後方に速さ u で運動するから，次の相対速度の関係がある。

$$u_1-v_1=-u\quad ……②$$

①，②より，u_1 を消去して**問1**の結果も使って

$$v_1=v_0+\frac{m_1}{m_0}u=\sqrt{\frac{GM}{R}}+\frac{m_1}{m_0}u〔m/s〕$$

〈楕円の性質〉

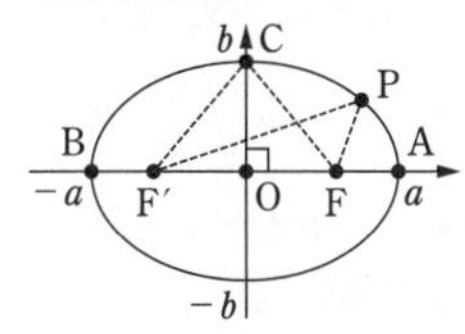

(F, F′ は焦点)

楕円上の任意の点Pに対して $FP+F'P=2a$（一定）
特に $FC+F'C=2FC=2a$
より　$FC=a$
また三平方の定理より
$OF=\sqrt{a^2-b^2}$

〈面積速度一定則〉

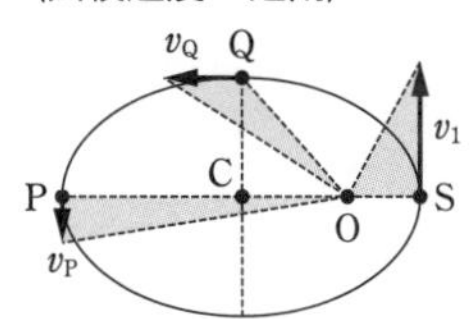

上図の赤い3つの三角形の面積は等しい。

問3 (1) 長軸の長さは $R+5R=6R$ より，半長軸の長さ a は，$a=\dfrac{6R}{2}=3R$〔m〕

楕円の中心をCとおくと，$CO=5R-3R=2R$

また $OQ=a$（楕円の性質を参照）より，三平方の定理から

$$CO^2+CQ^2=OQ^2\quad より\quad (2R)^2+b^2=(3R)^2$$

よって，半短軸の長さ b は $b=\sqrt{5}R$〔m〕

(2) 面積速度一定則（ケプラーの第2法則）を点Sと点Pで適用して，

$$\frac{1}{2}Rv_1=\frac{1}{2}\cdot5R\cdot v_P\quad よって\quad v_P=\frac{1}{5}v_1〔m/s〕\quad ……③$$

(3) 探査機の質量を m' $(=m_0-m_1)$ とおく。力学的エネルギー保存則より

$$\frac{1}{2}m'{v_1}^2-G\frac{Mm'}{R}=\frac{1}{2}m'{v_P}^2-G\frac{Mm'}{5R}\quad ……④$$

④に③を代入して，$v_1=\sqrt{\dfrac{5GM}{3R}}$〔m/s〕

(4) 面積速度一定則を点Sと点Qで適用して，

$\dfrac{1}{2}Rv_1=\dfrac{1}{2}bv_Q$　よって(1)の結果を使って　$v_Q=\dfrac{R}{b}v_1=\dfrac{v_1}{\sqrt{5}}$〔m/s〕

(5) **問1**の結果より木星の周りの半径Rの等速円運動の周期T_0は

$$T_0=\frac{2\pi R}{v_0}=2\pi\sqrt{\frac{R^3}{GM}}$$

一方楕円運動の周期をT_1とおくとケプラーの第3法則より

$$\frac{T_0^2}{R^3}=\frac{T_1^2}{a^3}$$

が成り立つ。よって，**問3**(1)の結果から

$$T_1=\sqrt{\frac{a^3}{R^3}}T_0=3\sqrt{3}\,T_0=6\pi\sqrt{\frac{3R^3}{GM}}\text{〔s〕}$$

問4 木星の全質量が中心Oに集中したとして万有引力の法則を考える。木星表面にある物体の質量をm''，木星の半径をR_0とおくと

$$F=G\frac{Mm''}{R_0^2}=6.67\times10^{-11}\times\frac{(1.90\times10^{27})\times1.00}{(7.00\times10^7)^2}$$
$$=25.8\fallingdotseq2.6\times10\ \text{N}$$

Point 万有引力による楕円運動では

1. 面積速度一定則
2. 力学的エネルギー保存則

（1・2）→ 速さ・軌道要素を求める

3. ケプラーの第3法則 → 周期を求める

第2章 熱

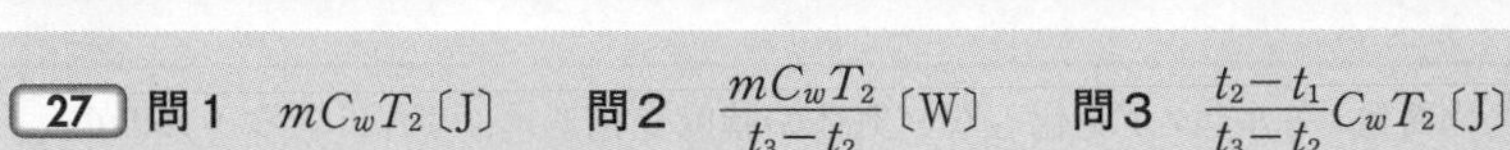

8 熱と状態変化

27 問1 mC_wT_2〔J〕　問2 $\dfrac{mC_wT_2}{t_3-t_2}$〔W〕　問3 $\dfrac{t_2-t_1}{t_3-t_2}C_wT_2$〔J〕

問4 $\dfrac{t_1T_2}{(t_3-t_2)T_1}$〔倍〕　問5 $\dfrac{t_2-t_f}{t_2-t_1}m$〔g〕

解説 問1　水の蒸発は無視できるので，水に与えられた熱はすべて水の温度上昇に使われたとしてよいので，熱量の関係式より，$Q=mC_w(T_2-0)=mC_wT_2$〔J〕

〈熱量の関係式（相転移なし）〉
$Q=mc\Delta T$
〈融解熱の式（相転移中）〉
$Q=mL$
L〔J/g〕は融点において質量1〔g〕の固体を同じ温度の液体に変えるのに必要な融解熱

問2　容器は断熱であり，その熱容量を無視できる（すなわち容器自体の温度上昇に使われる熱は十分小さいと考えてよい）ので加熱装置による電力量は全てジュール熱として氷または水だけに与えられる。

よって時刻 t_2 から t_3 での水の加熱における電力量は Qに等しいと考えられるから，$P(t_3-t_2)=Q$

問1の結果より $P(t_3-t_2)=mC_wT_2$　……①　よって

$$P=\frac{mC_wT_2}{t_3-t_2}\text{〔W〕}$$

◀電力量〔J〕
＝電力〔W〕×時間〔s〕

問3　問題文中の図より温度が0°Cの時刻 t_1 から t_2 の間に m〔g〕の氷が全て溶けて水になったことがわかる。このとき加えた熱量は $P(t_2-t_1)$ であるので，

$mq=P(t_2-t_1)$　……②　が成り立つ。

よって①より，$q=\dfrac{P(t_2-t_1)}{m}=\dfrac{t_2-t_1}{t_3-t_2}C_wT_2$〔J〕

補足 融解のとき加えられた熱は全て分子の結合を変化させることに使われ，分子の運動エネルギーの増加（すなわち温度上昇）には使われない。

問4　時刻0から t_1 の間に $-T_1$〔°C〕の氷は温められて0°Cの氷になったので，熱量の関係式は

$P(t_1-0)=mC_i\{0-(-T_1)\}$　……③　ここで③÷①より，$\dfrac{C_i}{C_w}=\dfrac{t_1T_2}{(t_3-t_2)T_1}$〔倍〕

問5　時刻 t_1 から t_f までに溶けた氷の質量を m' とおくと，

$m'q=P(t_f-t_1)$　……④

④÷②より $\dfrac{m'}{m}=\dfrac{t_f-t_1}{t_2-t_1}$ であるから，残っている氷の質量 n は

$$n=m-m'=m\left(1-\frac{m'}{m}\right)=\frac{t_2-t_f}{t_2-t_1}m\text{〔g〕}$$

28 問1 $p_0+\dfrac{Mg}{S}$〔Pa〕 問2 (1) $\dfrac{h_2}{h_1}T_1$〔K〕 (2) $\dfrac{3}{2}\left(\dfrac{h_2}{h_1}-1\right)nRT_1$〔J〕

問3 $p_0+\dfrac{(M+m)g}{S}$〔Pa〕 問4 $\left(\dfrac{h_2}{h_1}-1\right)\left(\dfrac{p_0S}{g}+M\right)$〔kg〕

Point 物質量（モル数）が変化しない気体の状態変化では，ボイル・シャルルの法則が成り立つ。

解説 問1 ピストンは固定されていないので，ピストンにおいて内部の気体が押し上げる力が大気の押し下げる力と重力とつりあうので，

$$p_1S=p_0S+Mg \quad \cdots\cdots ①$$

よって，$p_1=p_0+\dfrac{Mg}{S}$〔Pa〕

問2 (1) 加熱中ピストンはゆっくり上昇しピストンに働く力のつりあいの式①が成り立つので，定圧変化であり $p_2=p_1$ である。シャルルの法則より

$$\frac{Sh_1}{T_1}=\frac{Sh_2}{T_2} \quad よって \quad T_2=\frac{h_2}{h_1}T_1〔K〕 \quad \cdots\cdots ②$$

(2) 単原子分子の理想気体であるから

$$\varDelta U=\frac{3}{2}nR(T_2-T_1)$$

ここに②を代入して，$\varDelta U=\dfrac{3}{2}\left(\dfrac{h_2}{h_1}-1\right)nRT_1$〔J〕

〈ボイル・シャルルの法則〉
$\dfrac{PV}{T}=$一定(nR)
〈等温変化〉
$PV=$一定
（ボイルの法則）
〈定圧変化〉
$\dfrac{V}{T}=$一定
（シャルルの法則）
〈定積変化〉
$\dfrac{P}{T}=$一定
〈内部エネルギーの変化〉
$\varDelta U=nC_V\varDelta T$
特に単原子分子の理想気体では $C_V=\dfrac{3}{2}R$ であるので
$\varDelta U=\dfrac{3}{2}nR\varDelta T$

問3 状態(c)でのピストンとおもりを合わせた物体に働く力のつりあいより

$$p_3S=p_0S+(M+m)g \quad \cdots\cdots ③ \quad よって \quad p_3=p_0+\frac{(M+m)g}{S}〔Pa〕$$

問4 状態(b)から(c)への変化は等温変化であるから，ボイルの法則 $p_2\cdot Sh_2=p_3\cdot Sh_1$ が成り立つ。$p_2=p_1$ であったから①，③を使って

$$(p_0S+Mg)h_2=\{p_0S+(M+m)g\}h_1$$

よって $m=\left(\dfrac{h_2}{h_1}-1\right)\left(\dfrac{p_0S}{g}+M\right)$〔kg〕

$p-V$図
圧力
p_3
p_1
(c)
等温
(a)
(b)
定圧
Sh_1
Sh_2
体積

29 (1) $\dfrac{Mg}{k}$ (2) $\left(\dfrac{T_1}{T_0}-1\right)\left(\dfrac{h_1}{2}+h_2\right)$ (3) $\left(\dfrac{T_1}{T_0}-1\right)p_0S(h_1+2h_2)$

(4) $p_0+\dfrac{m_1g}{2S}$ (5) $\dfrac{2p_0S^2(h_1+2h_2)}{2p_0S+mg}$ (6) $\dfrac{(2M-m_1)g}{2k}$ (7) $\dfrac{m_1}{2\rho S}$

(8) $p_0-\rho h_3g$ (9) $(M+\rho Sh_3)g$

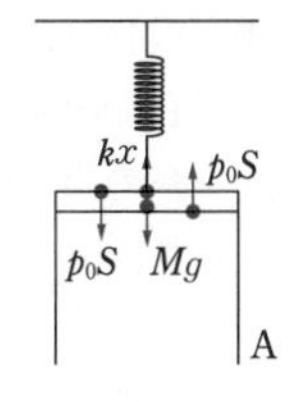

解説 (1)　質量が0と見なせるピストンに働く力のつりあいより，容器B内の空気の圧力は大気圧と同じ p_0 である。またコップAと容器B内の空気はパイプでつながっているので，A内の空気の圧力も p_0 である。求めるばねの伸びを x とおくとAに働く力のつりあいより

$$kx+p_0S=Mg+p_0S \quad \text{よって} \quad x=\frac{Mg}{k}\,〔\text{m}〕$$

なお，Aの側面の厚さは無視できるので，水から受ける力は考えなくてよい。

(2)　大気圧は p_0 のまま変化しておらず，また閉じ込められた空気Gの圧力も p_0 のままであるので，(1)と同じつりあいの式が成り立つ。したがってばねの伸びは変わらず x であり，h_1 も変わらない。ここで求めるピストンの上昇幅を $\varDelta h$ とおくと，温度上昇前後で空気Gについてシャルルの法則が成り立つ。

$$\frac{Sh_1+2Sh_2}{T_0}=\frac{Sh_1+2S(h_2+\varDelta h)}{T_1} \quad \text{よって} \quad \varDelta h=\left(\frac{T_1}{T_0}-1\right)\left(\frac{h_1}{2}+h_2\right)〔\text{m}〕 \quad \cdots\cdots①$$

(3)　Gはピストンを $p_0\cdot 2S$ の力で $\varDelta h$ だけ持ち上げているから，Gが外部へした仕事 W は①より

$$W=p_0\cdot 2S\cdot\varDelta h=\left(\frac{T_1}{T_0}-1\right)p_0S(h_1+2h_2)\,〔\text{J}〕$$

(4)　Gの圧力を p とおくと，ピストンとおもりをあわせた物体に働く力のつりあいより

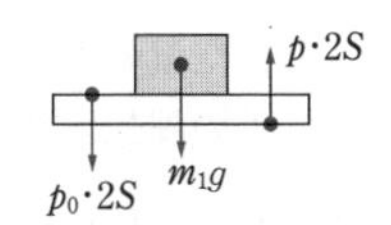

$$p\cdot 2S=p_0\cdot 2S+m_1g \quad \text{よって} \quad p=p_0+\frac{m_1g}{2S}\,〔\text{Pa}〕 \quad \cdots\cdots②$$

(5)　ピストンにおもりを静かに載せる間等温変化したと考えてよい。求めるGの体積を V とおくと，ボイルの法則より

$$p_0(Sh_1+2Sh_2)=pV$$

②より　$$V=\frac{p_0S(h_1+2h_2)}{p_0+\dfrac{mg}{2S}}=\frac{2p_0S^2(h_1+2h_2)}{2p_0S+mg}\,〔\text{m}^3〕$$

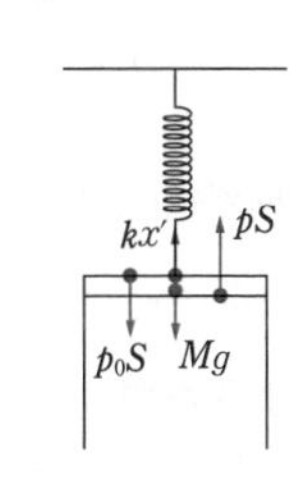

(6)　ばねの伸びを x' とおくと，Aに働く力のつりあいより

$$kx'+pS=p_0S+Mg$$

②を代入して，$x'=\dfrac{(2M-m_1)g}{2k}\,〔\text{m}〕$

(7)　A内の水面が水槽の水面より d だけ低いとすると，A内の水面での圧力は $p_0+\rho dg$ であり，これとGの圧力 p が等しいから②より

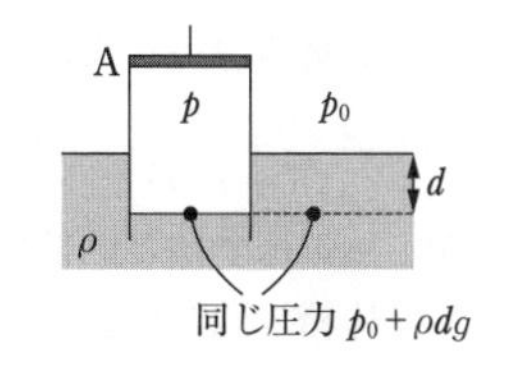

$$p_0+\rho dg=p_0+\frac{m_1g}{2S} \quad \text{よって} \quad d=\frac{m_1}{2\rho S}\,〔\text{m}〕$$

参考　連結した液体においては，同じ高さで同じ圧力となる。また液体の密度を ρ とするとき，高さが h だけ下がると液体の圧力は ρhg だけ増加し，高さが h だけ上がると液体の圧力は ρhg だけ減少する。

(8) 点Pは水槽の水面から高さ h_3 だけ高い位置にあるから，点Pでの水の圧力 p' は，$p'=p_0-\rho h_3 g$〔Pa〕 ……③

(9) 糸の張力の大きさをTとおくと，Aに働く力のつりあいより，

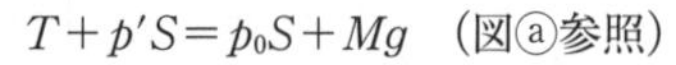

$$T+p'S=p_0S+Mg \quad (図ⓐ参照)$$

③を使って，$T=(M+\rho Sh_3)g$〔N〕

別解 コップAと水槽の水面より上のA内の水を合わせた部分に働く力のつりあいより

$$T+p_0S=p_0S+Mg+\rho Sh_3g \quad (図ⓑ参照)$$

よって，$T=(M+\rho Sh_3)g$〔N〕

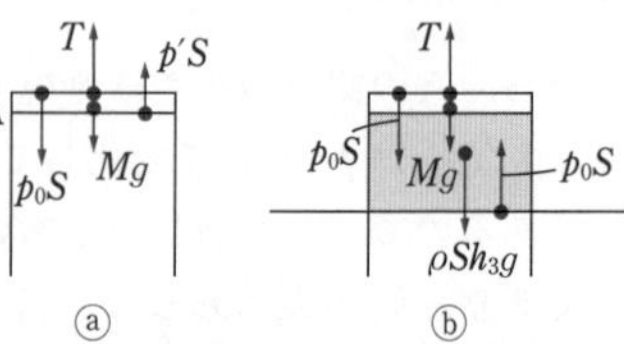

30 (1) $PV=nRT$ (2) $\dfrac{m}{V}$ (3) $\dfrac{P}{\rho T}$ (4) $\dfrac{T_0}{T_1}\rho_0$ (5) $\rho_0 V_0 g$

(6) $\dfrac{\rho_0 V_0}{\rho_0 V_0 - W}$ (7) $\dfrac{T_1}{T_1-T_0}\cdot\dfrac{W-\Delta w}{V_0}$

解説 (1) 単原子分子や二原子分子で構成され，状態方程式 $PV=nRT$ が成り立つ気体を理想気体と呼ぶ。ちなみに空気の主成分は窒素分子と酸素分子なので，二原子分子の理想気体とみなせる。

(2) 密度は体積あたりの質量なので $\rho=\dfrac{m}{V}$ である。

(3) $V=\dfrac{m}{\rho}$ と $n=\dfrac{m}{M}$ を状態方程式に代入して

$$P\frac{m}{\rho}=\frac{m}{M}RT \quad よって \quad \frac{R}{M}=\frac{P}{\rho T} \quad \cdots\cdots(\mathrm{i})$$

と表せる。なお式(i)はモル質量Mまたは分子量が等しい同種の気体であれば，体積やモル数を気にせずに $\dfrac{P}{\rho T}=$一定 という関係式が成り立つことを意味し，本問のような開放系の熱力学の問題を解くときに便利である。

(4) 開口された熱気球の内部と外部の圧力は，空気の出入りが落ちついた後にはともに等しく P_0 である。(i)より

$$\frac{P_0}{\rho_1 T_1}=\frac{P_0}{\rho_0 T_0} \quad が成り立つから \quad \rho_1=\frac{T_0}{T_1}\rho_0 \quad \cdots\cdots①$$

(5) 熱気球全体と内部の熱せられた空気の体積はほぼ球体の体積 V_0 に等しいとみなすと，押しのけられた外気の質量は $\rho_0 V_0$ であり，これに働く重力の大きさが，熱気球に働く浮力の大きさFに等しいという浮力の原理から

〈同種気体の状態の間に成り立つ関係式〉

$$\frac{P}{\rho T}=一定\left(=\frac{R}{M}\right)$$

M：1モル当たりの質量

点A, B, C, Dのどの空気についても $\dfrac{P}{\rho T}$ の値は同じである。

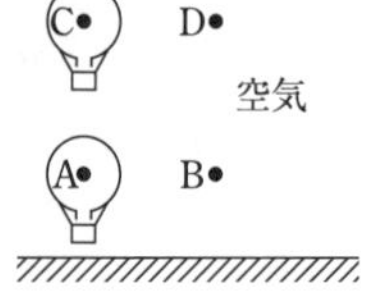

空気中の熱気球

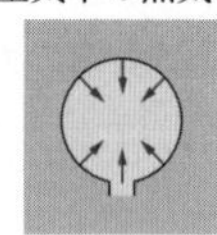

静止した空気

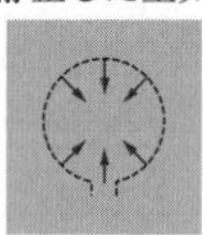

球体および内部気体が外気から押される力の合力が浮力である。これは上右図の点線内の空気がその外部の空気から受ける力と等しく，点線内の空気に働く重力とつりあう。

$$F=\rho_0 V_0 g \quad \cdots\cdots ②$$

(6) 熱気球全体と内部の空気に働く重力と外気による浮力のつりあいより，$Wg+\rho_1 V_0 g=F$

①，②を使って，$Wg+\dfrac{T_0}{T_1}\rho_0 V_0 g=\rho_0 V_0 g$

よって，$T_1=\dfrac{\rho_0 V_0}{\rho_0 V_0-W}\times T_0$

(7) 熱気球の上昇地点での外気圧を P'，また熱気球内部の空気の密度を ρ' とおく。(i)より

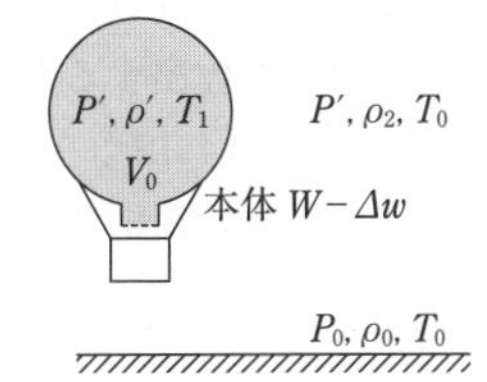

$$\frac{P'}{\rho' T_1}=\frac{P'}{\rho_2 T_0} \quad よって \quad \rho'=\frac{T_0}{T_1}\rho_2 \quad \cdots\cdots ③$$

また浮力の原理を考えて熱気球に働く力のつりあいから

$$(W-\varDelta w)g+\rho' V_0 g=\rho_2 V_0 g \quad \cdots\cdots ④$$

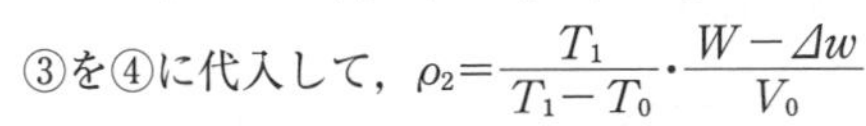

③を④に代入して，$\rho_2=\dfrac{T_1}{T_1-T_0}\cdot\dfrac{W-\varDelta w}{V_0}$

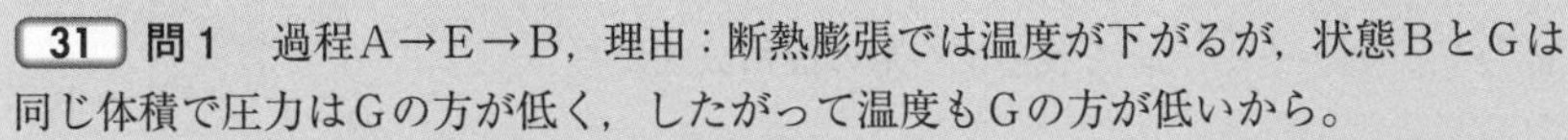

9 熱力学第1法則と気体の状態変化

31 **問1** 過程A→E→B，理由：断熱膨張では温度が下がるが，状態BとGは同じ体積で圧力はGの方が低く，したがって温度もGの方が低いから。

問2 最高温度状態：C，最低温度状態：G

問3 $W=p_A(V_B-V_A)$〔J〕，$Q=W$〔J〕

問4 $\dfrac{r+1}{2}$ **問5** $2+\dfrac{1}{3r}$

問6 過程A→F→G→B，理由：熱力学第1法則より，吸収した熱量は内部エネルギーの変化と外部へした仕事の和であるが，4通りの過程では内部エネルギーの変化が全て同じであるから，$p-V$ 図の面積で比較して，外部へした仕事が最も少ないこの過程が，最も吸収した熱量が少ないといえるから。

Point 断熱膨張→温度下降，断熱圧縮→温度上昇

解説 **問1** 断熱変化では熱力学第1法則より内部エネルギーの変化が外部からされた仕事に等しい。よって断熱膨張では外部から負の仕事をされ温度が下降し，断熱圧縮では外部から正の仕事をされ温度が上昇する。

〈熱力学第1法則〉
$\varDelta U=Q_{in}-W_{out}=Q_{in}+W_{in}$

問2 以下各状態の温度を T_A のように表す。状態方程式より温度は圧力と体積の積に比例するから，体積の等しいC，D，B，Gでは圧力の順で $T_C>T_D>T_B>T_G$ となる。

また，A，E，Bは等温で $T_A=T_E=T_B$。さらに過程A→F→Gでは徐々に温度が下降していくので $T_A>T_E>T_G$ であることがわかる。

問3　$p-V$ 図のグラフの面積で考える。過程A→Cでは仕事は $p_A(V_B-V_A)$ であり，過程C→Bでは定積変化より仕事は0である。求める仕事は

$$W=p_A(V_B-V_A)+0=p_A(V_B-V_A)\ \text{〔J〕}$$

次に過程A→C→Bで熱力学第1法則を適用すると $T_A=T_B$ より $0=Q-W$　よって　$Q=W$〔J〕

なお，過程A→Cでは気体は熱を吸収し，過程C→Bでは熱を放出するが，Qを過程A→C→Bで吸収する正味の熱量であると考えた(そうでなければQをWだけで表すことができない)。

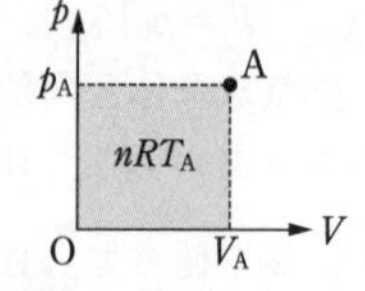

参考　$p_AV_A=nRT_A$ より温度は図の長方形の面積に比例する。

問4　ボイルの法則より $p_AV_A=p_BV_B$ であるから，

$p_A=\dfrac{V_B}{V_A}p_B=rp_B$ である。また状態Dの圧力を p_D とおくと $p_D=\dfrac{p_A+p_B}{2}=\dfrac{r+1}{2}p_B$

である。状態A，Dでボイル・シャルルの法則から

$$\frac{p_AV_A}{T_A}=\frac{p_DV_B}{T_D}\quad \text{より，}\quad \frac{T_D}{T_A}=\frac{p_DV_B}{p_AV_A}=\frac{\frac{r+1}{2}p_B}{rp_B}r=\frac{r+1}{2}$$

問5　過程A→D→Bで気体が外部へした仕事Wは$p-V$ 図の面積として求められる。$p_A=rp_B$，

$V_B=rV_A$，$p_D=\dfrac{r+1}{2}p_B$ を使って台形の面積公式から

$$\begin{aligned}W&=\frac{1}{2}(p_A+p_D)(V_B-V_A)+0\\&=\frac{1}{2}\left(r+\frac{r+1}{2}\right)p_B\cdot(r-1)V_A\\&=\frac{(3r+1)(r-1)}{4}p_BV_A\quad\cdots\cdots①\end{aligned}$$

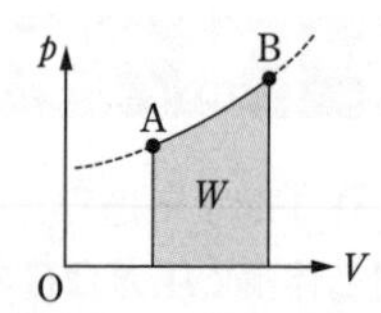

曲線ABとV軸で囲まれた部分の面積をWとするとき

・過程A→Bでは気体は外部へWの仕事をする。

・過程B→Aでは気体は外部からWの仕事をされる。

また $T_A=T_B$ であるから熱力学第1法則より

$$0=\{Q_1+(-Q_2)\}-W$$

つまり　$Q_1=Q_2+W$　……②

さらに過程D→Bは定積変化であるから，単原子分子理想気体の定積変化での熱量の式

$$Q_{in}=-Q_{out}=\frac{3}{2}nR\Delta T\quad (R：\text{気体定数})$$

より状態方程式も使って

$$\begin{aligned}Q_2&=-\frac{3}{2}\cdot 1\cdot R(T_B-T_D)=\frac{3}{2}(p_D-p_B)V_B\\&=\frac{3}{2}\left(\frac{r+1}{2}-1\right)p_B\cdot rV_A=\frac{3r(r-1)}{4}p_BV_A\quad\cdots\cdots③\end{aligned}$$

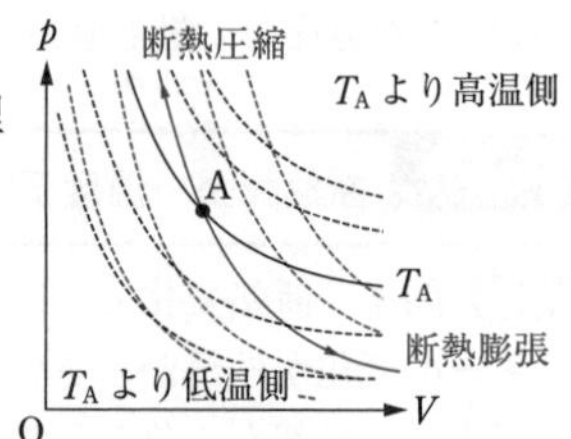

黒は等温曲線($pV=$一定)
赤は断熱曲線($pV^{\gamma}=$一定)
比熱比 $\gamma=\dfrac{\text{定圧モル比熱}}{\text{定積モル比熱}}$

以上①，②，③より

$$\frac{Q_1}{Q_2}=\frac{Q_2+W}{Q_2}=1+\frac{W}{Q_2}=1+\frac{3r+1}{3r}=2+\frac{1}{3r}$$

問6　省略(答を参照)。

参考 $p-V$ 図における等温曲線群と断熱曲線群は前ページの図のようになる。また $\gamma>1$ であるから右図に示すように各点における断熱曲線の傾きは，等温曲線の傾きより急勾配である。

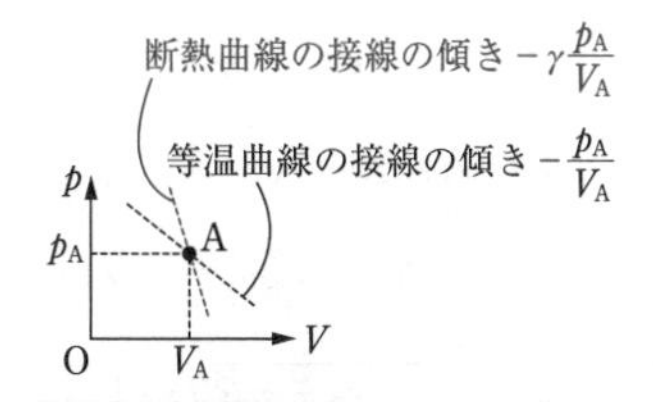

32 **問1** 状態B：$2T_0$〔K〕，状態C：$\frac{3}{2}T_0$〔K〕，状態D：$\frac{1}{2}T_0$〔K〕

問2 $\frac{3}{4}nRT_0$〔J〕　**問3** 吸熱過程：A→B $\left(熱量\ \frac{5}{2}nRT_0〔J〕\right)$，

D→A $\left(熱量\ \frac{3}{4}nRT_0〔J〕\right)$　**問4** $\frac{3}{13}$

問5 外にした仕事が多い方：サイクル2，吸収する熱量が多い方：サイクル2

解説 **問1** B，C，Dの各状態における温度をそれぞれ T_B，T_C，T_D とおくと，各状態での状態方程式より

$$A：P_0\cdot V_0=nRT_0,\quad B：P_0\cdot 2V_0=nRT_B$$

$$C：\frac{1}{2}P_0\cdot 3V_0=nRT_C,\quad D：\frac{1}{2}P_0\cdot V_0=nRT_D$$

これらの式より

$$T_B=2T_0〔K〕,\quad T_C=\frac{3}{2}T_0〔K〕,\quad T_D=\frac{1}{2}T_0〔K〕$$

問2 内部エネルギーの変化 ΔU は温度変化 ΔT に比例し，$\Delta U=nC_v\Delta T$ が成り立つ。断熱過程B→Cで気体が外部へした仕事を W_{BC} とおくと，熱力学第1法則より

$$nC_v(T_C-T_B)=0-W_{BC}$$

よって**問1**の結果を代入して

$$W_{BC}=n\cdot\frac{3}{2}R(T_B-T_C)=\frac{3}{2}nR\left(2T_0-\frac{3}{2}T_0\right)$$

$$=\frac{3}{4}nRT_0〔J〕$$

問3 ΔU，外部へする仕事 W_{out}，外部から気体へ移動する熱量 Q_{in} の符号は，熱力学第1法則より $\Delta U+W_{out}=Q_{in}$ が成り立つから，表のように決まる。

過程	ΔU	W_{out}	Q_{in}
A→B	＋	＋	＋
B→C	－	＋	0
C→D	－	－	－
D→A	＋	0	＋

過程A→Bで吸収した熱量 Q_{AB} は定圧変化における熱量の式より

$$Q_{AB}=nC_p(T_B-T_0)=n\cdot\frac{5}{2}R\cdot(2T_0-T_0)$$

参考 $P-V$ 図による ΔU，W_{out}，Q_{in} の符号の判定法

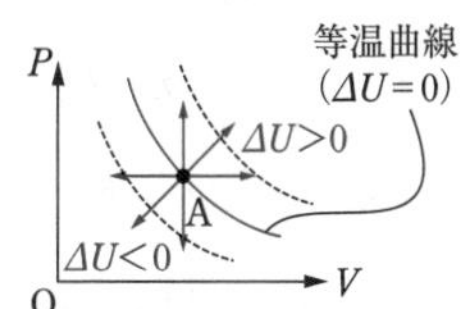

終状態が元の等温曲線より上なら $\Delta U>0$（温度上昇），下なら $\Delta U<0$（温度下昇）

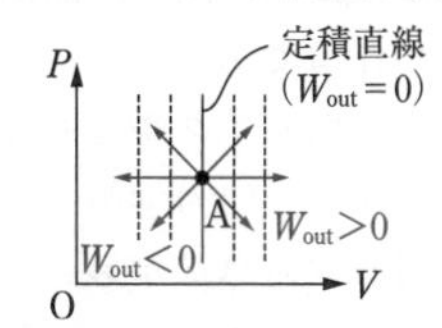

終状態に向かって V が単調増加すれば $W_{out}>0$
単調減少すれば $W_{out}<0$

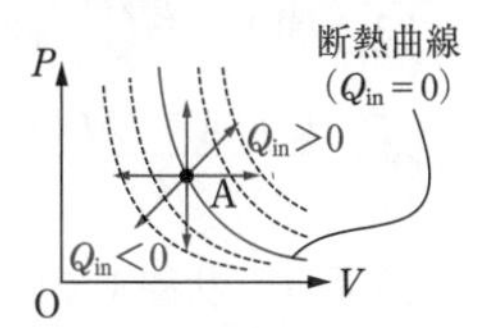

終状態に向かって次々と右側の断熱曲線上の点に移れば $Q_{in}>0$
次々と左側の断熱曲線上の点に移れば $Q_{in}<0$
（W_{out} と Q_{in} の符号は終状態だけでは決まらず終状態への変化のし方に依存する。）

第2章 熱

$$=\frac{5}{2}nRT_0\text{〔J〕}$$

また過程D→Aで吸収した熱量 Q_{DA} は定積変化における熱量の式より

$$Q_{DA}=nC_v(T_0-T_D)=n\cdot\frac{3}{2}R\left(T_0-\frac{1}{2}T_0\right)$$

$$=\frac{3}{4}nRT_0\text{〔J〕}$$

問4 過程A→Bで，気体が外部へした仕事を W_{AB} とし，同様に W_{BC}，W_{CA}，W_{AD} を定める。$P-V$ 図の面積を考えて

$$W_{AB}=P_0(2V_0-V_0)=P_0V_0=nRT_0$$

$$W_{CD}=\frac{1}{2}P_0(V_0-3V_0)=-P_0V_0=-nRT_0$$

$$W_{DA}=0$$

となる。したがって気体が外部へした正味の仕事 W_{net} は**問2**の結果も使って

$$W_{net}=W_{AB}+W_{BC}+W_{CD}+W_{DA}$$

$$=nRT_0+\frac{3}{4}nRT_0+(-nRT_0)+0=\frac{3}{4}nRT_0$$

となる。よって求める熱効率 e は**問3**の結果も使って

〈熱機関の熱効率 e〉

$e=\dfrac{\text{外部へした正味の仕事}}{\text{実際吸収した熱量の和}}$

$$e=\frac{W_{net}}{Q_{AB}+Q_{DA}}=\frac{\frac{3}{4}nRT_0}{\frac{5}{2}nRT_0+\frac{3}{4}nRT_0}=\frac{3}{13}$$

問5 $P-V$ 図で時計回りのサイクルで囲まれた部分の面積が，気体が外部へした正味の仕事であるので，図を比べて気体が外にした仕事が多いのはサイクル2の方である。また両サイクルともAから元のAまで戻るので，この間の内部エネルギーの変化は0であり，熱力学第1法則より外へする仕事は気体が吸収する熱量に等しい。よって，吸収する熱量が多いのもサイクル2である。ちなみにサイクル2の熱効率を計算すると $\frac{4}{27}$ となるので，熱効率はサイクル1の方が大きい。

33 **問1** $\dfrac{p_1AL}{R}$〔K〕 **問2** (c) **問3** $\dfrac{2(p_1A+kL)L}{R}$〔K〕
問4 $\dfrac{(5p_1A+7kL)L}{2}$〔J〕 **問5** $\dfrac{p_1A}{2L}$〔N/m〕

解説 **問1** 状態1での状態方程式より，$p_1\cdot AL=1\cdot RT_1$

よって，$T_1=\dfrac{p_1AL}{R}$〔K〕 ……①

問2 状態1から状態2へ変化するときの気体の圧力を p，容積を Vとする ($AL\leqq V\leqq 2AL$)。このとき圧力室の横方向の長さは $\dfrac{V}{A}$ であるから，ばねの縮み幅は $\dfrac{V}{A}-L$ となる。ピストンに働く力のつりあいより

$$k\left(\frac{V}{A}-L\right)+p_1A=pA \quad よって \quad p=p_1+\frac{k}{A^2}(V-AL) \quad \cdots\cdots②$$

となるから $p-V$ 図で点 $(V,\ p)=(AL,\ p_1)$ を通って，傾き $\frac{k}{A^2}$ の直線（状態 1 と 2 を端とする線分）となるから，求めるグラフは(c)である。

問3　状態 2 の圧力 p_2 は②で $V=2AL$ として

$$p_2=p_1+\frac{kL}{A} \quad \cdots\cdots③$$

である。状態 2 において，状態方程式は

$$p_2\cdot 2AL=1\cdot R\cdot T_2$$

これに③を代入して

$$T_2=\frac{2(p_1A+kL)L}{R}\,〔\mathrm{K}〕 \quad \cdots\cdots④$$

問4　単原子分子の理想気体であるから，状態 1 から 2 での内部エネルギーの変化 ΔU は①，④より，

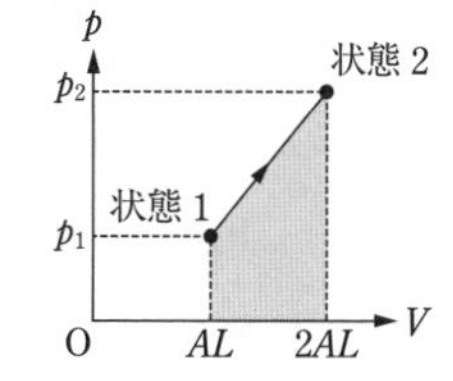

$$\Delta U=\frac{3}{2}\cdot 1\cdot R(T_2-T_1)=\frac{3}{2}(p_1A+2kL)L$$

となる。またこの間の気体が外部へした仕事 W は右図のグラフの台形の面積であるから③を使って

$$W=\frac{1}{2}(p_1+p_2)(2AL-AL)=\frac{1}{2}\left(2p_1+\frac{kL}{A}\right)AL$$

$$=\frac{1}{2}(2p_1A+kL)L$$

熱力学第 1 法則より $Q=\Delta U+W$ であるから

$$Q=\frac{3}{2}(p_1A+2kL)L+\frac{1}{2}(2p_1A+kL)L=\frac{(5p_1A+7kL)L}{2}\,〔\mathrm{J}〕$$

なお，$W=p_1AL+\frac{1}{2}kL^2$ と変形できるが，これは気体がピストンを介して外気へ p_1AL，ばねへ $\frac{1}{2}kL^2$ の仕事をそれぞれしたことを表している。

問5　ピストンの位置を固定しているので，圧力室と真空室を合わせた容積は $AL+2AL=3AL$ であり，バブルの開放によって内部の気体は外部へは仕事をしない。また，全体が断熱されているので熱の出入りもないから，熱力学第 1 法則より内部エネルギーの総量の変化量は 0 となり，最終の熱平衡状態での温度は T_2 のままとなる（仕事をしない断熱自由膨張では温度は変わらない）。よって状態方程式から

$$p_1\cdot 3AL=1\cdot RT_2$$

ここに④を代入して，

$$k=\frac{p_1A}{2L}\,〔\mathrm{N/m}〕$$

34 問1 $\dfrac{2nRT_0}{V_0}$　問2 $\left(\dfrac{V_B}{V_B'}\right)^{\gamma}P_0$　問3 $\alpha^{\frac{1}{\gamma-1}}$　問4 $V_0\left(1-\dfrac{1}{2\alpha^{\frac{3}{2}}}\right)$

問5 $-\dfrac{3}{2}(\alpha-1)nRT_0$　問6 $\dfrac{3}{2}(2\alpha^{\frac{5}{2}}-\alpha-1)nRT_0$　問7 $3(\alpha^{\frac{5}{2}}-1)nRT_0$

Point 〈熱力学の三本柱〉
1 ピストンに働く力のつりあい
2 状態方程式（もしくはボイル・シャルルの法則）
3 熱力学第１法則

解説 **問1** ピストンに働く力のつりあいより，A側の気体とB側の気体の圧力は等しく P_0 である。A側，B側の気体の体積をそれぞれ V_A，V_B とおくと，それぞれの気体の状態方程式より

$$A：P_0V_A=nRT_0,\quad B：P_0V_B=nRT_0\quad よって\quad V_A=V_B$$

ここで $V_A+V_B=V_0$ であるから

$$V_A=V_B=\frac{1}{2}V_0\quad\cdots\cdots①\quad よって\quad P_0=\frac{2nRT_0}{V_0}\quad\cdots\cdots②$$

問2 断熱変化における関係式（PV^{γ}＝一定）より

$P_0V_B{}^{\gamma}=P_1V_B'^{\gamma}$ が成り立つから，$P_1=\left(\dfrac{V_B}{V_B'}\right)^{\gamma}P_0$ ……③ となる。

参考 準静的な（ゆっくりとした）断熱変化では，ポアソンの関係式

$$PV^{\gamma}=一定\quad (TV^{\gamma-1}=一定)\quad ここで，比熱比\ \gamma=\frac{C_p}{C_v}$$

が成り立つ。特に単原子分子理想気体ではマイヤーの関係式 $C_p=C_v+R$ を使うと

$C_v=\dfrac{3}{2}R$，$C_p=\dfrac{5}{2}R$ であるので $\gamma=\dfrac{5}{3}$ となり，

$$pV^{\frac{5}{3}}=一定\quad (TV^{\frac{2}{3}}=一定)$$

となる。なお断熱変化においてもボイル・シャルルの法則は成り立っている（断熱変化だからといって，必ずしもポアソンの関係式を使うとは限らない）。

問3 変化前後のB側の気体の状態方程式は

$$P_0V_B=nRT_0,\qquad P_1V_B'=nR\cdot\alpha T_0$$

であるから

$$\frac{P_1V_B'}{P_0V_B}=\alpha\quad ③を使って\quad \left(\frac{V_B}{V_B'}\right)^{\gamma}\cdot\frac{V_B'}{V_B}=\delta^{\gamma}\cdot\frac{1}{\delta}=\delta^{\gamma-1}=\alpha$$

したがって，$\delta=\alpha^{\frac{1}{\gamma-1}}$ ……④

問4 δ の定義より $V_B'=\dfrac{1}{\delta}V_B$，ここで $\gamma=\dfrac{5}{3}$ であるから④より $\delta=\alpha^{\frac{3}{2}}$ ……⑤ となるので，①も使って $V_B'=\dfrac{1}{\alpha^{\frac{3}{2}}}\cdot\dfrac{1}{2}V_0$

以上より，$V_A'=V_0-V_B'=V_0\left(1-\dfrac{1}{2\alpha^{\frac{3}{2}}}\right)$ ……⑥

問5　問題文の「B側の気体のした仕事 W_B」とは，ピストンを介してA側の気体へした仕事（ただし体積が減少しているので負の仕事）のことである。B側の気体は断熱圧縮されているので熱力学第1法則より $\frac{3}{2}nR(\alpha T_0 - T_0) = 0 - W_B$ であるから

$$W_B = -\frac{3}{2}(\alpha - 1)nRT_0 \quad \cdots\cdots ⑦$$

注意 「外部へした仕事」と「外部からされた仕事」は大きさは等しく符号は逆である。

問6　加熱後のA側の温度を T_A' とおくと，状態方程式より

$$P_1 V_A' = nRT_A'$$

よって，$\Delta U_A = \frac{3}{2}nR(T_A' - T_0) = \frac{3}{2}P_1 V_A' - \frac{3}{2}nRT_0$

ここで③，⑤より，$P_1 = \delta^\gamma P_0 = (\alpha^{\frac{3}{2}})^{\frac{5}{3}} P_0 = \alpha^{\frac{5}{2}} P_0$

②，⑥も使って，

$$\Delta U_A = \frac{3}{2}\cdot\alpha^{\frac{5}{2}} P_0 \cdot V_0\left(1 - \frac{1}{2\alpha^{\frac{3}{2}}}\right) - \frac{3}{2}nRT_0$$

$$= \frac{3}{2}(2\alpha^{\frac{5}{2}} - \alpha - 1)nRT_0 \quad \cdots\cdots ⑧$$

問7　加熱中にA側の気体がされた仕事 W_A' は $W_A' = W_B$ である。A側の気体について熱力学第1法則より⑦，⑧を使って

$$Q_A = \Delta U_A - W_A' = 3(\alpha^{\frac{5}{2}} - 1)nRT_0$$

参考 A側，B側の気体の $P-V$ 図

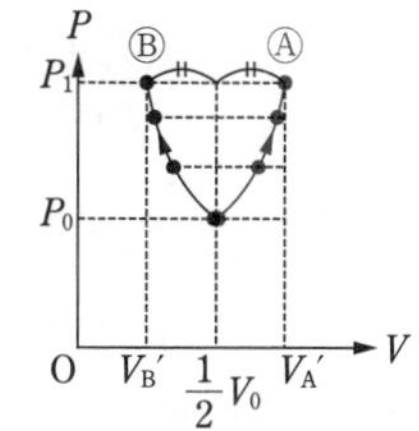

B側の気体の断熱曲線は $PV^{\frac{5}{3}} = P_0\left(\frac{V_0}{2}\right)^{\frac{5}{3}}$ で表される。また体積の和は一定なので直線 $V = \frac{1}{2}V_0$ に関して対称になる。

35　**問1** $\frac{(P_a + P_b)T_a T_b}{P_a T_b + P_b T_a}$　**問2** $\frac{P_a + P_b}{2}$　**問3** $\frac{V}{2R}\left(\frac{P_a}{T_a} - \frac{P_b}{T_b}\right)$

問4 $6P_0V$　**問5** $10P_0V$

問6　下がる，理由：シリンダーC内の気体は断熱膨張をするので，熱力学第1法則より気体が外部へした仕事の分だけ内部エネルギーが減少するから。

解説 **問1**　初期状態の容器A，B内の気体の物質量をそれぞれ n_a，n_b とおくと状態方程式は

$$\text{A}：P_a V = n_a RT_a \qquad \text{B}：P_b V = n_b RT_b$$

となり，

$$n_a = \frac{P_a V}{RT_a} \quad \cdots\cdots ①, \qquad n_b = \frac{P_b V}{RT_b} \quad \cdots\cdots ②$$

手順1によって容器A，B内の気体が混合し，熱平衡状態に達した後，その温度が T_1，圧力が P_1 になったと

〈単原子分子理想気体の内部エネルギー〉

$U = \frac{3}{2}nRT = \frac{3}{2}PV$

ΔU との違いに注意

(i)　初期状態

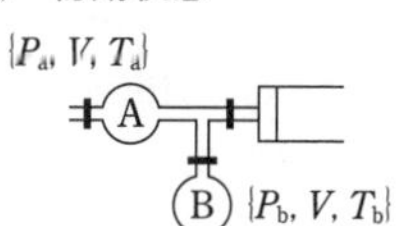

する。この間，容器全体は断熱されており，体積も変わらないことから，外部への仕事も0であるので，熱力学第1法則より混合の際に内部エネルギーの和が保存し，物質量の和も保存することから

$$\frac{3}{2}n_{\mathrm{a}}RT_{\mathrm{a}}+\frac{3}{2}n_{\mathrm{b}}RT_{\mathrm{b}}=\frac{3}{2}(n_{\mathrm{a}}+n_{\mathrm{b}})RT_1 \quad \cdots\cdots③$$

よって①，②を使って

$$T_1=\frac{n_{\mathrm{a}}T_{\mathrm{a}}+n_{\mathrm{b}}T_{\mathrm{b}}}{n_{\mathrm{a}}+n_{\mathrm{b}}}=\frac{\frac{P_{\mathrm{a}}V}{R}+\frac{P_{\mathrm{a}}V}{R}}{\frac{P_{\mathrm{a}}V}{RT_{\mathrm{a}}}+\frac{P_{\mathrm{b}}V}{RT_{\mathrm{b}}}}$$

$$=\frac{P_{\mathrm{a}}+P_{\mathrm{b}}}{\frac{P_{\mathrm{a}}}{T_{\mathrm{a}}}+\frac{P_{\mathrm{b}}}{T_{\mathrm{b}}}}=\frac{(P_{\mathrm{a}}+P_{\mathrm{b}})T_{\mathrm{a}}T_{\mathrm{b}}}{P_{\mathrm{a}}T_{\mathrm{b}}+P_{\mathrm{b}}T_{\mathrm{a}}}$$

(ii) 手順1の後

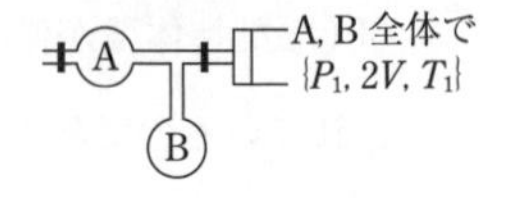

(iii) 手順2の後

$\{P_0, V, T_0\}$　外部 P_0, T_0

A

B $\{P_1, V, T_1\}$

(iv) 手順3の後

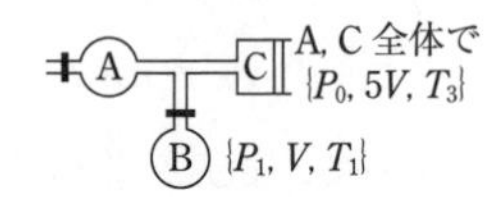

(v) 手順4の後

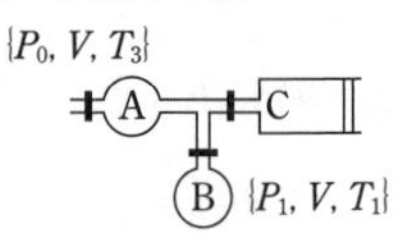

問2　③を状態方程式を使って書き換えると

$$\frac{3}{2}P_{\mathrm{a}}V+\frac{3}{2}P_{\mathrm{b}}V=\frac{3}{2}P_1\cdot 2V$$

よって　$P_1=\dfrac{P_{\mathrm{a}}+P_{\mathrm{b}}}{2}$

問3　手順1の後の混合気体において体積比が物質量の比になるので，手順1後の容器A，B内の気体の物質量 n_{a}'，n_{b}' は $n_{\mathrm{a}}'=n_{\mathrm{b}}'=\dfrac{n_{\mathrm{a}}+n_{\mathrm{b}}}{2}$ となる。よって求める変化量は①，②を利用して

$$n_{\mathrm{b}}'-n_{\mathrm{b}}=\frac{n_{\mathrm{a}}-n_{\mathrm{b}}}{2}=\frac{1}{2}\left(\frac{P_{\mathrm{a}}V}{RT_{\mathrm{a}}}-\frac{P_{\mathrm{b}}V}{RT_{\mathrm{b}}}\right)=\frac{V}{2R}\left(\frac{P_{\mathrm{a}}}{T_{\mathrm{a}}}-\frac{P_{\mathrm{b}}}{T_{\mathrm{b}}}\right)$$

問4　手順3ではピストンのつりあいより，容器AとシリンダーC内の気体が圧力 P_0 の定圧変化をする。手順3終了後のこの気体の温度を T_3 とおくと，前後で状態方程式は $P_0V=n_{\mathrm{a}}'RT_0$，$P_0\cdot 5V=n_{\mathrm{a}}'RT_3$ である。よって求める内部エネルギーの変化は

◀ 2つの状態方程式を比較すると $T_3=5T_0$ であることがわかる。

$$\Delta U=\frac{3}{2}n_{\mathrm{a}}'R(T_3-T_0)=\frac{3}{2}(P_0\cdot 5V-P_0V)$$

$$=6P_0V \quad \cdots\cdots④$$

問5　手順3の定圧膨張のとき，容器AとシリンダーC内の気体が外部へする仕事 W は，$W=P_0\cdot 4V=4P_0V$ であるから，熱力学第1法則より求める熱量 Q は④を使って

$$Q=\Delta U+W=6P_0V+4P_0V=10P_0V$$

◀定圧変化における関係式 $nR\Delta T=P\Delta V$ から導かれる以下の式

$$\Delta U=\frac{3}{2}P\Delta V$$

$$W=P\Delta V$$

$$Q=\frac{5}{2}P\Delta V$$

を使ってもよい。

問6　断熱膨張では熱力学第1法則から $\Delta U=0-W<0$ となる，内部エネルギーの変化 $\Delta U=\dfrac{3}{2}nR\Delta T$ の式より $\Delta T<0$ となるので温度が下降する。

36 (1) $2mv_x$ (2) $\dfrac{2L_x}{v_x}$ (3) $\dfrac{mv_x{}^2}{L_x}$ (4) $\dfrac{Nm\overline{v^2}}{3L_xL_yL_z}$ (5) $\dfrac{3R}{2N_{\mathrm{A}}}T$
(6) $-2mv_xV_x$ (7) $-\dfrac{mv_x{}^2V_x\Delta t}{L_x}$ (8) $-\dfrac{Nm\overline{v^2}V_x\Delta t}{3L_x}$

解説 (1) 分子はピストンに衝突するので $v_x>0$ である。ピストン表面はなめらかで，分子はピストンと完全弾性衝突をするから，衝突直後の分子の速度 $\vec{v'}$ は
$\vec{v'}=(-v_x,\ v_y,\ v_z)$ となる。
この衝突によって分子が受けた力積 $\vec{I}$ は運動量の変化から

$$\vec{I}=m\vec{v'}-m\vec{v}=(-2mv_x,\ 0,\ 0)$$

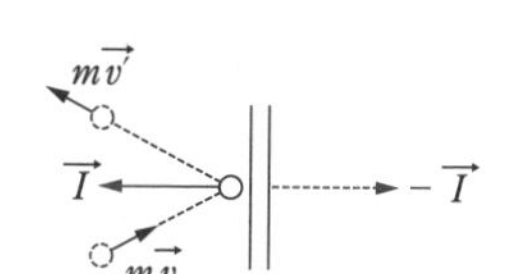

ここで作用・反作用の法則より，この衝突で分子がピストンに与えた力積は $-\vec{I}$ であり，分子はピストンに大きさ $I_x=2mv_x$〔N・s〕の力積を x 軸の正方向に与えている。

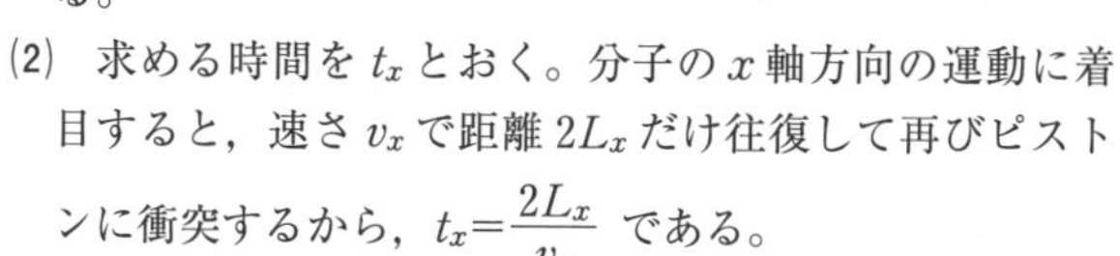

(2) 求める時間を t_x とおく。分子の x 軸方向の運動に着目すると，速さ v_x で距離 $2L_x$ だけ往復して再びピストンに衝突するから，$t_x=\dfrac{2L_x}{v_x}$ である。

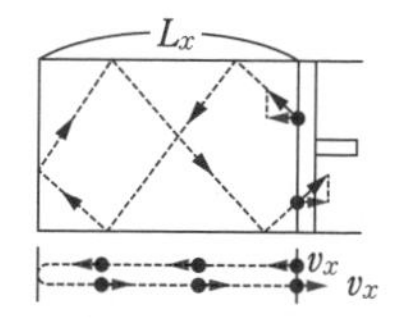

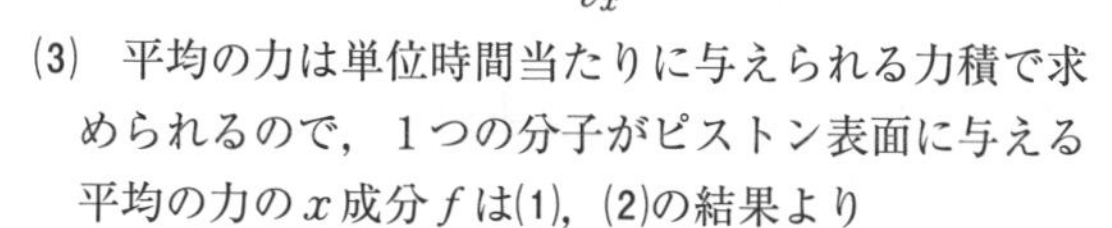

(3) 平均の力は単位時間当たりに与えられる力積で求められるので，1つの分子がピストン表面に与える平均の力の x 成分 f は(1)，(2)の結果より

$$f=\frac{I_x}{t_x}=\frac{2mv_x}{\frac{2L_x}{v_x}}=\frac{mv_x{}^2}{L_x}\text{〔N〕} \quad \cdots\cdots①$$

〈ピストンが1分子から受ける力の大きさ〉

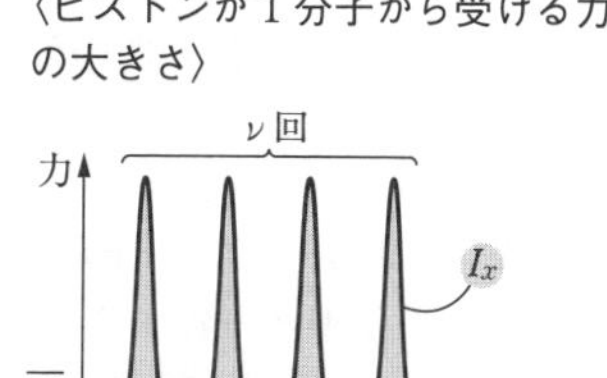

$\overline{f}\times1=I_x\times\nu$
赤と黒の部分の面積は等しい

(4) 以下ではN個の分子に関する物理量Aの平均値を $\overline{A}$ と表す（すなわち $\overline{A}=A$ の和$\div N$）。
(和の平均値)＝(平均値の和) より

$$\overline{v^2}=\overline{v_x{}^2+v_y{}^2+v_z{}^2}=\overline{v_x{}^2}+\overline{v_y{}^2}+\overline{v_z{}^2}$$

ここで速度分布にかたよりがないとすると $\overline{v_x{}^2}=\overline{v_y{}^2}=\overline{v_z{}^2}$ であるので

$\overline{v^2}=3\overline{v_x{}^2}$ すなわち $\overline{v_x{}^2}=\dfrac{1}{3}\overline{v^2}$ ……② となる。

また，①の力の平均をN倍してピストン表面が受ける力Fは

$$F=N\overline{f}=N\cdot\frac{m\overline{v_x{}^2}}{L_x}=\frac{Nm\overline{v^2}}{3L_x}$$

となるから求める圧力Pは，$P=\dfrac{F}{L_yL_z}=\dfrac{Nm\overline{v^2}}{3L_xL_yL_z}$〔Pa〕 ……③

(5) 気体の状態方程式より $P=\dfrac{N}{N_{\mathrm{A}}}\cdot\dfrac{RT}{L_xL_yL_z}$ であるから③と比較して

$$\frac{1}{2}m\overline{v^2}=\frac{3R}{2N_{\mathrm{A}}}T\text{〔J〕} \quad \cdots\cdots④$$

(6) ピストンはなめらかであるから衝突してはね返った直後の分子の速度 $\vec{v'}$ は $\vec{v'}=(v_x',\ v_y,\ v_z)$ とおける。衝突前後でピストンの速度の x 成分は $V_x(>0)$ のままで変化しない完全弾性衝突だから，反発係数が1であることより

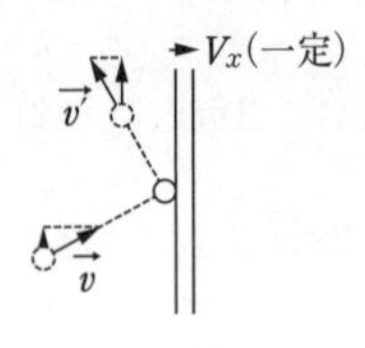

$$1=-\frac{v_x'-V_x}{v_x-V_x} \quad よって \quad v_x'=-(v_x-2V_x)$$

したがって1回の衝突による分子の運動エネルギーの変化は

$$\frac{1}{2}m(v_x'^2+v_y^2+v_z^2)-\frac{1}{2}m(v_x^2+v_y^2+v_z^2)$$

$$=\frac{1}{2}m\{(v_x-2V_x)^2-v_x^2\}\fallingdotseq -2mv_xV_x\ [\mathrm{J}] \quad \cdots\cdots⑤$$

(7) $v_x \gg V_x$ なので，分子が何度も往復してピストン表面に衝突する間のピストンの移動を無視することができる。また，前問より分子はピストン表面との衝突毎に速度の x 成分の大きさが $2V_x$ ずつ減少するが，$v_x \gg V_x$ よりこの変化を無視する。時間 $\varDelta t$ の間に分子は x 方向に距離 $v_x\varDelta t$ だけ往復運動するので，時間 $\varDelta t$ の間のピストン表面との衝突回数は $\dfrac{v_x\varDelta t}{2L_x}$ と近似できる。したがって $\varDelta t$ の間の1分子の運動エネルギーの変化 $\varDelta K$ は⑤より

$$-2mv_xV_x\cdot\frac{v_x\varDelta t}{2L_x}=-\frac{mv_x^2V_x\varDelta t}{L_x}\ [\mathrm{J}] \quad \cdots\cdots⑥$$

(8) ②，⑥より，$\varDelta t$ の間の分子全体の運動エネルギーの変化 $\varDelta U$ は

$$\varDelta U=N\cdot\overline{\varDelta K}=-\frac{Nm\overline{v_x^2}V_x\varDelta t}{L_x}=-\frac{Nm\overline{v^2}V_x\varDelta t}{3L_x}\ [\mathrm{J}]$$

なお，③より $\varDelta U=-PL_yL_z\cdot V_x\varDelta t$ と変形できるので，$\varDelta U$ はこの間に気体が外からなされた仕事と一致することがわかる。

第3章 波動

10 水面波

37 問1 $\dfrac{4}{T_1}$〔Hz〕　問2 $\dfrac{L_2-L_1}{4}$〔m〕　問3 $\dfrac{L_2-L_1}{T_1}$〔m/s〕
問4 波源A　問5 $\dfrac{L_2-L_1}{8}$〔m〕　問6 $\dfrac{L_2-L_1}{8}$〔m〕

解説 **問1** 図2(a)より時間 T_1 の間に4回振動しているから，進行波の周期 T は $T=\dfrac{1}{4}T_1$ とわかる。振動数は周期の逆数であるから

$$f=\frac{1}{T}=\frac{4}{T_1}\text{〔Hz〕}$$

〈波の基本式〉
$$V=f\lambda=\frac{\lambda}{T}$$

問2 図2(b)より PQ 間に4波長分の波があるから，進行波の波長 λ は，

$$\lambda=\frac{L_2-L_1}{4}\text{〔m〕}$$

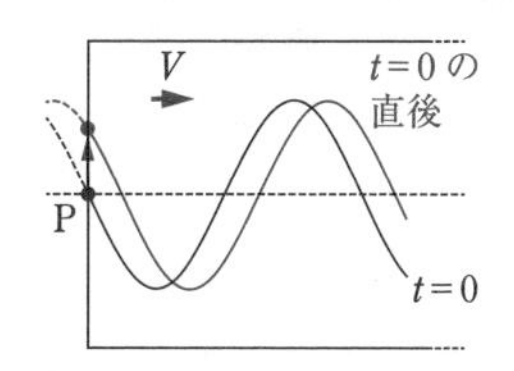

問3 波の基本式より

$$V=f\lambda=\frac{4}{T_1}\cdot\frac{L_2-L_1}{4}=\frac{L_2-L_1}{T_1}\text{〔m/s〕}$$

問4 図2(a)より時刻 $t=0$ の直後，Pの液面は上方へ変位しているので，図2(b)の $t=0$ での波形のグラフが右向きに移動することがわかる(右上図参照)。すなわち波源はPより左の位置にあるAである。

Point

進行波	定常波
波長 λ	腹と腹の間隔 $\dfrac{\lambda}{2}$
振幅 A	腹の振幅 $2A$ 節の振幅 0
周期 T	周期 T
振動数 f	振動数 f
速さ $V=f\lambda$	進行しない波

問5 定常波の腹と腹の間隔 d_0 は，重ねあわせる前の進行波の波長の半分であるから，**問2**の結果を使って，

$$d_0=\frac{\lambda}{2}=\frac{L_2-L_1}{8}\text{〔m〕}$$

問6 波源Bをゆっくり移動させるので，Bから発せられる波の波長は λ のまま変わらないと考えることができる。よって波源A，Bから発せられる進行波の重ねあわせによって定常波ができる。点Pが最初節のとき波源A，Bからの進行波が点Pで逆位相で重なるから，m を整数として

$$\text{BP}-\text{AP}=\left(m+\frac{1}{2}\right)\lambda\quad\cdots\cdots①$$

が成り立つ。一方，波源Bを少しずつ動かし距離 x だけA側へ移動させるとき，波源A，Bからの進行波が同位

次ページの図は，ある時刻での進行波の図。Bの位置を左へ $\dfrac{\lambda}{2}$ だけずらすと，それまで点Pで右向きの波の山と，左向きの波の谷が重なった状態(I)から，ともに山が重なる状態(II)に変わる。

相で重なり，点Pではじめて腹が観測されたことから，同じ m を使って

$$(\mathrm{BP}-x)-\mathrm{AP}=m\lambda \quad \cdots\cdots②$$

①−② より問2の結果から，$x=\dfrac{\lambda}{2}=\dfrac{L_2-L_1}{8}$〔m〕

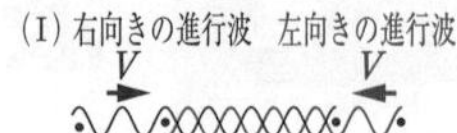

11 音波

38 問1 $\dfrac{2}{3}X$〔m〕　問2 $\dfrac{2}{3}fX$〔m/s〕　問3 $\dfrac{8\rho f^2X^2}{9g}$〔kg〕

問4 $\dfrac{3}{8}Mg$〔N〕　問5 $\dfrac{3}{8f}\sqrt{\dfrac{6Mg}{\rho}}$〔m〕

Point 弦の定常波問題

両端で固定端反射して左右に進む進行波の重ねあわせによって，定常波が生じると考えて

1. 定常波の条件や弦の長さから振動数 f と節-節間隔 d を求める。
2. 弦におもりがつながっているとき，その張力の大きさ S を求める。
3. 定常波を分解した進行波についての波の基本式 $(v=f\lambda)$ より $\sqrt{\dfrac{S}{\rho}}=f\cdot 2d$ を立式する。

解説

問1　弦ABには腹が3個の定常波ができているので，節と節の間隔 d は $d=\dfrac{X}{3}$ である。よって，重ねあわせる前の弦を左右に伝わる進行波の波長 λ は，

$$\lambda=2d=\frac{2}{3}X \text{〔m〕}$$

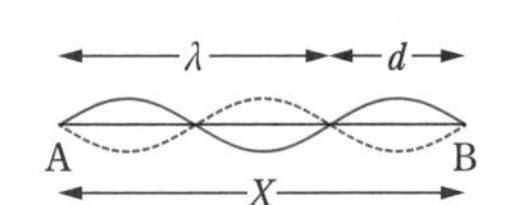

問2　弦に生じた定常波の振動数と，重ねあわせる前の進行波の振動は共に等しく，これはおんさの振動数に等しい。求める波の速さを v とおくと，弦を伝わる進行波についての波の基本式より

$$v=f\lambda=f\cdot\frac{2}{3}X=\frac{2}{3}fX \text{〔m/s〕} \quad \cdots\cdots①$$

問3　棒は一様であるから，重心GはABの中点である。対称性より弦の張力と糸の張力の大きさは等しいので，棒にはたらく力のつりあいより

$$2S=Mg \quad よって \quad S=\frac{1}{2}Mg$$

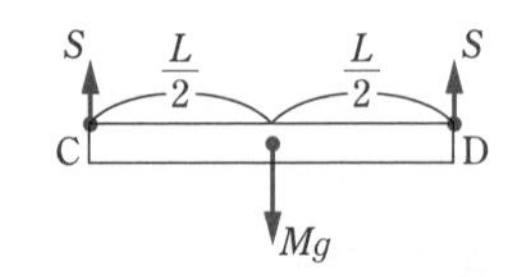

①と $v=\sqrt{\dfrac{S}{\rho}}$ ……② の2式より

$$\sqrt{\frac{Mg}{2\rho}}=\frac{2}{3}fX \quad よって \quad M=\frac{8\rho f^2X^2}{9g}\text{〔kg〕}$$

問4 糸の張力の大きさを S'' とおくと，棒に働く力のつりあいより

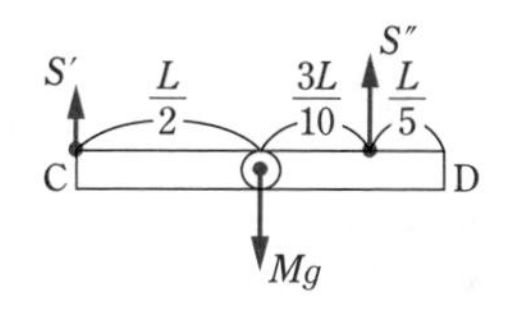

$$S'+S''=Mg$$

また，棒の重心Gのまわりの力のモーメントのつりあいより

$$\frac{L}{2}\cdot S'=\frac{3L}{10}\cdot S''$$

以上2式より求める弦の張力の大きさ S' は,

$$S'=\frac{3}{8}Mg\text{〔N〕} \quad ……③$$

問5 弦の張力の大きさが変わってもおんさの振動数に影響を与えないと考える。求めるAB間の長さを X' とおくと腹が3個の定常波が発生しているので進行波の波長は $\dfrac{2}{3}X'$ となり，振動数は f で変わらないので，進行波についての波の基本式に③を代入した②式を使って

$$\sqrt{\frac{3Mg}{8\rho}}=f\cdot\frac{2}{3}X' \quad これより \quad X'=\frac{3}{8f}\sqrt{\frac{6Mg}{\rho}}\text{〔m〕}$$

参考 長さ L，伝わる波の速さ v の弦に，腹が n 個の定常波が発生しているとき，固有振動数を f_n とおくと，進行波についての波の基本式より

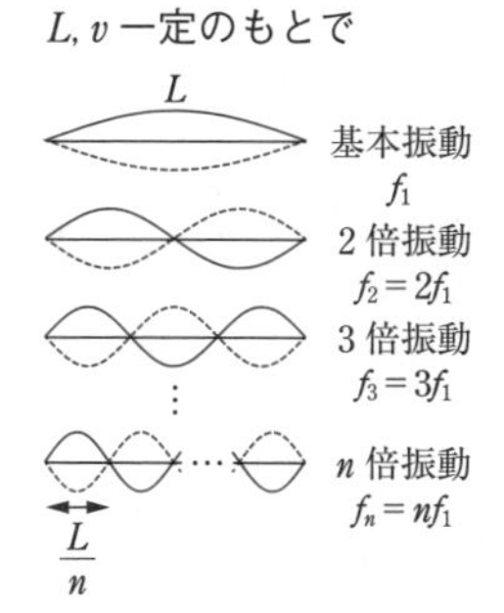

$$v=f_n\cdot\left(\frac{L}{n}\times 2\right)$$

よって，$f_n=\dfrac{nv}{2L}=nf_1$ $(n=1,\ 2,\ ……)$ ……④

と表せる。$f_1\left(=\dfrac{v}{2L}\right)$ を基本振動数と呼ぶ。ただし④のように腹の個数と固有振動数が比例するのは L と $v=\sqrt{\dfrac{S}{\rho}}$ が変化しない場合に限ることに注意。

39 **問1** (1) $\dfrac{V_1}{4L_1}$ (2) $\dfrac{(2n-1)V_1}{4L_1}$ (3) 腹の数3個，$f_3=\dfrac{5V_1}{4L_1}$

問2 (4) $\dfrac{\lambda}{2}$ (5) $\dfrac{V_1}{2f_3}$ (6) $\dfrac{5}{3}$倍 **問3** (7) (ア) (8) $\dfrac{4}{5}L_3$

(9) $\dfrac{L_3}{L_1}V_1$ (10) $a=\dfrac{(L_3-L_1)V_1}{L_1(t_2-t_1)}$，$V_0=\dfrac{L_1t_2-L_3t_1}{L_1(t_2-t_1)}V_1$

Point 気柱が共鳴して外部へ大きな音が聞こえているとき，開口端が腹，閉口端が節となる定常波が発生している(気柱の共鳴条件)。

解説 **問1** (1) 振動数を0からしだいに増していくと，音波の波長は無限大から徐々に短くなっていく。最初に気柱の共鳴条件を満たすのは右図のときである。定常波の隣接する腹と節の間隔は，重ねあわせる前の進行波の波長の4分の1であるから，進行波の波の基本式より

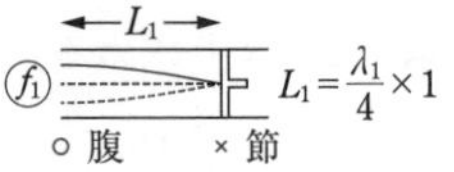

$$V_1=f_1\cdot 4L_1 \quad よって \quad f_1=\frac{V_1}{4L_1}$$

1回目の共鳴

L_1 (f_1) $L_1=\dfrac{\lambda_1}{4}\times 1$

○ 腹 × 節

(2) n回目の共鳴が起こるときの音波の振動数をf_n，波長をλ_nとする。このとき共鳴条件から

$L_1=\dfrac{\lambda_n}{4}\times(2n-1)$ であるので，進行波の波の基本式

$V_1=f_n\lambda_n$ より

$$f_n=\frac{V_1}{\lambda_n}=\frac{(2n-1)V_1}{4L_1} \quad \cdots\cdots①$$

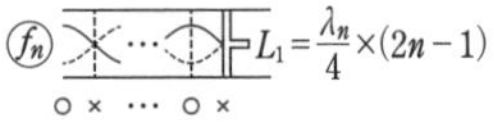

(3) 右の3回目の共鳴を表す図より，生じる腹の数は3個である。また，①で $n=3$ として，

$$f_3=\frac{5V_1}{4L_1} \quad \cdots\cdots②$$

2回目の共鳴

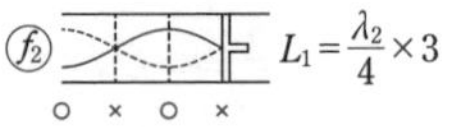

(f_2) $L_1=\dfrac{\lambda_2}{4}\times 3$

○ × ○ ×

3回目の共鳴

(f_3) $L_1=\dfrac{\lambda_3}{4}\times 5$

○ × ○ × ○ ×

⋮

n回目の共鳴

(f_n) $L_1=\dfrac{\lambda_n}{4}\times(2n-1)$

○ × ⋯ ○ ×

問2 (4) 右図のようにピストンを半波長分だけ移動させると，再び共鳴条件を満たすので，

$$L_1-L_2=\frac{\lambda}{2}$$

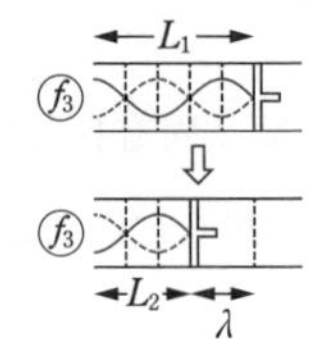

(5) 波の基本式より $\lambda=\dfrac{V_1}{f_3}$ であるから，

$$L_1-L_2=\frac{V_1}{2f_3}$$

(6) 右図より $L_1=\dfrac{\lambda}{4}\times 5$，$L_2=\dfrac{\lambda}{4}\times 3$ であるから，L_1 はL_2の $\dfrac{5}{3}$ 倍である。

問3 (7) 音速が増大し，振動数が変化しないとき，波長は大きくなるので定常波の腹の数を変えずに共鳴条件を満たそうとすると，ピストンをスピーカーから遠ざかる向きに動かせばよい（右図参照）。

(8) このときの音波の波長をλ'とおくと $L_3=\frac{\lambda'}{4}\times 5$

であるから，

$$\lambda'=\frac{4}{5}L_3 \quad \cdots\cdots ③$$

(9) 波の基本式 $V_2=f_3\lambda'$ に②，③を代入して

$$V_2=\frac{5V_1}{4L_1}\cdot\frac{4L_3}{5}=\frac{L_3}{L_1}V_1$$

(10) 問題文の式より(9)の結果も使って

$$V_1=V_0+at_1 \quad \cdots\cdots ④$$

$$\frac{L_3}{L_1}V_1=V_0+at_2 \quad \cdots\cdots ⑤$$

⑤−④ より

$$\left(\frac{L_3}{L_1}-1\right)V_1=a(t_2-t_1)$$

よって，$a=\frac{(L_3-L_1)V_1}{L_1(t_2-t_1)}$

これを④に代入して，$V_0=V_1-at_1=\frac{L_1t_2-L_3t_1}{L_1(t_2-t_1)}V_1$

Point 気柱の共鳴問題では，

1 閉管，開管における共鳴条件から腹-節間隔 d' を求める $\left(d'=\frac{1}{4}\lambda\right)$。

このとき

管の長さ $L=\begin{cases} d'\times\text{奇数：閉管} \\ d'\times\text{偶数：開管} \end{cases}$

2 進行波の波の基本式 $V=f\cdot 4d'$（Vは温度依存）を立てる。

なお開口端補正 ΔL を考える場合

閉管：$L\to L+\Delta L$，開管：$L\to L+2\Delta L$

と置き換える。

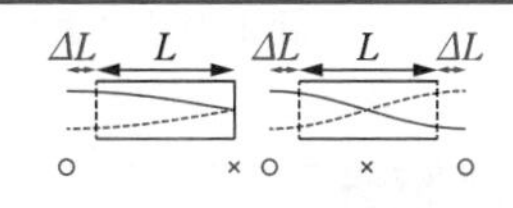

参考 音速V，気柱の長さLが一定のとき，$n=1, 2, \cdots$ として閉管では

$$f_n=\frac{(2n-1)V}{4L}=(2n-1)f_1 \quad \left(f_1=\frac{V}{4L}\right)$$

開管では

$$f_n'=\frac{nV}{2L}=nf_1' \quad \left(f_1'=\frac{V}{2L}\right)$$

という固有振動数で共鳴する（f_1，f_1'をそれぞれの場合の基本振動数という）。

第3章 波動

40 問1 $f_1 - f$〔Hz〕　問2 (1) $\dfrac{v+V_R}{v}f$〔個〕　(2) $\dfrac{v+V_R}{v-V_R}f$〔Hz〕

(3) $\dfrac{2V_R}{v-V_R}f$〔Hz〕　問3 音源に近づくように動いた。$V=\dfrac{1}{10}v$〔m/s〕

問4 $\dfrac{1}{2}V_R$, $\dfrac{3}{2}V_R$〔m/s〕

解説 問1 反射板が観測者と音源に近づく向きに運動しているので，反射音の振動数 f_1 は直接音の振動数 f よりも大きい。よって求めるうなりの振動数 Δf は，

$$\Delta f = f_1 - f \text{〔Hz〕}$$

〈うなり〉
うなりの振動数 Δf
$\boldsymbol{\Delta f = |f_A - f_B|}$
うなりの周期 T
$\boldsymbol{T = \dfrac{1}{|f_A - f_B|}}$

問2 (1) 1秒間に音源から反射板へ音波は v だけ進み，反射板は音源に向かって V_R だけ進むから，1秒間には距離 $v+V_R$ の中に含まれる波が反射板に到達する。

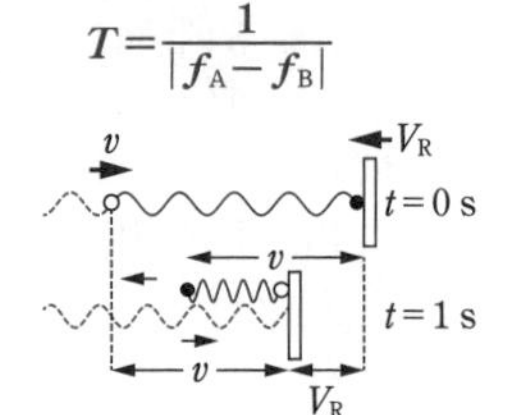

音波の波長を λ とおくと波の基本式より $\lambda=\dfrac{v}{f}$ であるから，求める波の個数は

$$\frac{v+V_R}{\lambda}=\frac{v+V_R}{v}f \text{〔個〕}$$

別解 反射板にいる仮想的な観測者から見ると，見かけの音速 $v+V_R$ で音波が入射するので，1秒間に $\dfrac{v+V_R}{\lambda}$〔個〕の波が到達する。以下同様。

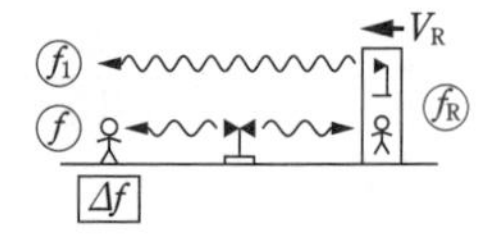

(2) 反射板は振動数 $f_R=\dfrac{v+V_R}{v}f$ ……① の音波を発しながら速さ V_R で運動する仮想的音源と見なせるので，ドップラー効果の公式より観測者に届く反射音の振動数 f_1 は，

$$f_1=\frac{v-0}{v-V_R}f_R=\frac{v+V_R}{v-V_R}f \text{〔Hz〕}$$

(3) (2)と問1の結果より，$\Delta f = f_1 - f = \dfrac{2V_R}{v-V_R}f$〔Hz〕

〈ドップラー効果の公式〉

v(音速)
f　正　f'
u_S　u_O

$$\boldsymbol{f'=\frac{v-u_O}{v-u_S}f}$$

音波が進む向きを正方向にとるときの音源と観測者それぞれの速度成分が u_S, u_O である。

Point 運動する反射板によるドップラー効果の解法

① 音源と板上の仮想的観測者の間でドップラー効果の公式を使って f_R を求める。

② 板上の仮想的音源（振動数 f_R）と観測者の間でドップラー効果の公式を使って f' を求める。

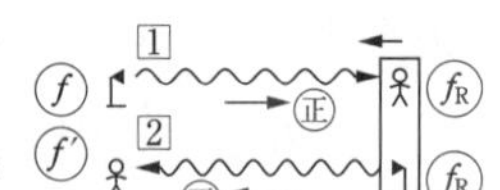

問3　観測者が音源から離れる向きに，速度 V_0 で進むとする $(V=|V_0|<v)$。このとき音源から直接観測者の方にやってくる音波の振動数 f' はドップラー効果の公式より，

$$f'=\frac{v-V_0}{v-0}f=\frac{v-V_0}{v}f \quad \cdots\cdots②$$

一方，観測者が観測する反射音の振動数 f' は反射板上の仮想的音源によるドップラー効果を考えて①より

$$f_1'=\frac{v-V_0}{v-V_R}f_R=\frac{(v-V_0)(v+V_R)}{(v-V_R)v}f \quad \cdots\cdots③$$

よって観測するうなりの振動数 $\Delta f'$ は②，③と(3)の結果より

$$\Delta f'=|f_1'-f'|=\left|\frac{2V_R(v-V_0)}{v(v-V_R)}f\right|=\left(1-\frac{V_0}{v}\right)\Delta f$$

ここで $\Delta f'=1.1\Delta f$ であるから $V_0=-\frac{1}{10}v$ となり $V=|V_0|=\frac{1}{10}v$〔m/s〕となる。

また $V_0<0$ であるから観測者は音源に近づくように動いている。

問4　音源から直接観測者に届く音波の振動数を f'' とおくとドップラー効果の公式より，

$$f''=\frac{v-0}{v-V_S}f$$

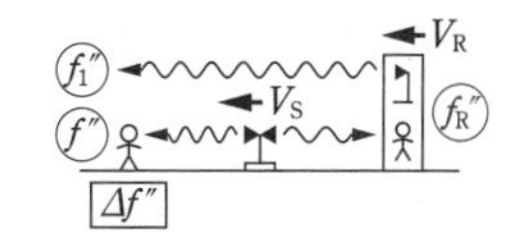

また反射板上の仮想的観測者が受けとる音波の振動数を f_R'' とおくとドップラー効果の公式より

$$f_R''=\frac{v-(-V_R)}{v-(-V_S)}f=\frac{v+V_R}{v+V_S}f$$

次に，反射板上の仮想的音源（振動数 f_R''）から発せられた音波を，観測者が観測するときの振動数を f_1'' とおくとドップラー効果の公式より

$$f_1''=\frac{v-0}{v-V_R}f_R''=\frac{v(v+V_R)}{(v-V_R)(v+V_S)}f$$

であるから観測するうなりの振動数 $\Delta f''$ は，$\Delta f''=|f_1''-f''|=\frac{2v^2|V_R-V_S|}{(v-V_R)(v^2-V_S{}^2)}f$

ここで $\Delta f''=\frac{1}{2}\Delta f$ であるから**問2**(3)の結果より

$$\frac{2v^2|V_R-V_S|}{(v-V_R)(v^2-V_S{}^2)}f=\frac{1}{2}\cdot\frac{2V_R}{v-V_R}f$$

変形して

$$2v^2|V_R-V_S|=V_R(v^2-V_S{}^2)=V_Rv^2\left(1-\frac{V_S{}^2}{v^2}\right)$$

$\frac{V_S}{v}\ll1$ であるから上式を近似して，$2|V_R-V_S|=V_R$　これを解いて，

$$V_S=\frac{1}{2}V_R,\ \frac{3}{2}V_R〔m/s〕$$

41 **問1** $\dfrac{2\pi r}{v}$〔s〕　**問2** A，G　**問3** 最も高い音：K，最も低い音：C

問4 $\dfrac{f_1-f_2}{f_1+f_2}V$〔m/s〕　**問5** $t_D=\dfrac{\sqrt{5}\,r}{V}$〔s〕，$f_D=\dfrac{\sqrt{5}\,V}{\sqrt{5}\,V+2v}f$〔Hz〕

問6 $t_1=\dfrac{2\pi r}{3v}$〔s〕，$t_2=\dfrac{2\pi r}{3v}+\dfrac{(3-\sqrt{3})r}{V}$〔s〕

解説 **問1**　音源がAからGへ移動するときは観測者から遠ざかり，振動数が減少する。また，GからAへ移動するときは観測者に近づき，振動数が増加する。観測者が聞く音の振動数の変化の周期 T は，音源の円運動の周期と一致するので，$T=\dfrac{2\pi r}{v}$〔s〕　……①

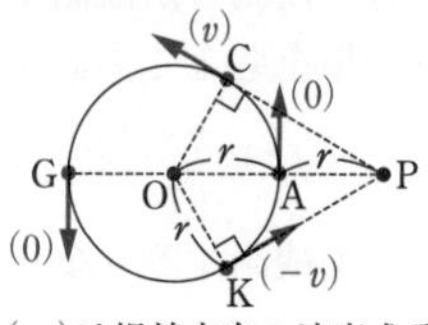

（　）は視線方向の速度成分

問2　音源の運動する速さが音速に比べて十分小さいので，斜めドップラー効果の公式が使える。視線方向（観測者から音源に向かう方向）の音源の速度成分が0となる位置から発せられた音が，観測者に音源と同じ振動数 f の音として観測されるから，求める音源の位置はA，Gである。

〈斜めドップラー効果〉
音源のみ運動する場合

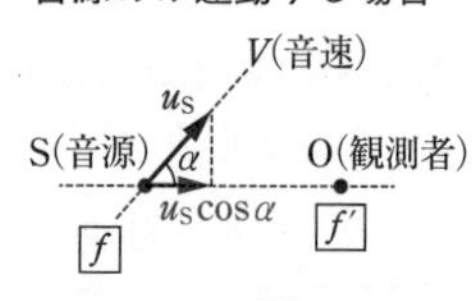

$$f'=\frac{V}{V-u_s\cos\alpha}f$$

観測者のみ運動する場合

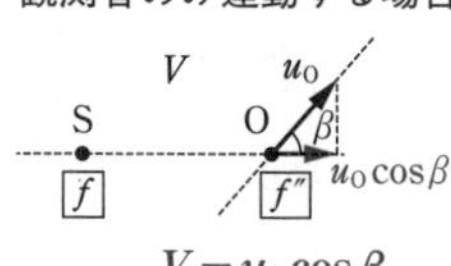

$$f''=\frac{V-u_O\cos\beta}{V}f$$

問3　視線方向の音源の速度成分が最小値 $(-v)$ となる位置から発せられた音が，観測者に最も振動数が高い音として観測されるから，図で $\angle\mathrm{OKP}=90°$ よりその位置はKである。また，視線方向の音源の速度成分が最大値 (v) となる位置から発せられた音が，観測者に最も振動数が低い音として観測されるから，図で $\angle\mathrm{OCP}=90°$ よりその位置はCである。

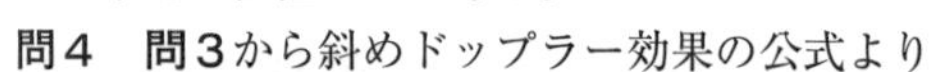

問4　問3から斜めドップラー効果の公式より

$$f_1=\frac{V}{V-v}f,\qquad f_2=\frac{V}{V+v}f$$

よって $f_1(V-v)=f_2(V+v)$ となるから，

$$v=\frac{f_1-f_2}{f_1+f_2}V\text{〔m/s〕}$$

問5　$\angle\mathrm{DOP}=90°$ より $\mathrm{DP}=\sqrt{5}\,r$ であるから，

$$t_D=\frac{\sqrt{5}\,r}{V}\text{〔s〕}$$

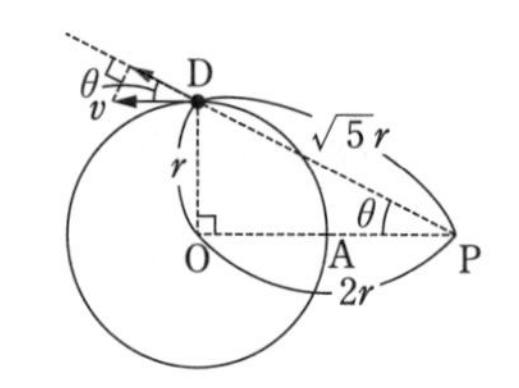

次に音源が位置Dを通過する瞬間の速度と視線方向（$\overrightarrow{\mathrm{PD}}$）のなす角を θ とおくと，視線方向の速度成分は $v\cos\theta$ である。ここで $\angle\mathrm{DPO}=\theta$ であるから，

$$\cos\theta=\frac{\mathrm{OP}}{\mathrm{DP}}=\frac{2}{\sqrt{5}}$$

よって斜めドップラー効果の公式より,

$$f_D=\frac{V}{V+v\cos\theta}f=\frac{\sqrt{5}V}{\sqrt{5}V+2v}f\text{〔Hz〕}$$

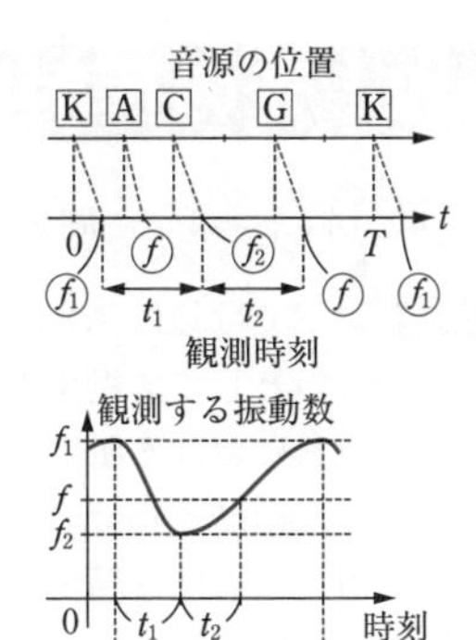

問6　KP＝CP＝$\sqrt{3}r$ であるから，音源が位置Kを通過した時刻を0とすると，観測者が最大の振動数 f_1 を観測する時刻は $\frac{\sqrt{3}r}{V}$ であり，また，∠KOC＝120° であるから，音源が位置Cを通過する時刻は $\frac{1}{3}T$ であり，それから時間 $\frac{\sqrt{3}r}{V}$ だけ遅れて観測者に最小の振動数 f_2 が観測されるから，①より求める t_1 は

$$t_1=\left(\frac{1}{3}T+\frac{\sqrt{3}r}{V}\right)-\frac{\sqrt{3}r}{V}=\frac{1}{3}T=\frac{2\pi r}{3v}\text{〔s〕}$$

次に ∠KOG (大きい方)＝240° であるから，音源が移動し位置Gを通過する時刻は $\frac{2}{3}T$ である。さらに位置Gで発せられた音が観測者に振動数 f の音として観測されるから，GP＝$3r$ と①より求める時間 t_2 は

$$t_2=\left(\frac{2}{3}T+\frac{3r}{V}\right)-\left(\frac{1}{3}T+\frac{\sqrt{3}r}{V}\right)$$

$$=\frac{1}{3}T+\frac{(3-\sqrt{3})r}{V}=\frac{2\pi r}{3v}+\frac{(3-\sqrt{3})r}{V}\text{〔s〕}$$

12 光の反射と屈折

42 問1 ② 問2 ① 問3 ⑧ 問4 ① 問5 ② 問6 ⑧

解説 以下では領域ABCの空気を充填した容器の厚みは十分薄いとして無視する。

問1 点Pにおける屈折の法則より，

$n\sin\theta=1\cdot\sin j$ ……(i)

問2 点Qにおける屈折の法則より，

$1\cdot\sin r=n\sin\alpha$ ……(ii)

問3 △APQの内角の和をラジアンで考えて

$$\theta+\left(\frac{\pi}{2}-j\right)+\left(r+\frac{\pi}{2}\right)=\pi \quad \text{よって} \quad r=j-\theta$$

これを(ii)に代入して，$\sin\alpha=\dfrac{1}{n}\sin(j-\theta)$ ……(iii)

問4 三角関数の加法定理を使って(iii)は

$$\sin\alpha=\frac{1}{n}(\sin j\cdot\cos\theta-\cos j\cdot\sin\theta)$$

と変形できるが(i)より

$\cos j=\sqrt{1-\sin^2 j}=\sqrt{1-(n\sin\theta)^2}$ であるから

$$\sin\alpha=\frac{1}{n}(n\sin\theta\cdot\cos\theta-\sqrt{1-n^2\sin^2\theta}\cdot\sin\theta)$$

$$=\sin\theta\left(\cos\theta-\frac{1}{n}\sqrt{1-n^2\sin^2\theta}\right)$$

問5 点Pで光は屈折率のより大きい液体から，屈折率のより小さい空気の方へ向かって進むので，入射角θを次第に大きくしていくと屈折角rの方が$r>\theta$を満たしながら大きくなり，先に$\dfrac{\pi}{2}$に達する。このときの入射角を臨界角θ_cといい，$\theta\geqq\theta_c$を満たす角で光を入射すると，境界面ですべての光が反射されるようになる。この現象を全反射という。

問6 光が液体から空気へ向かうときの臨界角θ_cについて，式(i)で$j=\dfrac{\pi}{2}$，$\theta=\theta_c$として

$$n\sin\theta_c=\sin\frac{\pi}{2}=1 \quad \text{よって} \quad \sin\theta_c=\frac{1}{n}$$

全反射するためにはθがθ_cを超えればよいので，$\sin\theta>\sin\theta_c=\dfrac{1}{n}$

なお，屈折角が$\dfrac{\pi}{2}$の屈折光は振幅0となるので$\theta=\theta_c$から全反射が始まると考えてよい。

〈屈折の法則（光の場合）〉

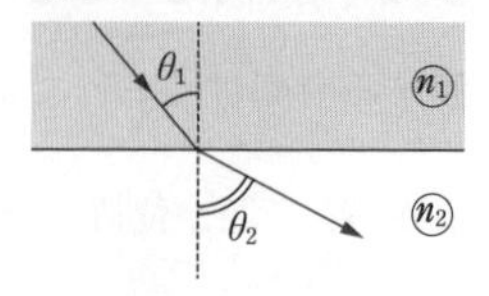

$$\boldsymbol{n_1\sin\theta_1=n_2\sin\theta_2}$$

Point 全反射が起こる条件

1. 光が屈折率の大きい媒質から小さい媒質の方へ進む（$\boldsymbol{n_1>n_2}$）。
2. 入射角θ_1が臨界角θ_c以上になる。（$\theta\geqq\theta_c$）

$\theta_1\to\theta_c$のとき屈折角

$\theta_2\to 90°$となるので

$n_1\sin\theta_c=n_2\sin 90°$ だから

$$\sin\theta_c=\frac{n_2}{n_1}\ (<1)$$

よって $\boldsymbol{\sin\theta_1\geqq\dfrac{n_2}{n_1}}$

〈反射光の入射角による変化（$n_1>n_2$ のとき）〉

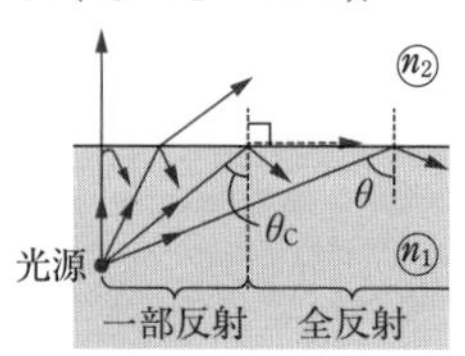

43 問1 $x>f$ 問2 $\dfrac{f}{x_0-f}$ 問3 $S>4f$ 問4 $m_1=\dfrac{x_2}{x_1}$, $m_2=\dfrac{x_1}{x_2}$
問5 $16<x_3<F+16$ 問6 $4(2+\sqrt{4+F})$〔cm〕 問7 20 cm

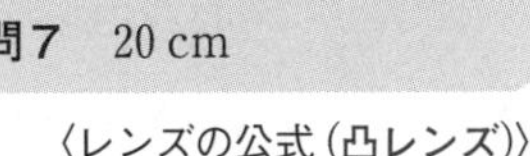

〈レンズの公式(凸レンズ)〉

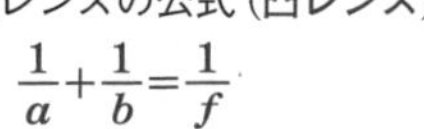

$$\frac{1}{a}+\frac{1}{b}=\frac{1}{f}$$

a : レンズに対する物体の前方位置
b : レンズに対する像の後方位置
{実像のとき $b>0$
{虚像のとき $b<0$
f : 焦点距離(なお凹レンズでは $f\to-f$)

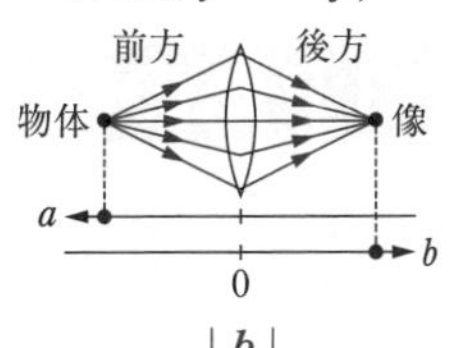

倍率 $m=\left|\dfrac{b}{a}\right|$

解説 問1 凸レンズから物体までの距離 x が，焦点距離 f より大きいとき実像ができるので，$x>f$ が満たすべき条件である。

問2 凸レンズから実像までの距離を b_0 とおくと，レンズの公式より

$$\frac{1}{x_0}+\frac{1}{b_0}=\frac{1}{f} \quad よって \quad b_0=\frac{x_0f}{x_0-f} \quad \cdots\cdots①$$

求める倍率 m は，$m=\dfrac{b_0}{x_0}=\dfrac{f}{x_0-f}$

なお実像ができることより $x_0>f$ であるから $m>0$ を満たす。

問3 レンズの位置を $x\ (0<x<S)$ として，スクリーンに実像ができる場合のレンズの公式は

$$\frac{1}{x}+\frac{1}{S-x}=\frac{1}{f} \quad より \quad x^2-Sx+Sf=0$$

2次方程式の解の公式より，

$$x=\frac{S\pm\sqrt{S^2-4Sf}}{2} \quad \cdots\cdots②$$

ここで $S^2-4Sf=S(S-4f)>0$ すなわち $S>4f$ が満たされるとき，$0<\sqrt{S^2-4Sf}<S$ より確かに②は $0<x<S$ を満たす異なる2つの実数となる(小さい解が x_1，大きい解が x_2 である)。

問4 右図の赤い2つの三角形の相似性から

$$m_1=\frac{x_2}{x_1},\quad m_2=\frac{x_1}{x_2}$$

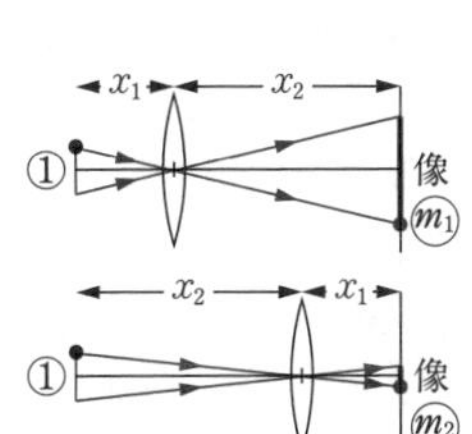

問5 レンズAによる小物体の実像の位置は式①を使って

$$4+\frac{4\cdot3}{4-3}=16\text{ cm}$$

この実像とレンズBとの距離 x_3-16 が，レンズBの焦点距離より短ければ虚像ができるので，求める条件は

$$0<x_3-16<F \quad よって \quad 16<x_3<16+F$$

問6 レンズAによる実像をレンズBにとっての物体と見なして，虚像ができる場合のレンズの公式を立てると

$$\frac{1}{x_3-16}+\frac{1}{-x_3}=\frac{1}{F}$$

これを変形して，$x_3{}^2-16x_3-16F=0$

$x_3>0$ で解の公式を使って，

$x_3=4(2+\sqrt{4+F})$〔cm〕

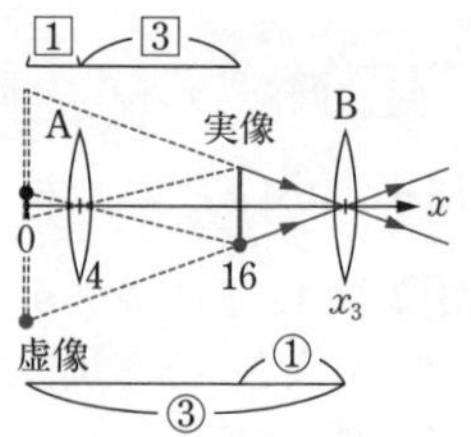

問7　レンズAによる実像は元の小物体の $\dfrac{16-4}{4}=3$ 倍であり，2つのレンズによる合成倍率が9倍であるから，右図の実像に対する虚像の倍率は $\dfrac{9}{3}=3$ 倍である。よって右図で三角形の相似性より

$(x_3-16):x_3=1:3$　から　$x_3=24\,\text{cm}$

よって求めるレンズAとBとの距離は，

$24-4=20\,\text{cm}$

〈組み合わせレンズの合成倍率〉

$\boldsymbol{m}=\boldsymbol{m}_1\times\boldsymbol{m}_2\times\cdots\cdots$

(各レンズによる倍率の積)

13 光の回折と干渉

44　**問1**　$r_2-r_1=m\lambda$　**問2**　$\dfrac{m\lambda L}{d}$　**問3**　$(r_2'+r_2)-(r_1'+r_1)=m'\lambda$

問4　$\dfrac{m'\lambda L}{d}-\dfrac{L}{L'}y$　**問5**　$-\dfrac{L}{L'}v_0$　**問6**　$v_2=-\dfrac{nL}{L'}v_0$，$v_3=-\dfrac{L}{nL'}v_0$

解説　光の干渉問題では，光路差が光の波長の数倍〜数十倍程度となる場合を考えているので，図の比率は実際とは全く異なる。図は単に相互の位置関係を表しているに過ぎない。なお本問では特に明記されていないが，最初実験装置全体は屈折率1の空気中にあるものとする。

問1　$y=0$ のとき $r_1'=r_2'$ であるから，S_0 から入射した光波は同位相で S_1, S_2 に到達し，そこから回折して点Pで重ねあわされる。よって点Pで光波が強めあう条件は，2光線の光路差が波長の整数倍であればよいので，

$r_2-r_1=m\lambda$

問2　右図より三平方の定理から，

$r_1{}^2=L^2+(x-a)^2$　……①

問題文に与えられた近似式を使って $d=2a$ として

$$r_1=L\sqrt{1+\left(\frac{x-a}{L}\right)^2}\fallingdotseq L\left\{1+\frac{1}{2}\left(\frac{x-a}{L}\right)^2\right\}$$

同様に $r_2{}^2=L^2+(x+a)^2$　……②　で近似式を使って

$$r_2\fallingdotseq L\left\{1+\frac{1}{2}\left(\frac{x+a}{L}\right)^2\right\}$$

〈光の干渉条件〉

光路差(光学的距離の差)

$$=\begin{cases}\dfrac{\lambda}{2}\times 2m=m\lambda & \cdots\cdots(\text{i})\\[2mm] \dfrac{\lambda}{2}\times(2m+1)=\left(m+\dfrac{1}{2}\right)\lambda & \cdots\cdots(\text{ii})\end{cases}$$

反射で位相が π ずれる回数が偶数回のとき

(i)強めあう，(ii)弱めあう

奇数回のとき

(i)弱めあう，(ii)強めあう

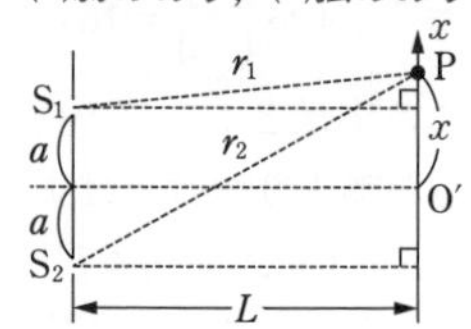

上図は $x>\dfrac{d}{2}$ のときであるが，点Pの位置に関わらず式①，②は変わらない。

よって

$$r_2-r_1 \fallingdotseq \frac{L}{2}\left\{\left(\frac{x+a}{L}\right)^2-\left(\frac{x-a}{L}\right)^2\right\}=\frac{2ax}{L}=\frac{dx}{L} \quad \cdots③$$

したがって $\dfrac{dx}{L}=m\lambda$ より，$x=\dfrac{m\lambda L}{d}$

問3　2光線の光路差が波長の整数倍という明線条件より，

$$(r_2'+r_2)-(r_1'+r_1)=m'\lambda \quad \cdots\cdots④$$

問4　y，d も L' に比べて十分小さいので，③と同様の近似式 $r_2'-r_1' \fallingdotseq \dfrac{dy}{L'}$ が成り立つ。よって④は

$$(r_2'-r_1')+(r_2-r_1) \fallingdotseq \frac{dy}{L'}+\frac{dx}{L}=m'\lambda$$

となるので変形して，$x=\dfrac{m'\lambda L}{d}-\dfrac{L}{L'}y \quad \cdots\cdots⑤$

なおこの式は $y=0$ のときのC上の明線が間隔を変えずに全体的に x 軸の負方向に $x'=\dfrac{L}{L'}y$ だけずれることを示している（$y:x'=L':L$ の図形的な関係がある）。

問5　S_0 を時刻 $t=0$ から移動させたとすると，$y=v_0t$ であるから⑤に代入して $x=\dfrac{m'\lambda L}{d}-\left(\dfrac{L}{L'}v_0\right)t$ となるから，全ての明線が速度 $v_1=-\dfrac{L}{L'}v_0$ で移動することを示している。

問6　まずA，B間を屈折率 n の媒質で満たすとき明線条件は，m_2 を整数として，

$$(nr_2'+r_2)-(nr_1'+r_1)=n(r_2'-r_1')+(r_2-r_1)=m_2\lambda$$

となるから**問4**と同様にして，$n\dfrac{dy}{L'}+\dfrac{dx}{L}=m_2\lambda$

ここに $y=v_0t$ を代入すると $x=\dfrac{m_2\lambda L}{d}-\dfrac{nLv_0}{L'}t$ となるから，**問5**と同様に考えて

$v_2=-\dfrac{nL}{L'}v_0$ となる。

次にB，C間を屈折率 n の媒質で満たす場合，明線条件は m_3 を整数として $(r_2'+nr_2)-(r_1'+nr_1)=m_3\lambda$ となり，同様に変形すると $x=\dfrac{m_3\lambda L}{d}-\dfrac{Lv_0}{nL'}t$ となるから $v_3=-\dfrac{L}{nL'}v_0$ と求められる。

参考　$\sqrt{1+\delta} \fallingdotseq 1+\dfrac{\delta}{2}$ の図形的意味

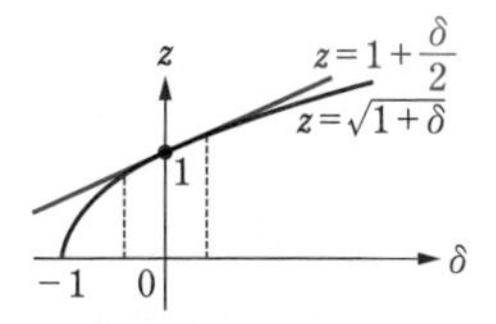

無理関数の曲線を，δ が0付近での接線に置き換えている。

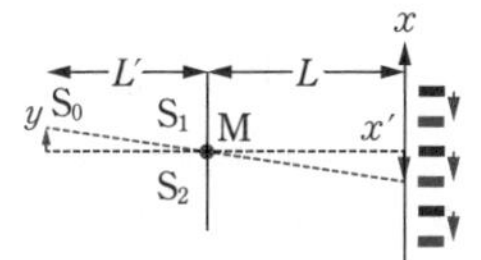

C上の0次の明線は S_0 と S_1S_2 の中点Mとを結ぶ，直線とCとの交点の位置に移動する。

◀光学的距離＝屈折率×幾何学的距離

第3章　波動

45 問1 $d\sin\theta_M = M\lambda$　問2 $\dfrac{M\lambda l}{d}$　問3 $\dfrac{\lambda l}{d}$　問4 6.7×10^{-6} m

問5 16　問6 $\dfrac{\lambda}{n}$　問7 $\dfrac{1}{n}$〔倍〕　問8 1.4　問9 23

解説 実際の回折格子の表面は，等間隔で凹凸が繰り返された構造であるが，ここでは複数のスリットを持つ構造に置き換えて考える。

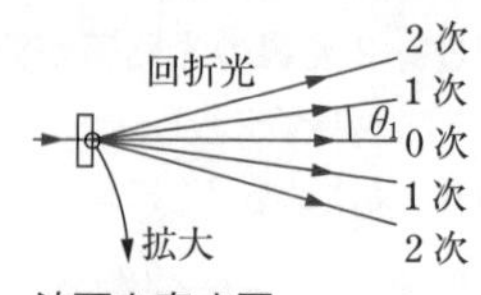

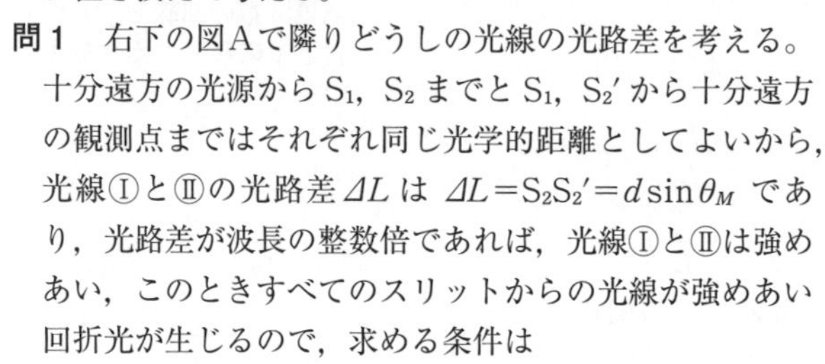

問1 右下の図Aで隣りどうしの光線の光路差を考える。十分遠方の光源から S_1，S_2 までと S_1，S_2' から十分遠方の観測点まではそれぞれ同じ光学的距離としてよいから，光線Ⅰと Ⅱの光路差 ΔL は $\Delta L = S_2S_2' = d\sin\theta_M$ であり，光路差が波長の整数倍であれば，光線ⅠとⅡは強めあい，このときすべてのスリットからの光線が強めあい回折光が生じるので，求める条件は

$$d\sin\theta_M = M\lambda \quad \cdots\cdots①$$

波面を表す図

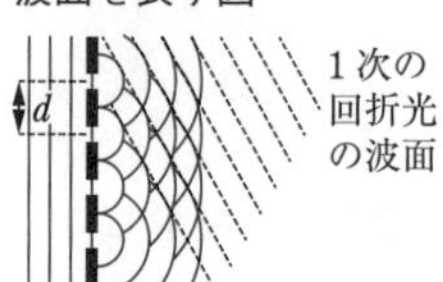

光線を表す図

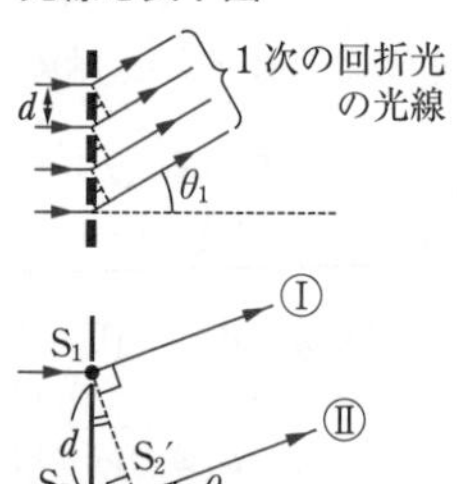

図A

〈回折格子の干渉条件〉
$d\sin\theta_m = m\lambda$
同じ整数 m で比べれば，波長 λ が長いほど回折角は大きくなる。

問2 回折格子ではすべての θ_M が十分小さいという訳ではない$\left(\dfrac{\pi}{2}\right.$ に近い回折角も存在する$\left.\right)$が，ここでは θ_M が十分小さいラジアン角である範囲内の M だけを考えている。M 番目の明点の x 座標を x_M とおくと，

$\sin\theta_M \fallingdotseq \tan\theta_M = \dfrac{x_M}{l}$ と近似できるので①より

$$\frac{dx_M}{l} = M\lambda \quad よって \quad x_M = \frac{M\lambda l}{d} \quad \cdots\cdots②$$

と表せる。これはヤングの実験と同じ近似式である。

問3 θ_M が十分小さい，すなわち x 軸の原点近くの明点に関して，その間隔を Δx とおくと②より

$$\Delta x = x_{M+1} - x_M = \frac{\lambda l}{d} \quad \cdots\cdots③$$

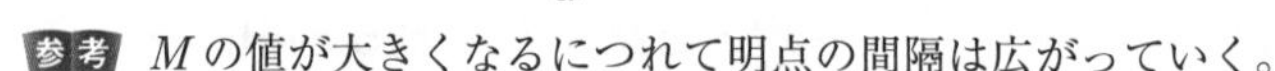

参考 M の値が大きくなるにつれて明点の間隔は広がっていく。

問4 ③より $d = \dfrac{\lambda l}{\Delta x}$ $\cdots\cdots④$ であるから，与えられた数値を代入して

$$d = \frac{4.0\times10^{-7}\times1.0}{6.0\times10^{-2}} = (6.66\cdots)\times10^{-6} \fallingdotseq 6.7\times10^{-6}\text{ m}$$

問5 ここでは θ_M が $\dfrac{\pi}{2}$ に近い回折角まで含めて考える。$\theta_M < \dfrac{\pi}{2}$ であるから①より

$$\sin\theta_M = \frac{M\lambda}{d} < 1 \quad よって④を使って \quad M < \frac{d}{\lambda} = \frac{l}{\Delta x}$$

与えられた数値を使って，$M<\dfrac{1.0}{6.0\times10^{-2}}=16.6\cdots$

以上より求める整数 M の最大値は 16 である。

問6　屈折率 n の物質中では光の波長は $\dfrac{1}{n}$ になる。よって物質内での光の波長 λ' は $\lambda'=\dfrac{\lambda}{n}$ となる。

〈(絶対) 屈折率〉

$$n=\frac{v}{c}=\frac{f\lambda'}{f\lambda}=\frac{\lambda'}{\lambda}$$

屈折において光の振動数は不変

問7　③で λ を λ' に置き換えればよいので，明点間隔は $\dfrac{1}{n}$〔倍〕になる。

参考 容器の壁の厚さを無視したが，厚みがあったとしても壁の外面と内面とが平行であれば，屈折の法則を考えると①が成り立つことがわかる。

問8　$\dfrac{1}{n}=7.0\times10^{-1}$ より，$n=1.42\cdots\fallingdotseq1.4$

問9　回折角の条件は①で λ を λ' に置き換えればよいので，$d\sin\theta_M=\dfrac{M\lambda}{n}$ である。ここで $\theta_M<\dfrac{\pi}{2}$ であるから，

$\sin\theta_M=\dfrac{M\lambda}{nd}<1$ より④を使って

$$M<\frac{nd}{\lambda}=n\frac{l}{\Delta x}=\frac{1}{7.0\times10^{-1}}\cdot\frac{1.0}{6.0\times10^{-2}}=23.8\cdots$$

以上より求める整数 M の最大値は 23 である。

46　(a) ㋒　(b) ㋐　(c) ㋒　(1) $\dfrac{\sin\theta_1}{n}$　(d) ㋑　(e) ㋒

(2) $2nd\cos\theta_2$　(3) $\dfrac{\lambda}{2}$　(f) ㋑　(4) $\dfrac{4d\sqrt{n^2-\sin^2\theta_1}}{2m+1}$　(g) ㋐　(h) ㋑

解説 (a)　空気の屈折率を 1 としているから，v は真空中の光の速さと見なせるから

$$n=\frac{v}{v'}\quad よって\quad v'=\frac{v}{n}$$

(b)　光の振動数 f は発生時点で決まっており，媒質を通過する際には通常変化しない。

(c)　空気中と膜内での波の基本式 $v=f\lambda$，$v'=f\lambda'$ から

$$\frac{\lambda}{\lambda'}=\frac{v}{v'}=n\quad より\quad \lambda'=\frac{\lambda}{n}$$

(1)　屈折の法則より $1\cdot\sin\theta_1=n\sin\theta_2$ よって，$\sin\theta_2=\dfrac{\sin\theta_1}{n}$

(d)　屈折率が小さい媒質 (空気) から屈折率が大きい媒質 (膜) の方へ向かう光は，境界での反射のときに位相が π だけずれる。すなわち固定端反射と同じふるまいを示す。

(e)　屈折率が大きい媒質 (膜) から屈折率が小さい媒質 (空気) へ向かう光は，境界での反射のときに位相は変化しない。すなわち自由端反射と同じふるまいを示す。

参考 屈折光・透過光の位相は変化しない。

注意「光線」とは波面の進行方向を表すための補助線 (光線は波面と直交する。)

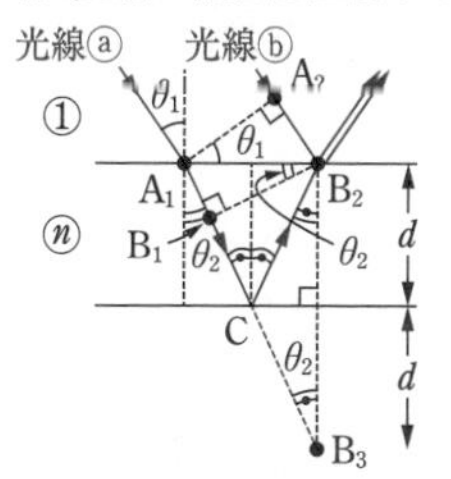

(2) 十分遠方にある光源から A_1, A_2 までは，それぞれ光学的距離が等しい。また A_1B_1 間と A_2B_2 間では光学的距離が等しい(i)ので右図の光線ⓐ，ⓑの光路差 ΔL は

$$\Delta L = n(B_1C + CB_2) \quad \cdots\cdots ①$$

ここで膜下面に関する B_2 の対称点 B_3 をとると反射の法則を使って $\angle A_1CB_2 = 2\theta_2$，また対称性より $\angle CB_2B_3 = \angle CB_3B_2 = \theta_2$ であるから，3 点 A_1, C, B_3 は一直線にあり，

$B_1C + CB_2 = B_1C + CB_3 = B_1B_3 = B_2B_3 \cos \angle B_2B_3B_1$
$= 2d\cos\theta_2$ となるので，これを①に代入して，

$$\Delta L = 2nd\cos\theta_2 \text{〔m〕} \quad \cdots\cdots ②$$

(f), (3) 2つの光線ⓐ，ⓑで位相が π だけ変化する反射が合計1回なので，2つの光線が強めあうのはその光路差が半波長の奇数倍となるときである。したがって

$$\Delta L = \frac{\lambda}{2} \times (2m+1) = m\lambda + \frac{\lambda}{2} \text{〔m〕} \quad \cdots\cdots ③$$

(4) 膜上面での屈折の法則 $1 \cdot \sin\theta_1 = n\sin\theta_2$ より

$$\cos\theta_2 = \sqrt{1-\sin^2\theta_2} = \sqrt{1-\left(\frac{\sin\theta_1}{n}\right)^2}$$

これを②に代入して③より，

$$2nd\sqrt{1-\left(\frac{\sin\theta_1}{n}\right)^2} = \frac{2m+1}{2}\lambda$$

よって $\lambda = \dfrac{4d\sqrt{n^2-\sin^2\theta_1}}{2m+1}$ 〔m〕 ……④

なお $m = 0, 1, 2, \cdots\cdots$ のうち，④を満たす λ が可視光線の範囲に入る m だけが選ばれる。

(g), (h) 視点をDからD′へと徐々に変えて B_2 を観察するとき，目に入る光線の反射角が大きくなるので，このとき入射角 θ_1 も少しずつ大きくなる。反射光が強まる波長の条件式④から θ_1 が大きくなると，波長による屈折率の変化は無視できて，同じ m で比較するならば強まった反射波の波長 λ が短くなる。すなわち B_2 に見える色が緑から青，そして紫へと変化する。

補足 下線部(i)の説明

波面の屈折

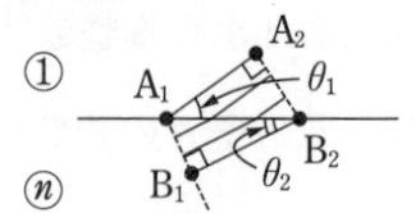

$A_1B_1 = A_1B_2 \sin\theta_2$
$A_2B_2 = A_1B_2 \sin\theta_1$
屈折の法則から
$nA_1B_1 = A_1B_2 \cdot n\sin\theta_2$
$= A_1B_2 \sin\theta_1$
$= 1 \cdot A_2B_2$
すなわち A_1B_1 間と A_2B_2 間は光学的距離が等しい。このとき，A_1B_1 間と A_2B_2 間には同じ個数の波が入っている。

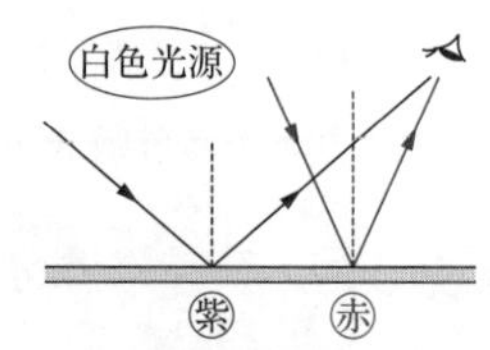

白色光源から入射した様々な波長の光のうち，④の条件を満たす特別な波長の光が強められて反射するので，薄膜表面が色づいて見える。

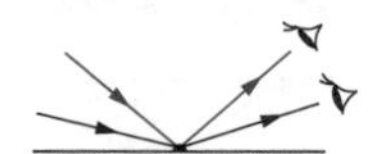

同じ場所を見るのでも，見る角度によって強められる反射光の色が変わる。

第4章 電磁気

14 電場と電位

47 (1) $\dfrac{k_0Qx}{(x^2+y^2)^{\frac{3}{2}}}$ (2) $\dfrac{k_0Qy}{(x^2+y^2)^{\frac{3}{2}}}$ (3) $k_0Qq\left(\dfrac{1}{\sqrt{x^2+y^2}}-\dfrac{1}{a}\right)$

(4) $\dfrac{\sqrt{5}-1}{2}a$ (5) $\dfrac{4k_0Qa}{{x_R}^3}$ (6) $-\dfrac{2k_0Qa}{(a^2+{y_S}^2)^{\frac{3}{2}}}$ (7) 0 (8) 0

Point 電場はベクトル和：$\vec{E}=\vec{E_1}+\vec{E_2}+\cdots$ (単位正電荷が受ける力)
電位はスカラー和：$V=V_1+V_2+\cdots$ (単位正電荷の位置エネルギー)

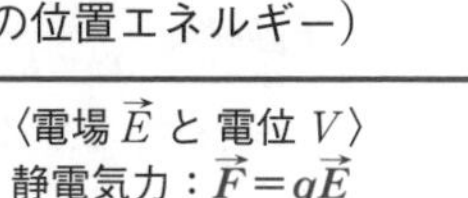

〈電場 $\vec{E}$ と 電位 V〉
静電気力：$\vec{F}=q\vec{E}$
位置エネルギー：$U=qV$

〈点電荷 Q のまわりの電場〉
電場の大きさ：$E=k_0\dfrac{|Q|}{r^2}$
電位：$V=k_0\dfrac{Q}{r}$
(無限遠方が基準)

解説 (1), (2) $Q>0$ より点Pでの電場ベクトルの方向は $\overrightarrow{OP}$ である。ここで x 軸に対して $\overrightarrow{OP}$ が反時計回りになす角を θ とする。また点Pでの電場ベクトルを $\vec{E_P}=(E_{Px},\ E_{Py})$ とおくと

$$\begin{cases} E_{Px}=|\vec{E_P}|\cos\theta=k_0\dfrac{Q}{x^2+y^2}\cdot\dfrac{x}{\sqrt{x^2+y^2}}=\dfrac{k_0Qx}{(x^2+y^2)^{\frac{3}{2}}} \\ E_{Py}=|\vec{E_P}|\sin\theta=k_0\dfrac{Q}{x^2+y^2}\cdot\dfrac{y}{\sqrt{x^2+y^2}}=\dfrac{k_0Qy}{(x^2+y^2)^{\frac{3}{2}}} \end{cases}$$

ただし $(x,\ y)\neq(0,\ 0)$。なお，以上の2式は点Pが右図のような第1象限の点でなくても成り立つ。

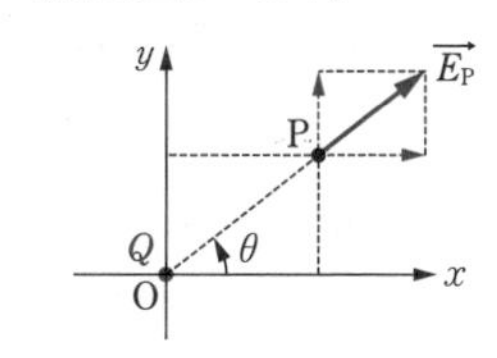

(3) 原点にある点電荷による点A，点Pでの電位をそれぞれ V_A，V_P とおくと

$$V_A=k_0\frac{Q}{a},\qquad V_P=k_0\frac{Q}{\sqrt{x^2+y^2}}$$

エネルギーの関係から外力 $\vec{f}$ が電気量 q の点電荷にする仕事 W は，その点電荷の電気的位置エネルギーの変化に等しいので，

$$W=qV_P-qV_A=k_0Qq\left(\frac{1}{\sqrt{x^2+y^2}}-\frac{1}{a}\right)$$

(4) 電位の重ねあわせにより

$$V_R=k_0\frac{Q}{x_R-a}+k_0\frac{(-Q)}{x_R-(-a)}=\frac{2k_0Qa}{{x_R}^2-a^2}$$

であるから，$x_R=\sqrt{2}\,a$ のとき $V_R=\dfrac{2k_0Q}{a}$

x 軸上の点の電位 V_x のグラフは右図のようになるので $0<x_C<a$ で考えればよいから，点Cでの電位 V_C は

$$V_C=k_0\frac{Q}{a-x_C}+k_0\frac{(-Q)}{x_C-(-a)}=\frac{2k_0Qx_C}{a^2-x_C{}^2}$$

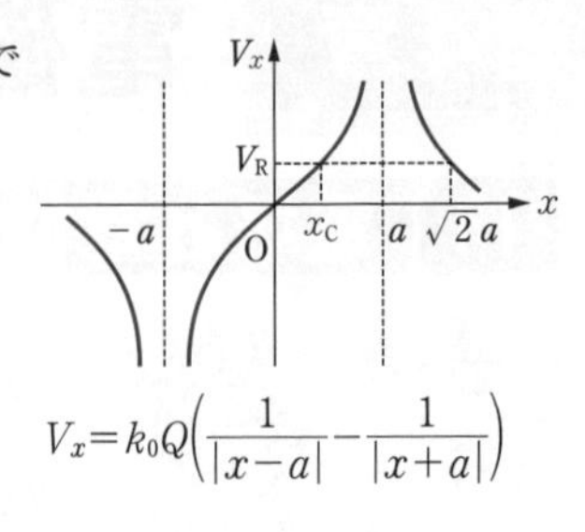

$$V_x=k_0Q\left(\frac{1}{|x-a|}-\frac{1}{|x+a|}\right)$$

であるから $V_C=V_R$ より，$\dfrac{2k_0Qx_C}{a^2-x_C{}^2}=\dfrac{2k_0Q}{a}$

ここで $0<x_C<a$ より $x_C=\dfrac{\sqrt{5}-1}{2}a$ と求められる。

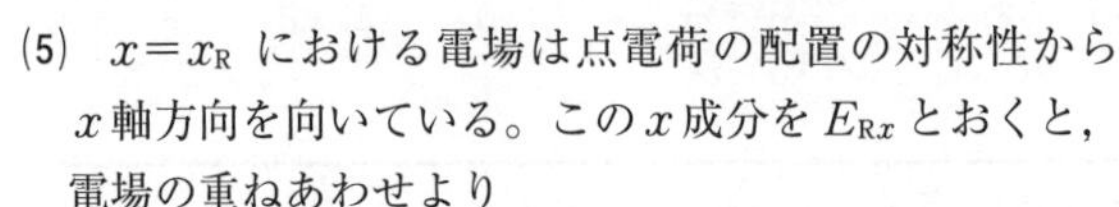

(5) $x=x_R$ における電場は点電荷の配置の対称性から x 軸方向を向いている。この x 成分を E_{Rx} とおくと，電場の重ねあわせより

$$E_{Rx}=k_0\frac{Q}{(x_R-a)^2}-k_0\frac{Q}{(x_R+a)^2}=\frac{4k_0Qx_Ra}{(x_R{}^2-a^2)^2}$$

ここで $x_R\to\infty$ とすると

$$E_{Rx}=\frac{4k_0Qa}{x_R{}^3\left\{1-\left(\dfrac{a}{x_R}\right)^2\right\}^2}\to\frac{4k_0Qa}{x_R{}^3}$$

(6), (7) $AS=BS=\sqrt{a^2+y_S{}^2}$ であるから右図の三角形SBAは二等辺三角形であり，その底角を φ とおく（$y_S>0$ より $0<\varphi<90°$）。

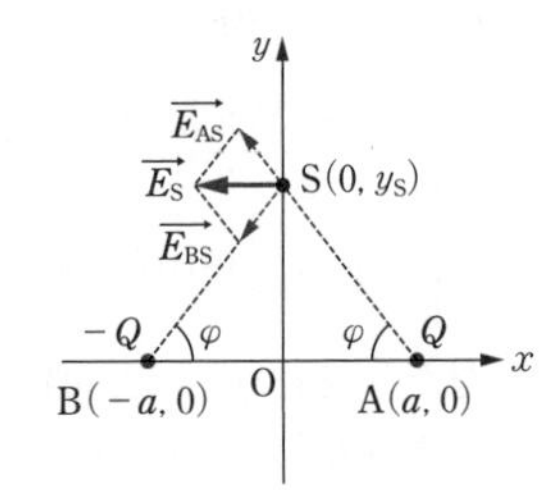

点A，点Bの点電荷が点Sに作る電場をそれぞれ $\overrightarrow{E_{AS}}$, $\overrightarrow{E_{BS}}$ とおくと，対称性から

$$|\overrightarrow{E_{AS}}|=|\overrightarrow{E_{BS}}|=k_0\frac{Q}{a^2+y_S{}^2}$$

電場の重ねあわせより $\overrightarrow{E_S}=\overrightarrow{E_{AS}}+\overrightarrow{E_{BS}}$ であり $\overrightarrow{E_S}=(E_{Sx},\ E_{Sy})$ とおくと

$$E_{Sx}=-|\overrightarrow{E_{AS}}|\cos\varphi-|\overrightarrow{E_{BS}}|\cos\varphi$$

$$=-\frac{2k_0Q}{a^2+y_S{}^2}\cdot\frac{a}{\sqrt{a^2+y_S{}^2}}=-\frac{2k_0Qa}{(a^2+y_S{}^2)^{\frac{3}{2}}}$$

$$E_{Sy}=|\overrightarrow{E_{AS}}|\sin\varphi-|\overrightarrow{E_{BS}}|\sin\varphi=0$$

(8) (6), (7)の結果より y 軸上での電場の向きは常に y 軸と垂直であるから帯電した小球が受ける静電気力の向きも y 軸に垂直であるので，y 軸上を移動する間に電場がした仕事は0である。

15 コンデンサー

48 問1 (1) N (2) $\dfrac{N}{4\pi r^2}$ (3) $\dfrac{q}{r^2}$ (4) $4\pi k_0 q$

問2 (5) $\dfrac{Q}{\varepsilon_0}$ (6) $\dfrac{Q}{\varepsilon_0 S}$ (7) $\dfrac{V}{d}$ (8) $\dfrac{\varepsilon_0 S}{d}V$ (9) $\dfrac{\varepsilon_0 S}{d}$

問3 (10) 1 (11) $\dfrac{1}{2}$ (12) $\dfrac{1}{2}$ (13) 1 (14) 2 (15) 1

解説 問1 (1) 真空中では球対称性を考えると電気力線は点電荷から放射状に出て，途中で切れたりせず無限遠方に真っ直ぐ伸びていく。よって球面を貫く電気力線の本数は点電荷から出た電気力線の本数 N〔本〕と一致する。

(2) 半径 r〔m〕の球の表面積は $4\pi r^2$〔m^2〕であるので，球面上の 1 m^2 当たりの面を貫く電気力線の数は

$\dfrac{N}{4\pi r^2}$〔本/m^2〕である。

(3) 電場の強さ E〔N/C〕は +1C の電荷が受ける力の大きさと等しいので，クーロンの法則より

$$E=k_0\frac{q\cdot 1}{r^2}=k_0\times\frac{q}{r^2}$$

(4) (2)の電気力線の本数面密度が(3)の電場の強さに等しいから $\dfrac{N}{4\pi r^2}=\dfrac{k_0 q}{r^2}$ よって $N=4\pi k_0 q$〔本〕

補足 ここでは $q>0$ で考えているが $q<0$（負電荷）のときは $N\,(<0)$〔本〕出ることを $-N$〔本〕入ると見なせばよい。

〈クーロンの法則〉

$$F=k_0\frac{|q_1q_2|}{r^2}$$

同符号のとき反発力
異符号のとき引力

〈ガウスの法則〉
ある閉曲面から出る電気力線の総本数 N は内部の電気量の和 Q に比例して

$$N=4\pi k_0 Q=\frac{Q}{\varepsilon_0}$$

問2 (5) コンデンサー外部に電荷分布がなく，極板間隔 d が横幅（$\fallingdotseq\sqrt{S}$）に比べて十分小さいときには一様な電気力線が，コンデンサーの内部のみに存在すると近似できる。よって右図の点線で囲まれた領域でガウスの法則を使って極板間の電気力線の総数 N は $N=\dfrac{Q}{\varepsilon_0}$〔本〕となる。

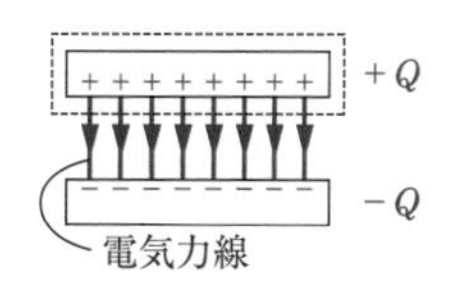

(6) 単位面積当たりを垂直に貫く電気力線の本数がその点での電場の大きさ E であるから(5)の結果より

$$E=\frac{N}{S}=\frac{Q}{\varepsilon_0 S}\text{〔N/C〕} \quad \cdots\cdots(\mathrm{i})$$

(7) 極板間は一様な電場ができていると考えているので $V=Ed$ が成り立つ。

よって $E=\dfrac{V}{d}$〔V/m〕と表せる。

〈一様電場領域の電位差〉
$V=Ed$

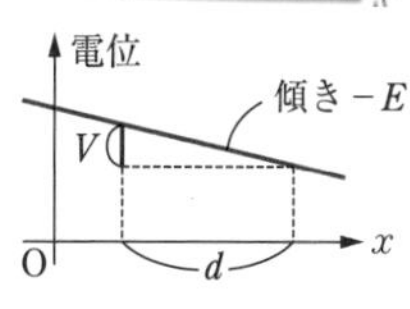

(8) (6)と(7)が等しいので，$\dfrac{Q}{\varepsilon_0 S}=\dfrac{V}{d}$

よって $Q=\dfrac{\varepsilon_0 S}{d}V$〔C〕となる。

(9) (8)の結果より $C=\dfrac{Q}{V}=\dfrac{\varepsilon_0 S}{d}$〔F〕と表せる。

問3 (10) スイッチKが閉じられたままであったので極板間の電位差は電池の電圧 V と等しい。

(11) (9)の式より極板間隔を変える前のコンデンサーに蓄えられている電荷 Q は $Q=CV$ とおける。次に，極板間隔が $2d$ になると電気容量は $\dfrac{1}{2}C$ となるので，コンデンサーに蓄えられる電荷 Q_1 は $Q_1=\dfrac{1}{2}CV=\dfrac{1}{2}Q$ に変わる。

(12) (i)式より，電場の大きさは電荷に比例するので，電荷が $\dfrac{1}{2}$ 倍となるとき電場の大きさも $\dfrac{1}{2}$ 倍となる。

(13) スイッチKを開いた状態で極板間隔を変えても電荷は移動しない。よって，蓄えられた電荷 Q_2 は $Q_2=Q$ である。

(14) 求める極板間の電位差を V_2 とおくと，コンデンサーの基本式より

$$Q_2=\frac{1}{2}CV_2 \quad よって \quad V_2=\frac{2Q}{C}=2V$$

(15) (i)式より電荷が変化しないので，極板間の電場の大きさ変わらない。

別解 求める電場の大きさは，$E_2=\dfrac{V_2}{2d}=\dfrac{V}{d}$

〈コンデンサーの基本式〉
$Q=CV$

〈平行平板コンデンサーの電気容量〉
$C=\varepsilon\dfrac{S}{d}=\varepsilon_r\varepsilon_0\dfrac{S}{d}$

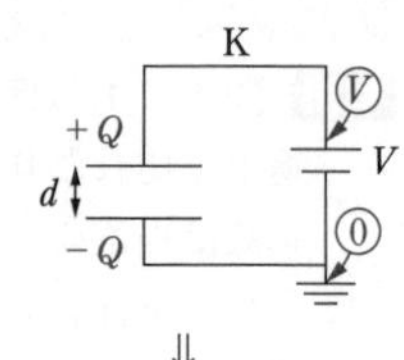

⇓
(a)または(b)

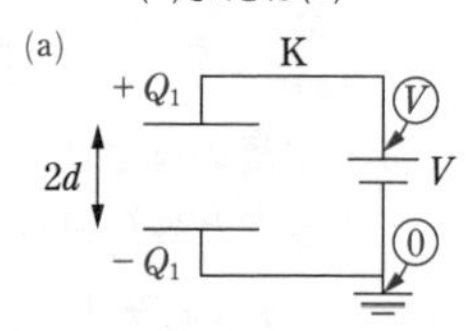

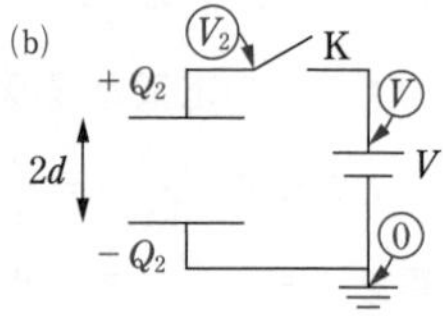

○は電位を表す

49 問1 (1) $\dfrac{\varepsilon_0 S}{d}$ (2) $\dfrac{\varepsilon_0 SV}{d}$ (3) $\dfrac{V}{d}$ 問2 (4) $V'\Delta q$

問3 三角形Oab：抵抗で消費されたエネルギー(電力量)，三角形Obc：コンデンサーに蓄えられた静電エネルギー

問4 (5) $\dfrac{\varepsilon_0 SV}{d}$ (6) $\dfrac{\varepsilon_r\varepsilon_0 S}{d}$ (7) $\dfrac{1}{\varepsilon_r}$ (8) $\dfrac{\varepsilon_0 S}{d+\Delta d}$ (9) $\dfrac{\varepsilon_0 SV^2}{2d^2}\Delta d$

(10) $\dfrac{\varepsilon_0 SV^2}{2d^2}$

解説 問1 (1) 平行平板コンデンサーの電気容量の公式より求める電気容量Cは，

$C=\varepsilon_0\dfrac{S}{d}$〔F〕である。

(2) 十分に時間が経過すると，コンデンサーには大きさVの電圧がかかるので，コンデンサーの基本式から求める電気量Qは

$$Q=CV=\varepsilon_0\frac{S}{d}V \text{〔C〕}$$

(3) 極板間には一様な電場が生じていると考えればよい。極板間の電位差はVであるから，求める電場の強さ(大きさ)Eは，$E=\dfrac{V}{d}$〔V/m〕となる。

問2 (4) 右図の(i)と(ii)のコンデンサー部分に着目すると，極板BからAへ微小な電荷Δqに仮想的な外力を作用させて，電場中を移動させた場合と等価である。この外力がした仕事Wは電荷Δqの電気的位置エネルギーの変化に等しく，$W=\Delta qV'$である。そしてされた仕事の分だけコンデンサーの静電エネルギーが変化するから，$\Delta U=W=V'\Delta q$〔J〕である。

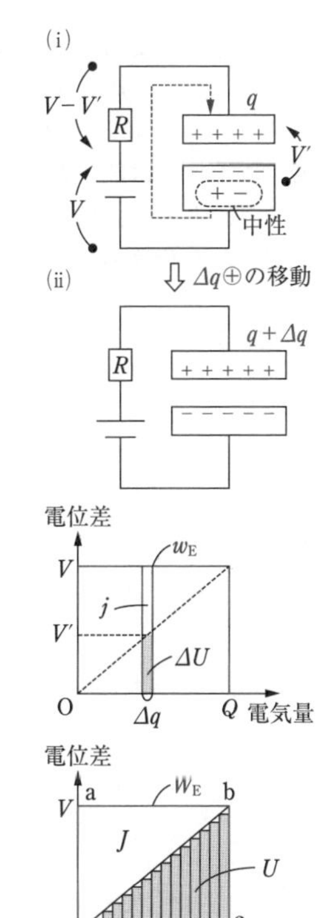

注意 実際には負の電荷を持った電子が極板AからBへ運ばれるのだが，正の電荷の移動と考えても電気的位置エネルギーの変化は同じである。

問3 電荷Δqが回路中を移動するとき，電池がする仕事(電荷が得る電気的位置エネルギー)w_Eは$w_E=\Delta qV$であり，抵抗での電圧降下が$V-V'$より抵抗で消費されるエネルギー(電荷が失う電気的位置エネルギー)jは$j=\Delta q(V-V')$となる。よって右図のグラフの柱の面積がそれぞれw_E, ΔU, jを表している。ここでΔqを限りなく小さくして，それらを足しあわせると，四角形Oabcの面積は電気量が0からQになるまでに電池がした仕事W_Eであり，三角形Oabの面積は抵抗で消費される全エネルギーJであり，三角形Obcの面積はコンデンサーに蓄えられる静電エネルギーUであることが

わかる$\left(すなわち\ U=\frac{1}{2}QV\ と表せる\right)$。

〈コンデンサーの静電エネルギー〉
$$U=\frac{1}{2}QV=\frac{1}{2}CV^2=\frac{Q^2}{2C}$$

問4 (5) スイッチを開いているので，充電されている電気量は変わらず，$Q=\frac{\varepsilon_0 SV}{d}$〔C〕である。

(6) 極板間の誘電体の誘電率が$\varepsilon_r\varepsilon_0$であるので，平行平板コンデンサーの容量公式より求める電気容量C_εは，$C_\varepsilon=\varepsilon_r\varepsilon_0\frac{S}{d}$〔F〕となる。

(7) コンデンサーの基本式より，極板間の電位差V_εは(5)，(6)の式を使って

$V_\varepsilon=\frac{Q}{C_\varepsilon}=\frac{1}{\varepsilon_r}V$ と表せる。

(8) 極板間は真空であり，極板間距離が$d+\Delta d$であるから容量公式より求める電気容量C'は，

$C'=\varepsilon_0\frac{S}{d+\Delta d}$〔F〕である。

(9) **問3**の結果とコンデンサーの基本式とをあわせると，静電エネルギーUは公式として

$$U=\frac{1}{2}QV=\frac{1}{2}CV^2=\frac{Q^2}{2C}$$

と表せる。よって，求める静電エネルギーの変化$\Delta U'$は(1)，(5)，(8)より

$$\Delta U'=\frac{Q^2}{2C'}-\frac{Q^2}{2C}=\left(\frac{d+\Delta d}{\varepsilon_0 S}-\frac{d}{\varepsilon_0 S}\right)\cdot\left(\frac{\varepsilon_0 SV}{d}\right)^2=\frac{\varepsilon_0 SV^2}{2d^2}\Delta d\ 〔\mathrm{J}〕$$

(10) スイッチは開いたままなので電流は流れず，電池も仕事をしていないので，静電気力による引力に逆らって極板を広げるために外力がした仕事の分だけ静電エネルギーが変化する。よって求める電気的な引力の大きさをF'とおくと$\Delta U'=F'\Delta d$で，これと(9)の式を比較して$F'=\frac{\varepsilon_0 SV^2}{2d^2}$〔N〕$\left(=\frac{1}{2}QE\ と表せる。\right)$

50 **問1** (1) $\left(1+\dfrac{5x}{L}\right)C$ (2) $\dfrac{5CV}{L}\Delta x$ (3) $\dfrac{5CV^2}{2L}\Delta x$

(4) 大きさ：$\dfrac{5CV^2}{2L}$，向き：挿入方向に対して逆の向き

問2 (5) $\dfrac{L}{L+5x}V$ (6) $\dfrac{L}{2(L+5x)}CV^2$ (7) $-\dfrac{5x}{2(L+5x)}CV^2$

(8) 挿入方向と同じ向き

解説 **問1** (1) 真空の誘電率をε_0，極板間隔をdとして$d \ll L$と見なすと，誘電体を挿入する前の電気容量Cは$C=\varepsilon_0\dfrac{L^2}{d}$となる。比誘電率$\varepsilon_r=6$の誘電体を端から$x$だけ挿入した状態（電荷分布や電場）は，右図のように2つのコンデンサーC_1，C_2を並列に接続した場合と近似的に等しい。

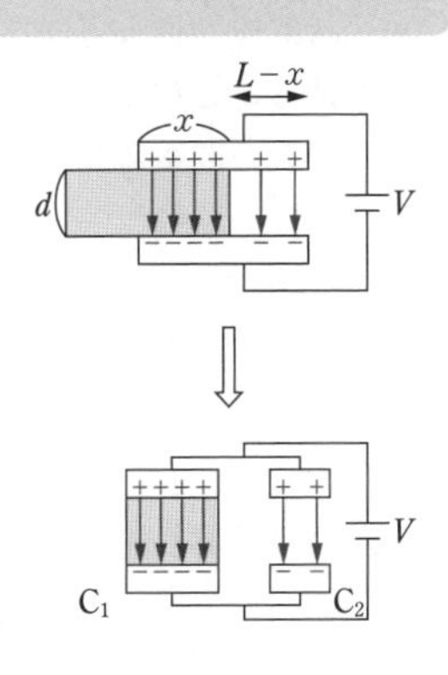

ここでC_1の電気容量C_1は$\varepsilon_r\varepsilon_0\dfrac{Lx}{d}=\dfrac{6x}{L}C$で$C_2$の電気容量$C_2$は$\varepsilon_0\dfrac{L(L-x)}{d}=\dfrac{L-x}{L}C$であるから，求めるコンデンサーの電気容量を$C(x)$とおくと

$$C(x)=\frac{6x}{L}C+\frac{L-x}{L}C=\frac{L+5x}{L}C \quad \cdots\cdots①$$

Point 電気容量の変化は

- ε_rの誘電体が入ると$C \to \varepsilon_r C$
- 極板面積が$S \to S'$となると$C \to \dfrac{S'}{S}C$
- 極板間隔が$d \to d'$になると$C \to \dfrac{d}{d'}C$

〈合成容量の公式〉

並列接続

$C_{合成}=C_1+C_2+\cdots$

C_1 C_2 ⇨ $C_{合成}$

直列接続

（ただしつながった極板の電気量の和が全て0の場合）

$$\frac{1}{C_{合成}}=\frac{1}{C_1}+\frac{1}{C_2}+\cdots$$

C_1 C_2 ⇨ $C_{合成}$

特に2個の場合

$$C_{合成}=\frac{C_1C_2}{C_1+C_2} \quad \frac{積}{和}$$

(2) コンデンサーの基本式より，誘電体をxだけ挿入したとき，コンデンサーに蓄えられる電気量$Q(x)$は

$$Q(x)=C(x)V$$

ここで問題文の「極板上の電荷」を正極側の極板上の電荷と解釈して，求める電荷の変化量ΔQは①を用いて

$$\Delta Q=Q(x+\Delta x)-Q(x)=\{C(x+\Delta x)-C(x)\}V$$

$$=\left[\left\{1+\frac{5(x+\Delta x)}{L}\right\}-\left(1+\frac{5x}{L}\right)\right]CV$$

$$=\frac{5\Delta x}{L}CV \quad \cdots\cdots②$$

(3) 誘電体をxだけ挿入したときの静電エネルギー$U(x)$は $U(x)=\frac{1}{2}Q(x)V$ であるから，求める静電エネルギーの変化$\varDelta U$は

$$\varDelta U=U(x+\varDelta x)-U(x)=\frac{1}{2}\{Q(x+\varDelta x)-Q(x)\}V=\frac{1}{2}\varDelta Q\cdot V \quad \cdots\cdots③$$

よって②より $\varDelta U=\frac{5\varDelta x}{2L}CV^2$ ……④ となる。

(4) 誘電体の挿入方向をx軸の正方向にとる。ここでの外力はx成分のみ持つものと考えることにする。このx成分をFとおくと，外力がした仕事は$F\varDelta x$である。また，この間電源がした仕事は$\varDelta Q\cdot V$であるからエネルギーの変化と仕事の関係より

$$\varDelta U=F\varDelta x+\varDelta Q\cdot V$$

よって③，④から

$$F\varDelta x=\varDelta U-\varDelta Q\cdot V=\varDelta U-2\varDelta U=-\varDelta U=-\frac{5CV^2}{2L}\varDelta x$$

以上の式より，$F=-\frac{5CV^2}{2L}$ (<0) となるので，求める外力の大きさは

$|F|=\frac{5CV^2}{2L}$ であり，その向きは誘電体を挿入する方向とは逆の向きである。

問2 (5) 誘電体をxだけ挿入したときの電気容量は形状や誘電体の入り具合のみで決まり，かける電圧や蓄えられた電気量にはよらないので①の$C(x)$である。充電後電源を取り外したので，蓄えられた電気量は最初の $Q'=CV$ のまま一定である。求める電位差を$V'(x)$とおくと，コンデンサーの基本式より①を使って

$$V'(x)=\frac{Q'}{C(x)}=\frac{L}{L+5x}V$$

(6) 求める静電エネルギーを$U'(x)$とおくと(5)の結果を使って

$$U'(x)=\frac{1}{2}Q'V'(x)=\frac{L}{2(L+5x)}CV^2 \quad \cdots\cdots⑤$$

(7) 求める静電エネルギーの変化量は

$$U'(x)-U'(0)=\frac{L}{2(L+5x)}CV^2-\frac{1}{2}CV^2=-\frac{5x}{2(L+5x)}CV^2$$

(8) (7)より，

$$U'(x)-U(0)=\frac{1}{2}\left(\frac{L}{L+5x}-1\right)CV^2$$

と変形できるから，xを0から徐々に大きくしていくと，静電エネルギーの変化量は，0から負の値へ単調に減少する。したがってこの間外力は常に負の仕事をしていることになるので，外力は挿入方向とは逆向きに働く。ここで外力と電場からの力とはつりあっているので，誘電体は電場から挿入方向と同じ向きに力を受けていることになる。

51 問1 $\dfrac{Q^2d_1}{2\varepsilon_0S}$ 問2 $\dfrac{Q}{\varepsilon_0S}$ 問3 $Q_1=\dfrac{d_2}{d_1+d_2}Q$, $Q_2=\dfrac{d_1}{d_1+d_2}Q$, $U=\dfrac{Q^2d_1d_2}{2\varepsilon_0S(d_1+d_2)}$ 問4 $\dfrac{d_3-d_2}{2\varepsilon_0S}\left(\dfrac{d_1}{d_1+d_2}Q\right)^2$ 問5 $\dfrac{Qd_1d_3}{\varepsilon S(d_1+d_2)}$ 問6 $\dfrac{\varepsilon d_1}{\varepsilon_0d_3}$〔倍〕

解説 **問1** コンデンサーAの電気容量を C_A とおくと $C_A=\varepsilon_0\dfrac{S}{d_1}$ ……① である。蓄えられた電気量がQであるから求める静電エネルギー U_1 は，$U_1=\dfrac{Q^2}{2C_A}=\dfrac{Q^2d_1}{2\varepsilon_0S}$

問2 電池の起電力を V_0 とおくと①より $V_0=\dfrac{Q}{C_A}=\dfrac{Qd_1}{\varepsilon_0S}$ となる。ここで極板間の電場は一様であると考えて電場の大きさEは，$E=\dfrac{V_0}{d_1}=\dfrac{Q}{\varepsilon_0S}$ と表せる。

問3 このときのコンデンサーBの電気容量を C_B とおくと，$C_B=\varepsilon_0\dfrac{S}{d_2}$ ……② である。コンデンサーA，Bの上側が高電位側となるので極板電荷は右図のようになる。ここで点線で囲まれた部分の電気量の保存から $Q+0-Q_1+Q_2$ となる。また，2つのコンデンサーは並列に接続された後，十分に時間が経過すると電圧が等しくなるので $\dfrac{Q_1}{C_A}=\dfrac{Q_2}{C_B}$ よって①，②を使って

$$Q_1：Q_2=C_A：C_B=\varepsilon_0\frac{S}{d_1}：\varepsilon_0\frac{S}{d_2}=d_2：d_1$$

以上の式より $Q_1=\dfrac{d_2}{d_1+d_2}Q$，$Q_2=\dfrac{d_1}{d_1+d_2}Q$ となる。

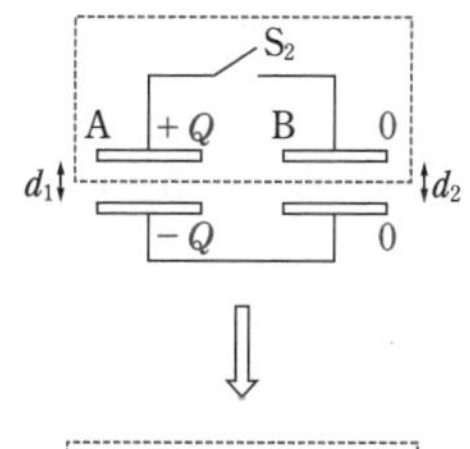

〈コンデンサーの並列接続後の電気量〉

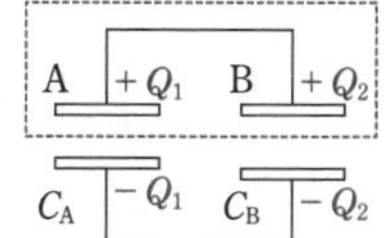

$$\begin{cases}Q_1'+Q_2'=Q_1+Q_2 & (和)\\ Q_1'：Q_2'=C_1：C_2 & (比)\end{cases}$$

Point コンデンサーのスイッチ切り換え問題
1 電気量の保存の式を立てる
2 電位の関係式を立てる

さらに，極板間電圧を V_1 とおくと①より $V_1=\dfrac{Q_1}{C_A}=\dfrac{Qd_1d_2}{\varepsilon_0S(d_1+d_2)}$ であるのでコンデンサーA，Bに蓄えられた静電エネルギーの和 U は

$$U=\frac{1}{2}Q_1V_1+\frac{1}{2}Q_2V_1=\frac{1}{2}QV_1=\frac{Q^2d_1d_2}{2\varepsilon_0S(d_1+d_2)}$$

問4 コンデンサーBは孤立しており電気量は Q_2 のままである。また変化後のBの電気容量を C_B' とおくと $C_B'=\varepsilon_0\dfrac{S}{d_3}$ ……③ である。極板を動かすのに外力がした仕

事 W はコンデンサーBの静電エネルギーの変化に等しいから，②と③，**問3**の結果を代入して

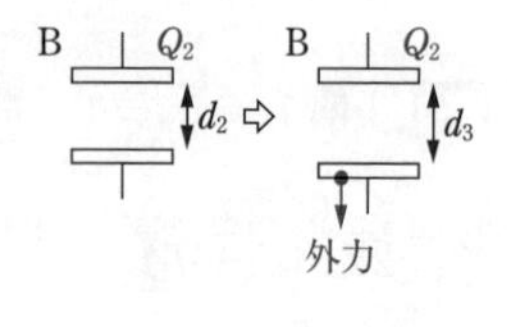

$$W=\frac{{Q_2}^2}{2C_B'}-\frac{{Q_2}^2}{2C_B}=\left(\frac{d_3}{2\varepsilon_0 S}-\frac{d_2}{2\varepsilon_0 S}\right){Q_2}^2$$

$$=\frac{d_3-d_2}{2\varepsilon_0 S}\left(\frac{d_1}{d_1+d_2}Q\right)^2$$

問5　誘電体で満たした後のコンデンサーBの電気容量を C_B'' とおくと，$C_B''=\varepsilon\dfrac{S}{d_3}$　……④ である。Bの電気量は Q_2 のままなので，求める電位差 V は**問3**の結果を使って

$$V=\frac{Q_2}{C_B''}=\frac{d_1 Q}{d_1+d_2}\cdot\frac{d_3}{\varepsilon S}=\frac{Qd_1d_3}{\varepsilon S(d_1+d_2)}$$

問6　スイッチ S_1 を再び閉じて十分に時間が経過すると，コンデンサーBの電圧は電池の起電力 V_0 と等しくなる。また**問1**でのコンデンサーの極板間電圧は V_0 であるから，このときのBの静電エネルギーを U_2 とおくと①，④から

$$U_1:U_2=\frac{1}{2}C_A{V_0}^2:\frac{1}{2}C_B''{V_0}^2=C_A:C_B''=\varepsilon_0\frac{S}{d_1}:\varepsilon\frac{S}{d_3}=\varepsilon_0 d_3:\varepsilon d_1$$

よって求める倍率は $\dfrac{U_2}{U_1}=\dfrac{\varepsilon d_1}{\varepsilon_0 d_3}$〔倍〕となる。

52 問1　$C_1=\dfrac{\varepsilon_0 S}{H-h}$, $C_2=\dfrac{\varepsilon_0 S}{h}$　　問2　$\left(1-\dfrac{h}{H}\right)V_a$

問3　$V_1'=\left(1-\dfrac{h}{H}\right)V_a$, $V_2'=V_b$　　問4　$\left(1-\dfrac{h^2}{H^2}\right)V_a-\left(1-\dfrac{h}{H}\right)V_b$

問5　V_a-V_b

Point 複雑な電気回路の問題では，設問部分に関係する回路を抜き出し，より簡単な等価回路に書き直すことで問題が解きやすくなる。

解説 **問1**　電位の異なる平行な3枚の極板においては，向き合った面に大きさが同じで符号の異なる電荷が帯電する。これは極板端の電場の乱れを無視するならば2つのコンデンサーが接続されている状況と等価である（右図参照）。よって右図の等価回路で電気容量の公式から

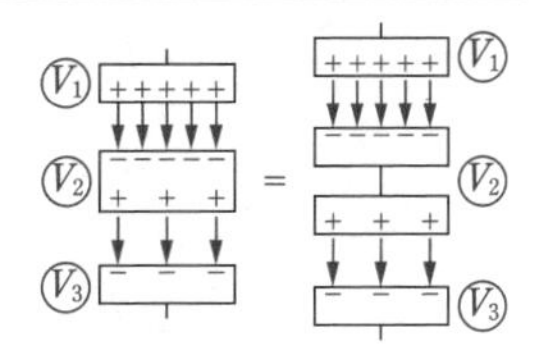

〈等価回路〉

$C_1=\varepsilon_0\dfrac{S}{H-h}$　……①，$C_2=\varepsilon_0\dfrac{S}{h}$　……②　と表せる。

問2　極板表面に蓄えられた電気量を右の図1のように定める。またこれ以降では図のように極板 E_2 に対する極板 E_1 の電位を V_1，等のように定めることにする。S_1 を閉じたとき極板 E_2 の電気量は保存され0であるから

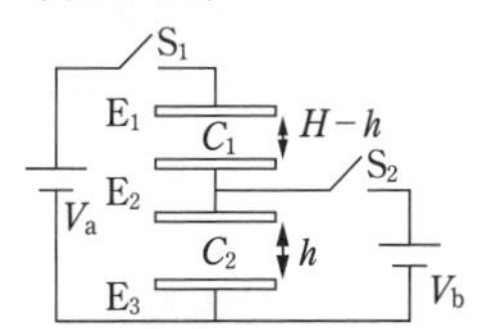

以下回路図は必要な部分のみ書くことにする。

$$(-Q_1)+Q_2=0 \quad \text{よって} \quad Q_1=Q_2$$

また $Q_1=C_1V_1$，$Q_2=C_2V_2$ が成り立つので①，②から

$$V_1:V_2=C_2:C_1=\varepsilon_0\frac{S}{h}:\varepsilon_0\frac{S}{H-h}=(H-h):h \quad \cdots\cdots③$$

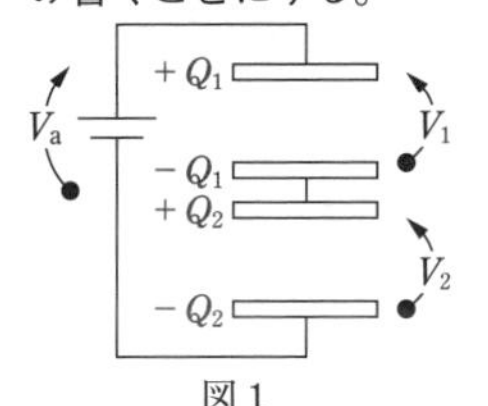

図1

一方，電位の関係式から $V_1+V_2=V_a$ であるから

$$V_1=\frac{H-h}{(H-h)+h}V_a=\frac{H-h}{H}V_a$$

（ある極板に対する別の極板の電位が正の値であるときは，その値を2つの極板間の電位差としてよい。）

問3　S_1 を開放後，S_2 を閉じたとき，極板間の電位差と極板に蓄えられた電気量を右の図2のように定める。極板 E_1 が孤立するので $Q_1'=Q_1$ であるから E_2 に対する E_1 の電位も変わらない。よって**問2**の結果を用いて電位差 V_1' は $V_1'=V_1=\dfrac{H-h}{H}V_a$ となる。また，E_3 に対する E_2 の電位は電池bの電圧に等しいので $V_2'=V_b$ である。

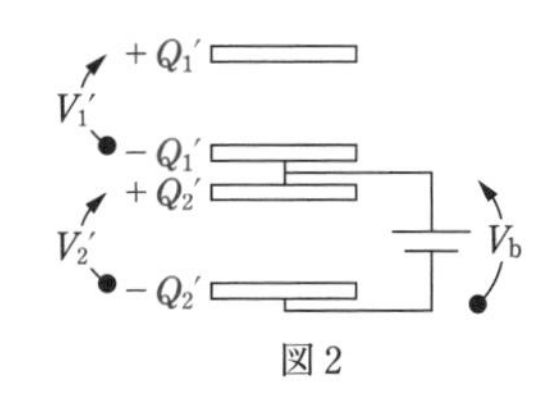

図2

問4　さらに S_2 を開放後，S_1 を閉じたとき，極板間の電位差と極板に蓄えられた電気量を右の図3のように定める。極板 E_2 が孤立するので電気量の保存から

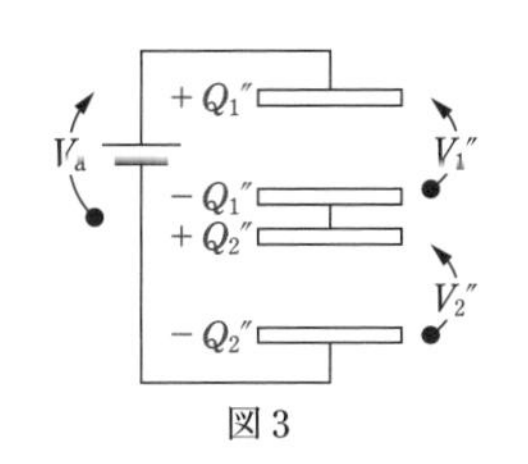

図3

$$(-Q_1'')+Q_2''=(-Q_1')+Q_2'$$

よって，$-C_1V_1''+C_2V_2''=-C_1V_1'+C_2V_2'$

一方，電位の関係式より $V_1''+V_2''=V_\mathrm{a}$

以上2式から V_2'' を消去して

$$V_1''=\frac{C_2V_a+C_1V_1'-C_2V_2'}{C_1+C_2}$$

ここで**問2**の③より $\dfrac{C_1}{C_1+C_2}=\dfrac{h}{H}$，$\dfrac{C_2}{C_1+C_2}=\dfrac{H-h}{H}$

であり**問3**の結果も代入して

$$\begin{aligned}V_1''&=\frac{H-h}{H}V_\mathrm{a}+\frac{h}{H}V_1'-\frac{H-h}{H}V_2'\\&=\frac{H-h}{H}V_\mathrm{a}+\frac{h}{H}\cdot\frac{H-h}{H}V_\mathrm{a}-\frac{H-h}{H}V_\mathrm{b}\\&=\frac{H^2-h^2}{H^2}V_\mathrm{a}-\frac{H-h}{H}V_\mathrm{b}\end{aligned}$$

問5　スイッチ切り換え操作を無限回くり返すと，$\mathrm{E_2}$ に対する $\mathrm{E_1}$ の電位が V_1^∞ に収束したことから，$\mathrm{S_1}$ と $\mathrm{S_2}$ の開閉に関わらず極板 $\mathrm{E_1}$，$\mathrm{E_2}$，$\mathrm{E_3}$ の電位がすべてある値に収束することを意味する。すなわち，$\mathrm{E_3}$ に対する $\mathrm{E_1}$ の電位は電池 a の起電力と同じ値に収束し，$\mathrm{E_3}$ に対する $\mathrm{E_2}$ の電位は電池 b の起電力と同じ値に収束する。以上の考察から $V_1^\infty=V_\mathrm{a}-V_\mathrm{b}$ となる。

16 電流

53 問1 (1) 1.0×10　問2 (2) 1.0×10　問3 (3) 5.0×10^2
問4 (4) 2.0×10^3　問5 (5) 4.0×10^2　(6) 5.1×10^2
問6 (7) 1　(8) $1+\dfrac{R}{r_V}$　(9) 2　(10) $1+\dfrac{r_a}{R}$

Point 電流計・電圧計の内部抵抗を考える問題では，電流計は「電流も測ることができる抵抗」，電圧計は「電圧も測ることができる抵抗」と見なす。

解説 問1 (1) 右の図1，図2のように各素子の電流と電圧の記号を定める。電池の起電力 V は右の図2の電圧計の測定値に等しい。よって，
$V=10.000\fallingdotseq1.0\times10\ \text{V}$ である。

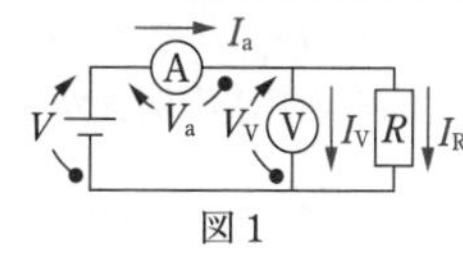

図1

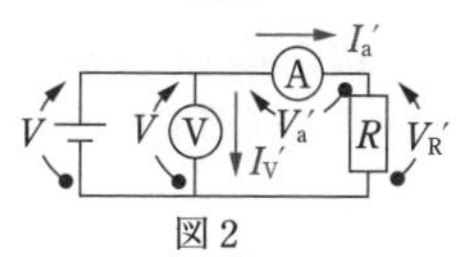

図2

問2 (2) 図1の回路で $V=V_a+V_V$ であるから

$$V_a=V-V_V=10.000-9.756=0.244\,〔\text{V}〕$$

よって電流計の内部抵抗 r_a はオームの法則より，

$$r_a=\frac{V_a}{I_a}=\frac{0.244}{24.4\times10^{-3}}=10.0\fallingdotseq1.0\times10\,〔\Omega〕$$

問3 (3) 図2の回路で電流計にかかる電圧 V_a' はオームの法則より，

$$V_a'=r_aI_a'=10.0\times(19.6\times10^{-3})=0.196\,〔\text{V}〕$$

であり，$V=V_a'+V_R'$ であるから

$$V_R'=V-V_a'=10.000-0.196=9.804\,〔\text{V}〕$$

よって，

$$R=\frac{V_R'}{I_a'}=\frac{9.804}{19.6\times10^{-3}}=500.2\cdots\fallingdotseq5.0\times10^2\,〔\Omega〕$$ である。

問4 (4) 図1の回路で $I_a=I_V+I_R=\dfrac{V_V}{r_V}+\dfrac{V_V}{R}$ であるから変形して，

$$r_V=\frac{V_V}{RI_a-V_V}R\fallingdotseq\frac{9.756\times500.2}{500.2\times(24.4\times10^{-3})-9.756}$$

$$\fallingdotseq\frac{4.88\times10^3}{2.44}\fallingdotseq2.0\times10^3\,〔\Omega〕$$

問5 (5), (6) 問題文の「電流計と電圧計の内部抵抗を考慮しない」とは，電流計の内部抵抗を0(このとき電圧降下0)と考え，電圧計の内部抵抗を∞(このとき電流0)と考えることである。したがって，この場合どちらの回路においても電流計は抵抗を流れる電流を，電圧計は抵抗にかかる電圧を測定できていると仮定す

〈オームの法則〉
$V=RI$
ただし抵抗値 R は定数

〈電流計〉
直列に接続して I_a を測定
$V_a=r_aI_a$
(r_a は $10\sim10^2\ \Omega$ 程度)

〈電圧計〉
並列に接続して V_V を測定
$V_V=r_VI_V$
(r_V は $10^3\sim10^4\ \Omega$ 程度)

理想的な電流計では
$r_a\to0$，$V_a\to0$
理想的な電圧計では
$r_V\to\infty$，$I_V\to0$

ることになる。よって図1，2の回路による抵抗の測定値をそれぞれ R_{m}, R_{m}' とおくと，オームの法則より

$$R_{\mathrm{m}}=\frac{V_{\mathrm{V}}}{I_{\mathrm{R}}}=\frac{9.756}{24.4\times10^{-3}}=399.\cdots\fallingdotseq4.0\times10^{2}\ \text{〔Ω〕}$$

$$R_{\mathrm{m}}'=\frac{V}{I_{\mathrm{a}}'}=\frac{10.000}{19.6\times10^{-3}}=510.\cdots\fallingdotseq5.1\times10^{2}\ \text{〔Ω〕}$$

問6 (7) 電圧計は測定したい部分に並列に接続するので，図1の回路では抵抗の電位差（電圧）が正しく測定できている。

(8) 図1の回路で $I_{\mathrm{a}}=I_{\mathrm{V}}+I_{\mathrm{R}}$ で $V_{\mathrm{V}}=r_{\mathrm{V}}I_{\mathrm{V}}=RI_{\mathrm{R}}$ すなわち $I_{\mathrm{V}}:I_{\mathrm{R}}=R:r_{\mathrm{V}}$（並列接続の抵抗の電流比は抵抗の逆比）の関係があるから

$$I_{\mathrm{R}}=\frac{r_{\mathrm{V}}}{r_{\mathrm{V}}+R}I_{\mathrm{a}}\quad\text{よって}\quad\frac{I_{\mathrm{a}}}{I_{\mathrm{R}}}=\frac{r_{\mathrm{V}}+R}{r_{\mathrm{V}}}\ \text{〔倍〕}$$

(9) 次に電流計は測定したい部分に直列に接続するので，図2の回路では抵抗を流れる電流を正しく測定できている。

(10) 図2の回路で $V=V_{\mathrm{a}}'+V_{\mathrm{R}}'$ で $V_{\mathrm{a}}'=r_{\mathrm{a}}I_{\mathrm{a}}'$, $V_{\mathrm{R}}'=RI_{\mathrm{a}}'$ すなわち $V_{\mathrm{a}}':V_{\mathrm{R}}'=r_{\mathrm{a}}:R$（直列接続の抵抗の電圧比は抵抗比）の関係があるから

$$V_{\mathrm{R}}'=\frac{R}{r_{\mathrm{a}}+R}V\quad\text{よって}\quad\frac{V}{V_{\mathrm{R}}'}=\frac{R+r_{\mathrm{a}}}{R}\ \text{〔倍〕}$$

〈抵抗の並列接続〉

$I=I_1+I_2$
$V=R_1I_1=R_2I_2$
$(I_1:I_2=R_2:R_1)$

合成抵抗 R

$$\frac{1}{R}=\frac{1}{R_1}+\frac{1}{R_2}$$

特に2つの抵抗では

$$R=\frac{R_1R_2}{R_1+R_2}\quad\frac{㊮}{㊎}$$

〈抵抗の直列接続〉

$V=V_1+V_2$

$$I=\frac{V_1}{R_1}=\frac{V_2}{R_2}$$

$(V_1:V_2=R_1:R_2)$

合成抵抗 R

$R=R_1+R_2$

54 **問1** (1) $\dfrac{R_1}{R_1+R_3}E$〔V〕 (2) $\dfrac{R_2}{R_2+R_4}E$〔V〕 (3) $R_1R_4=R_2R_3$

問2 抵抗 R_7 を流れる電流：$\dfrac{E}{R_5+R_7}$〔A〕，抵抗 R_8 を流れる電流：$\dfrac{E}{R_6+R_8}$〔A〕，

電池を流れる電流：$\dfrac{E}{R_5+R_7}+\dfrac{E}{R_6+R_8}$〔A〕，

Cに対するBの電位：$\dfrac{R_6R_7-R_5R_8}{(R_5+R_7)(R_6+R_8)}E$〔V〕

問3 抵抗 R_7 を流れる電流：I_1+I〔A〕，抵抗 R_8 を流れる電流：I_2-I〔A〕

回路ABCA：$0=R_5I_1-RI-R_6I_2$，回路BDCB：$0=R_7(I_1+I)-R_8(I_2-I)+RI$，

回路PABDQP：$E=R_5I_1+R_7(I_1+I)$

Point 電気回路の問題では，

1 各部分の導線を流れる電流を文字でおく

2 キルヒホッフの第1法則，第2法則を使って連立方程式を解く

解説 **問1** (1)，(2) 経路A→B→D，経路A→C→Dに流れる電流をそれぞれ i_1，i_2 とおく。キルヒホッフの第2法則より

回路PABDQP：$E=R_1i_1+R_3i_1$，

回路PACDQP：$E=R_2i_2+R_4i_2$

よって $i_1=\dfrac{E}{R_1+R_3}$，$i_2=\dfrac{E}{R_2+R_4}$

したがって抵抗 R_1 での電圧降下 V_1 は

$V_1=R_1i_1=\dfrac{R_1}{R_1+R_3}E$〔V〕であり，抵抗 R_2 での電圧降下 V_2 は $V_2=R_2i_2=\dfrac{R_2}{R_2+R_4}E$〔V〕である。

(3) 点Qの電位を基準の0〔V〕に定めると，点Bでの電位は $E-V_1$ であり，点Cでの電位は $E-V_2$ である。内部抵抗がそれほど大きくない検流計を介して電気的につながれたBC間に電流が流れないことから，BC間は等電位である。よって $V_1=V_2$ となり，これに(1)，(2)を代入して $\dfrac{R_1}{R_1+R_3}E=\dfrac{R_2}{R_2+R_4}E$ で，さらに変形すると $R_1R_4=R_2R_3$ となる。

問2 抵抗 R_7 と抵抗 R_8 に流れる電流をそれぞれ i_1'，i_2' とおくと，キルヒホッフの第2法則より

回路PABDQP：$E=R_5i_1'+R_7i_1'$，

回路PACDQP：$E=R_6i_2'+R_8i_2'$

〈キルヒホッフの法則〉

第1法則（電流則）

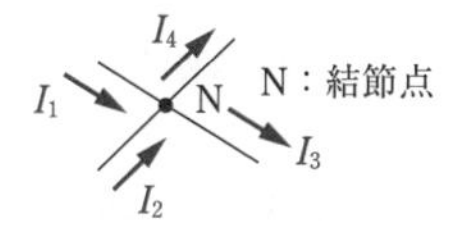

（→は電流の仮の向き）

$I_1+I_2=I_3+I_4$

（Nに流れ込む電流の和）＝（Nから流れ出す電流の和）

第2法則（電圧則）

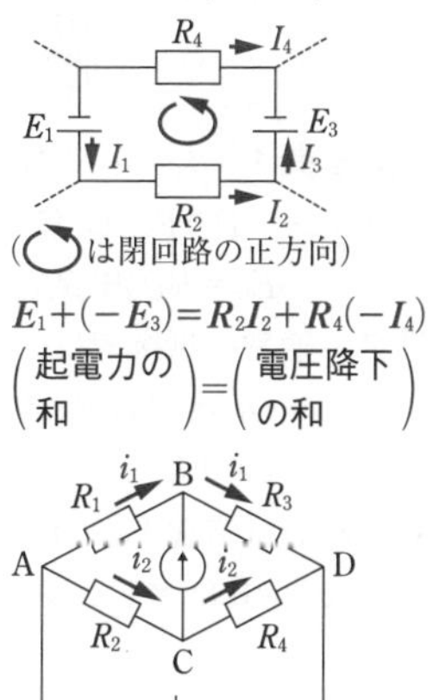

（⟳は閉回路の正方向）

$E_1+(-E_3)=R_2I_2+R_4(-I_4)$

（起電力の和）＝（電圧降下の和）

（問1(3)の図）

よって $i_1'=\dfrac{E}{R_5+R_7}$〔A〕, $i_2'=\dfrac{E}{R_6+R_8}$〔A〕が求められる。また点Aにおけるキルヒホッフの第1法則より,

電池を流れる電流は $i_1'+i_2'=\dfrac{E}{R_5+R_7}+\dfrac{E}{R_6+R_8}$〔A〕

となる。さらに点Qを電位の基準にとったときの点B, Cの電位はそれぞれ R_7i_1', R_8i_2' であるからCに対するBの電位は

$$R_7i_1'-R_8i_2'=\left(\frac{R_7}{R_5+R_7}-\frac{R_8}{R_6+R_8}\right)E$$

$$=\frac{R_6R_7-R_5R_8}{(R_5+R_7)(R_6+R_8)}E\text{〔V〕}$$

〈ホイートストンブリッジの平衡条件〉

BC 間の電流が0のとき

$$\frac{R_1}{R_2}=\frac{R_3}{R_4}$$

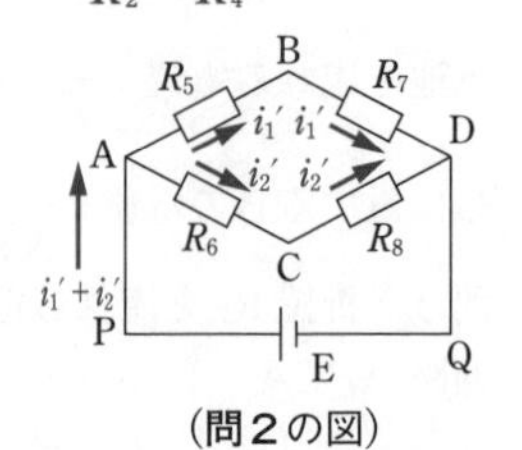

(問2の図)

問3 点Bと点Cにおけるキルヒホッフの第1法則より, BからDに向かって抵抗R_7を流れる電流はI_1+I〔A〕であり, CからDに向かって抵抗R_8を流れる電流はI_2-I〔A〕である。

またそれぞれの閉回路でキルヒホッフの第2法則を立てると

回路 ABCA : $0=R_5I_1+R(-I)+R_6(-I_2)$

回路 BDCB : $0=R_7(I_1+I)+R_8(I-I_2)+RI$

回路 PABDQP : $E=R_5I_1+R_7(I_1+I)$

の関係式が導かれる。なおここで, 閉回路の正方向を時計回りにとっているので, 例えばB→C方向の電流を$(-I)$, 電圧降下を$R(-I)$等としていることに注意。

(問3の図)

55 **問1** 1.2 V　**問2** 0.96 W　**問3** 0.90 Ω　**問4** $I_1+I_2=I_3$

問5 $E_0-E_1=R_2I_2-r_1I_1$　**問6** $\dfrac{(R_2+R_3)E_1-R_3E_0}{r_1R_2+R_2R_3+R_3r_1}$〔A〕

問7 0.96 V　**問8** 0.36 Ω

解説 **問1** $I_1=0$ であるから $I_2=I_3$ であり, 閉回路 $B_0-S_0-P-R-B_0$ においてキルヒホッフの第2法則より

$$E_0=R_3I_3+R_2I_2=(R_2+R_3)I_2=1.5\times0.80=1.2\text{ V}$$

問2 通常の抵抗では, 単位時間当たりに発生する発熱量(ジュール熱)は消費電力Pに等しいので,

$$P=(R_2+R_3)I_2^2=1.5\times(0.80)^2=0.96\text{ W}$$

別解 Pは電池B_0の供給電力とも等しいので $P=I_2E_0=0.80\times1.2$ からも求められる。

〈抵抗値の式〉

$$R=\rho\frac{l}{S}$$

〈消費電力〉

$$P=IV=RI^2=\frac{V^2}{R}$$

単位時間当たりの電気的エネルギーの消費量

問3　一様な抵抗線なので抵抗値は長さに比例するから，

$$R_3=\frac{15}{25}\times1.5=0.90\ \Omega$$

〈すべり抵抗器の問題〉

$$R_{AC}=\frac{l_1}{l_1+l_2}R_{AB}\qquad R_{CB}=\frac{l_2}{l_1+l_2}R_{AB}$$

ρ と S が一様な抵抗線では，抵抗値は長さに比例する。

問4　接点Qにおいてキルヒホッフの第1法則より

$I_3=I_1+I_2$　……①　の関係が成り立つ。

問5　B_1 内では問題文の図の右向きに $-I_1$ の電流が流れていると考えると，閉回路 $B_0-S_1-B_1-Q-R-B_0$ において，キルヒホッフの第2法則より

$$E_0+(-E_1)=r_1(-I_1)+R_2I_2\quad\cdots\cdots②$$

の関係が成り立つ。

問6　同様に閉回路 $B_1-S_1-S_0-P-Q-B_1$ において，キルヒホッフの第2法則より

$E_1=R_3I_3+r_1I_1$　……③

が成り立つ。ここで

②より $I_2=\dfrac{E_0-E_1+r_1I_1}{R_2}$，③より $I_3=\dfrac{E_1-r_1I_1}{R_3}$

これらを①に代入して変形すると

$$I_1=\frac{(R_2+R_3)E_1-R_3E_0}{r_1R_2+R_2R_3+R_3r_1}\,[\mathrm{A}]\quad\cdots\cdots④$$

問7　PQ間とQR間の抵抗値の比は長さの比と一致する。④で $I_1=0$ のとき $(R_2+R_3)E_1-R_3E_0=0$ であるから**問1**の結果も使って

$$E_1=\frac{R_3}{R_3+R_2}E_0=\frac{20}{25}\times1.2=0.96\ \mathrm{V}$$

問8　抵抗線PQとQRは長さが等しいので $R_2=R_3$ で，さらに $I_1=0$ から $I_2=I_3$ である。よってPQ間とQR間の電圧降下は等しく $\dfrac{1}{2}E_0$ となる。ここで右の等価回路で $I_1=0$ よりQT間の電流は0であり，点Sでのキルヒホッフの第1法則からPS間の電流も0となる(このことは右図の点線内に流入出する電流の和が0になることからも明らかである)。したがって，抵抗 R_1 と電池 B_1 には同じ大きさの電流が流れている。これを右図のように I_4 とおく。抵抗 R_1 の電気抵抗を R_1 [Ω] として閉回路 $B_1-S_2-R_1-B_1$ でキルヒホッフの第2法則より

〈等価回路〉

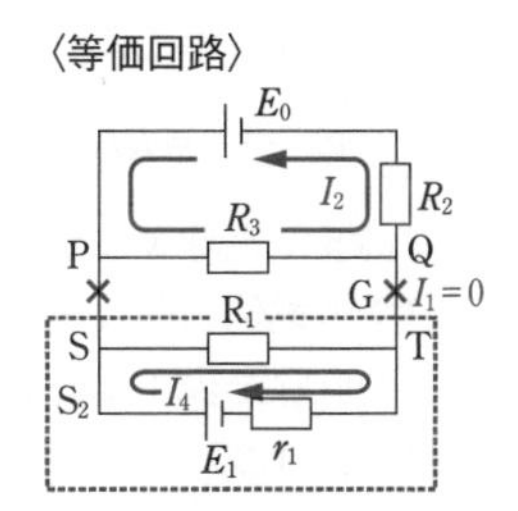

$$E_1=R_1I_4+r_1I_4\quad よって\quad I_4=\frac{E_1}{R_1+r_1}$$

したがって抵抗 R_1 での電圧降下は $R_1I_4=\dfrac{R_1}{R_1+r_1}E_1$ となり，これがPQ間の電圧と等しいことから，

$\dfrac{1}{2}E_0=\dfrac{R_1}{R_1+r_1}E_1$　よって　**問1**，**問7**の値を使って

$$r_1=R_1\left(\frac{2E_1}{E_0}-1\right)=0.60\times\left(\frac{2\times0.96}{1.2}-1\right)=\frac{1.92-1.2}{2}=0.36\ \Omega$$

56 **問1**　0.60 A　**問2**　0.50 A　**問3**　0.50 A　**問4**　$\dfrac{V_0-V_X}{R}$

問5　グラフ：解説参照，$V_X=0.50$ V，$I_X=0.30$ A

解説 **問1**　図2の電球Xには両端に1.5Vの電圧がかかっているので，図1から電流値を有効数字2桁で読み取って0.60 Aである。

問2　2つの電球は直列につながれているので，同じ大きさの電流が流れており電流-電圧特性が同じであるから，両端の電圧もそれぞれ等しい。よって1つの電球には $\dfrac{2.0}{2}=1.0$ V の電圧がかかっている。よって図1から電流値を読み取って，このとき回路を流れる電流は0.50 Aとなる。

問3　コンデンサーに蓄えられる電気量は電圧に比例するので，蓄えられた電気量が $\dfrac{Q}{2}$ のときのコンデンサーの電圧は $\dfrac{2.0}{2}=1.0$ V となり，この瞬間に電球にかかる電圧は $2.0-1.0=1.0$ V である。よって，求める回路に流れる電流は図1より0.50 Aである。

問4　抵抗にかかる電圧は V_0-V_X であるから，抵抗における電圧降下の式より

$$V_0-V_X=RI_X \quad よって \quad I_X=\frac{V_0-V_X}{R} \quad \cdots\cdots①$$

問5　図5で電球Xにかかる電圧は $V_X-0=V_X$ であり，点Pでの電位に一致している。一方，①は図1では右下がりの直線を表すことがわかる。①で $I_X=0$A のとき $V_X=V_0=1.25$ V であり，$V_X=0$V のとき

$I_X=\dfrac{V_0}{R}=\dfrac{1.25}{2.5}=0.50$ A であるから，これらの切片を直線で結べばよい。また図5の回路における電球Xの状態（電圧，電流）を表す点は，この直線上かつ図1の特性曲線上でなければならない。よって2つの交点を図1から読み取って $V_X=0.50$ V，$I_X=0.30$ A となる。ちなみにこのときの電球Xの抵抗値 R_X と，消費電力 P_X は

$$R_X=\frac{V_X}{I_X}=\frac{0.50}{0.30}\fallingdotseq 1.7\ \Omega,$$

$$P_X=I_XV_X=0.30\times0.50=0.15\ \text{W}$$

〈非オーム抵抗の特性〉

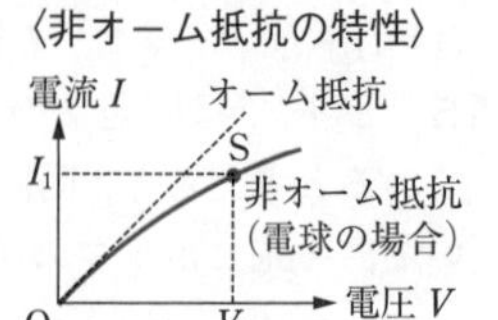

電流が端子間電圧（電圧降下）に比例しない抵抗

状態Sでの抵抗値

$R_1=\dfrac{V_1}{I_1}$

（I-V 図で線分OSの傾きの逆数）

状態Sでの消費電力

$P_1=I_1V_1$

（I-V 図で線分OSを対角線とする長方形の面積）

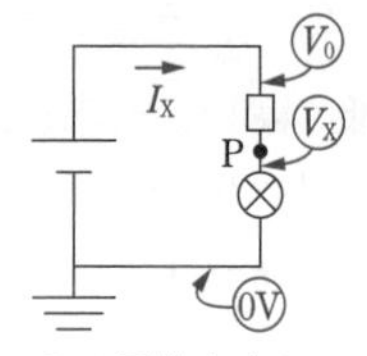

○は電位を表している

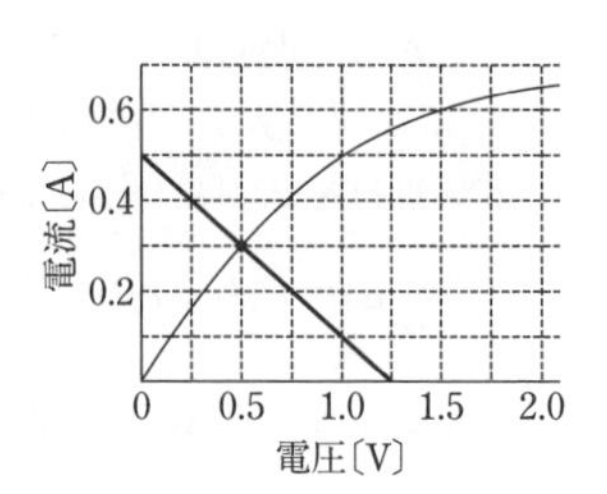

57 **問1** $\dfrac{V}{R_1+R_2+R_3}$〔A〕　**問2** $C_1:C_2=R_2:R_1$　**問3** $\dfrac{V}{3}$〔V〕

問4 「GからF」　**問5** $V_1=\dfrac{V}{6}$〔V〕，$V_2=\dfrac{V}{3}$〔V〕　**問6** $Q_A=-\dfrac{1}{6}CV$〔C〕，

$Q_B=\dfrac{2}{3}CV$〔C〕　**問7** $Q_1=\dfrac{1}{6}CV$〔C〕，$Q_2=\dfrac{1}{3}CV$〔C〕　**問8** $\dfrac{1}{12}CV^2$〔J〕

解説 この問題では「抵抗 R_1〔Ω〕」のように，回路素子を特徴づける物理量そのものを素子の名称として使用していることに注意。

〈物理における字体の通常の使い分け〉
斜字体 (A)…物理量
立字体 (A)…名称，単位

問1 RC回路(抵抗，コンデンサー，電池で構成される回路)において，「十分に時間が経過した後」とは，コンデンサー部分を流れる電流がほぼ0と見なせるようになった時刻という意味である(なお，スイッチ切り換えの「直後」とは，コンデンサーに蓄えられた電気量が切り換える前と同じ大きさであると見なしてもよいくらいにしか時間が経過していない時刻のことである)。右の図1のように各点に名称をつける。S_1を閉じて十分に時間が経つと抵抗 R_1，R_2，R_3 に同じ電流 I が流れる。このとき閉回路 S_1DGES_1 でキルヒホッフの第2法則より $V=R_1I+R_2I+R_3I$ が成り立つので

$I=\dfrac{V}{R_1+R_2+R_3}$〔A〕である。

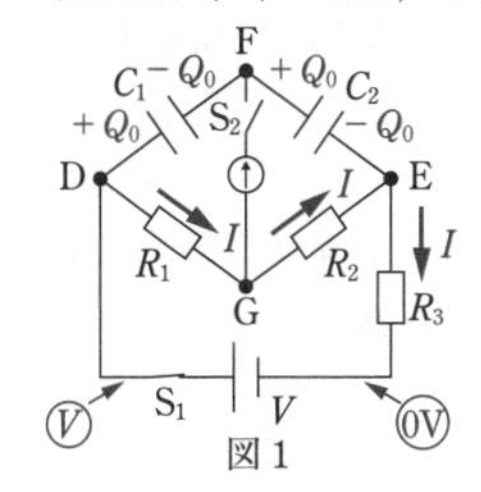

図1

◀回路の構造から電流が流れる向きが自明な場合は，あえて電流の向きを指定せず電流の大きさを「電流」と称することがある。

問2 電池の負極側を電位の基準(0V)にとる。そして以下では各点の電位を例えば点Fの電位 V_F のように名づけるとする。S_2を閉じる直前を考える。点Fに直接つながった部分の電気量保存より，右の図1のようにコンデンサーの極板に蓄えられた電気量をおくことができる($Q_0>0$)。

S_2を閉じても検流計に電流が流れなかったことから，$V_F=V_G$ すなわちDF間とDG間，FE間とGE間の電圧がそれぞれに等しいので

$\dfrac{Q_0}{C_1}=R_1I$ ……①，$\dfrac{Q_0}{C_2}=R_2I$ ……②が成り立つ。よって①÷② から $\dfrac{C_2}{C_1}=\dfrac{R_1}{R_2}$ の関係が導かれる。

問3 S_2を閉じる直前において**問1**の結果から

$I=\dfrac{V}{R+2R+3R}=\dfrac{V}{6R}$ となり，DE間の電圧を考えると

$R\cdot\dfrac{V}{6R}+2R\cdot\dfrac{V}{6R}=\dfrac{Q_0}{C}+\dfrac{Q_0}{2C}$ が成り立つので，

$Q_0=\dfrac{1}{3}CV$ よってコンデンサーCの電圧 V_0 は

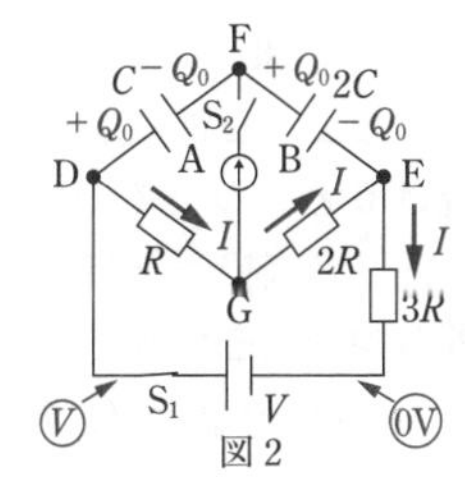

図2

$V_0=\dfrac{Q_0}{C}=\dfrac{1}{3}V$〔V〕である。

◀ここでの検流計はあまり大きくはない内部抵抗を持っていると考えている（もし内部抵抗を0とするとS_2を入れた一瞬だけ無限大の電流が流れることになってしまう）。

問4　S_2を閉じる直前は**問3**より，

$$V_F=V_D-V_0=V-\frac{1}{3}V=\frac{2}{3}V$$

また，$V_G=V_D-RI=V-R\cdot\dfrac{V}{6R}=\dfrac{5}{6}V$ となり

$V_F<V_G$ であるから，S_2を閉じると検流計の部分に，高電位側の点Gから低電位側の点Fに電流が流れ始める。そして，電流はしばらく同じ向きに流れるが，次第にFG間の電位差が0に近づいていき，十分に時間が経つとFG間は等電位となり，検流計に電流は流れなくなる。

問5　S_2を閉じて十分に時間が経過すると，コンデンサー部分を流れる電流は0と見なすことができ，検流計を流れる電流も0と見なしてよい。よって $V_F=V_G$ が成り立つ。またこのとき，**問1**と同じ考え方をして抵抗R，$2R$，$3R$の部分には $I=\dfrac{V}{6R}$ の電流が流れているので

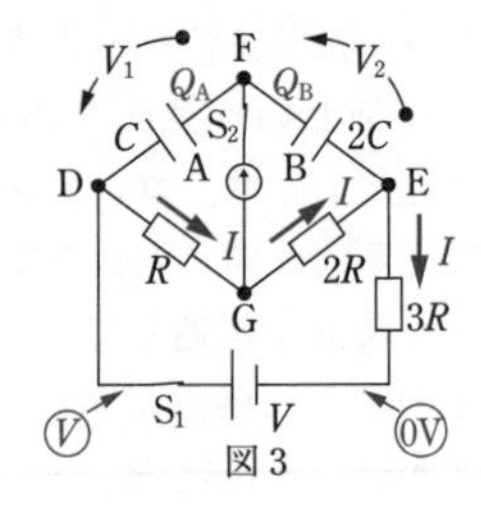

図3

$$V_G=V_D-R\cdot\frac{V}{6R}=\frac{5}{6}V \quad \text{よって} \quad V_F=\frac{5}{6}V$$

以上より，コンデンサーCの電圧 V_1は

$$V_1=|V_D-V_F|=\left|V-\frac{5}{6}V\right|=\frac{V}{6}\text{〔V〕}$$

であり，また $V_E=3R\cdot I=3R\cdot\dfrac{V}{6R}=\dfrac{1}{2}V$ であるから，

コンデンサー$2C$の電圧 V_2は

$$V_2=|V_F-V_E|=\left|\frac{5}{6}V-\frac{1}{2}V\right|=\frac{V}{3}\text{〔V〕}$$

〈極板電位と極板電荷〉

A　C　B

V_A　Q_A　Q_B　V_B

$$\begin{cases} Q_A=C(V_A-V_B) \\ Q_B=C(V_B-V_A)=-Q_A \end{cases}$$

コンデンサーに蓄えられている電気量は$|Q_A|$または$|Q_B|$である。

問6　**問5**より，

$$Q_A=C(V_F-V_D)=C\cdot(-V_1)=-\frac{1}{6}CV\text{〔C〕}$$

また，$Q_B=2C(V_F-V_E)=2C\cdot V_2=\dfrac{2}{3}CV$〔C〕

問7　S_1を開いて十分に時間が経った後に，極板には右の図4のような電気量が蓄えられているとする。回路の電流は0と見なせるので，$V_D=V_G=V_E=0$V である。また点Fと直接つながっている部分での電気量保存より，**問6**の結果を使って

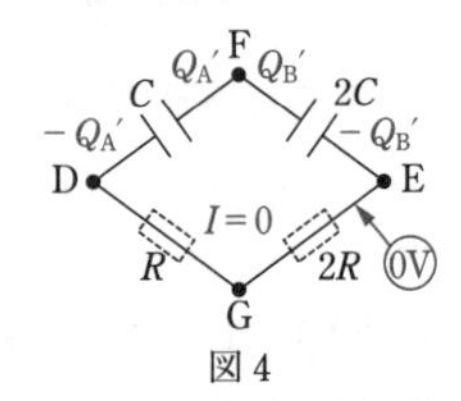

図4

$$Q_A'+Q_B'=Q_A+Q_B$$

$$C(V_F-0)+2C(V_F-0)=-\frac{1}{6}CV+\frac{2}{3}CV$$

よって $V_F=\frac{1}{6}V$ となるのでコンデンサーに蓄えられる電荷はそれぞれ

$$Q_1=|Q_A'|=|C(V_F-0)|=\frac{1}{6}CV\text{〔C〕}$$

$$Q_2=|Q_B'|=|2C(V_F-0)|=\frac{1}{3}CV\text{〔C〕}$$

問8　エネルギーの関係から2つの抵抗で発生するジュール熱は2つのコンデンサーの静電エネルギーの減少量と一致するので**問5**，**問7**の結果をふまえて

$$W=\left(\frac{1}{2}CV_1{}^2+\frac{1}{2}\cdot 2C\cdot V_2{}^2\right)-\left(\frac{Q_1{}^2}{2C}+\frac{Q_2{}^2}{2\cdot 2C}\right)$$
$$=\left\{\frac{C}{2}\left(\frac{V}{6}\right)^2+C\left(\frac{V}{3}\right)^2\right\}-\left\{\frac{1}{2C}\left(\frac{CV}{6}\right)^2+\frac{1}{4C}\left(\frac{CV}{3}\right)^2\right\}$$
$$=\frac{1}{8}CV^2-\frac{1}{24}CV^2=\frac{1}{12}CV^2\text{〔J〕}$$

58　**問1**　$\frac{3}{2}V_0$〔V〕　**問2**　$V_E=\frac{3}{2}V_D+RI_D$〔V〕，$I_1=I_D+\frac{V_D}{2R}$〔A〕
問3　$V_E'=\frac{3}{2}V_D+\frac{11}{2}RI_D$〔V〕，$I_1'=\frac{5}{2}I_D+\frac{V_D}{2R}$〔A〕　**問4**　$V_C=3RI_D$〔V〕，
$Q=3CRI_D$〔C〕，$U_C=\frac{9}{2}C(RI_D)^2$〔J〕

解説　**問1**，**問2**　可変電源Eの電圧を $E(>0)$ とおく。右の等価回路1で抵抗 R_2 にかかる電圧は V であるから，そこを右向きに流れる電流は $\frac{V}{2R}$ であり，キルヒホッフの第1法則から抵抗 R_1 を流れる電流は $I+\frac{V}{2R}$ となる。したがってキルヒホッフの第2法則から

$$E=R\left(I+\frac{V}{2R}\right)+V=\frac{3}{2}V+RI \quad \cdots\cdots①$$

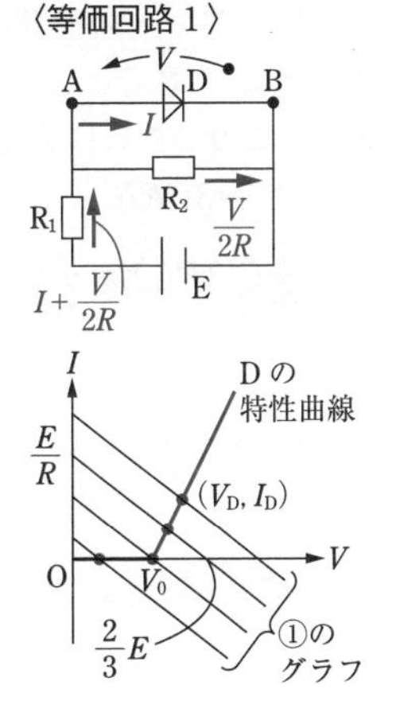

右の I-V グラフにおいて，①のグラフは I 軸との切片が $\frac{E}{R}$ で，V 軸との切片が $\frac{2}{3}E$ となる右下りの直線である。Dの特性曲線と①との交点が，そのときにダイオードの状態を表す。Eの値を0Vから上げていくと $\frac{2}{3}E\leqq V_0$（すなわち $E\leqq\frac{3}{2}V_0$）では $I=0$ であるが $V_0<\frac{2}{3}E$ となると $I>0$ となる。以上のことから $V_T=\frac{3}{2}V_0$〔V〕であることがわかる。さらに $E>V_T$ のときは①に $E=V_E$，$I=I_D$，$V=V_D$ を代入して

$V_E=\dfrac{3}{2}V_D+RI_D$〔V〕が求められる。またこのとき

$I_1=I_D+\dfrac{V_D}{2R}$〔A〕であることもわかる。

問3　右の等価回路2で考える。I-V グラフよりDの電流が I_D のときその電圧は V_D である。抵抗 R_3 を流れる電流は I_D であるので R_3 にかかる電圧は $3RI_D$ とわかる。よって抵抗 R_2 にかかる電圧は V_D+3RI_D となり，R_2 に流れる電流は $\dfrac{V_D+3RI_D}{2R}=\dfrac{V_D}{2R}+\dfrac{3}{2}I_D$ となるから，キルヒホッフの第1法則より抵抗 R_1 を流れる電流 I_1' は

$$I_1'=I_D+\left(\frac{V_D}{2R}+\frac{3}{2}I_D\right)=\frac{5}{2}I_D+\frac{V_D}{2R}\text{〔A〕}$$

と求められる。またキルヒホッフの第2法則より

$$V_E'=RI_1'+V_D+3RI_D=\frac{3}{2}V_D+\frac{11}{2}RI_D\text{〔V〕}$$

〈等価回路2〉

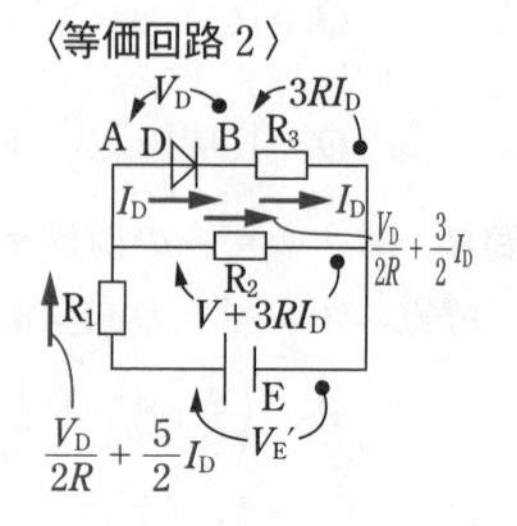

問4　等価回路3で考える。スイッチ S_3 を閉じて十分に時間が経過してコンデンサーCの充電が完了するとCを流れる電流は0となる。このとき R_1，R_2，R_3，Dを流れる電流は，途中変化するが最終的には**問3**の場合と同じになる（充電が完了したコンデンサーを回路からはずしても他の部分への影響はない）。Cにかかる電圧 V_C は R_3 にかかる電圧と等しいので $V_C=3RI_D$〔V〕となる。
また，このときCに蓄えられた電気量 Q は
$Q=CV_C=3CRI_D$〔C〕であり，静電エネルギー U_C は
$U_C=\dfrac{1}{2}C(3RI_D)^2=\dfrac{9}{2}C(RI_D)^2$〔J〕と求められる。

〈等価回路3〉

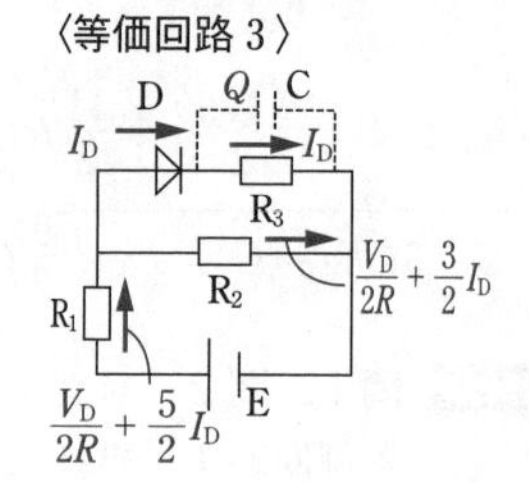

17 電場・磁場中の荷電粒子

59 **問1** (1) $\dfrac{\rho}{S}$ (2) V_B (3) $\dfrac{(V_B-V_A)S}{\rho L}$ (4) $I(V_B-V_A)$

(5) 導体中の金属の陽イオンの熱振動のエネルギー

問2 (6) $envS$ (7) 大きさ：evB，方向：(ア) (8) $envSB$

問3 (9) 説明：元々一様に分布していた自由電子にローレンツ力が作用することで図のような分布の偏りが生じる。このとき導体中の自由電子に働くローレンツ力は，電荷分布によって生じる電場から受ける静電気力とつりあっている。

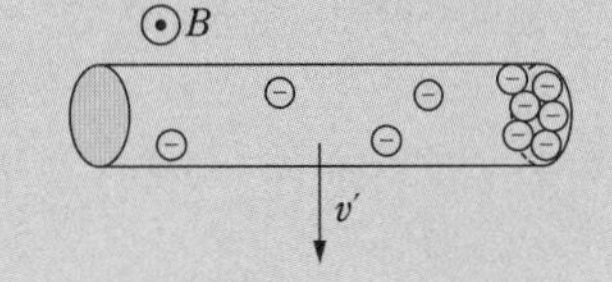

(10) 大きさ：$v'B$，方向：(ウ)

解説 **問1** (1) 長さ l，断面積 S，抵抗率 ρ の導線の抵抗値 R は $R=\rho\dfrac{l}{S}$ より，単位長さ当たりの電気抵抗は

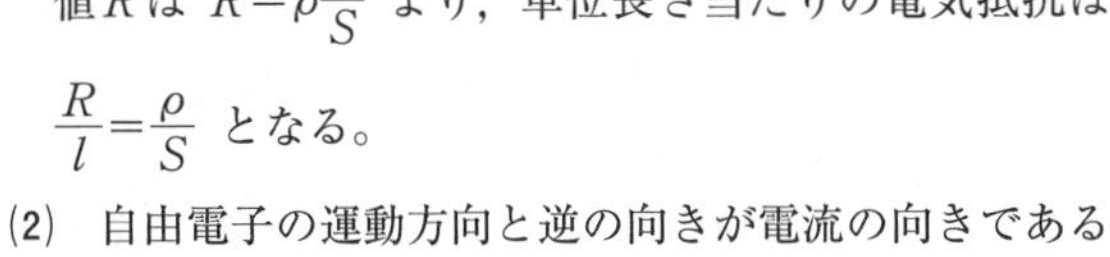

$\dfrac{R}{l}=\dfrac{\rho}{S}$ となる。

〈抵抗値の式〉
$R=\rho\dfrac{l}{S}$

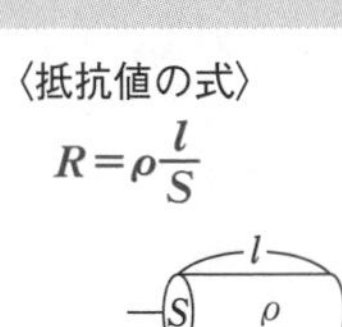

温度 t〔℃〕での抵抗率は
$\rho=\rho_0(1+\alpha t)$〔Ω·m〕

(2) 自由電子の運動方向と逆の向きが電流の向きである(図1の導線の左向き)。そして導体中では電位の高い方から低い方へ電流が流れるから，$V_A<V_B$ である。

(3) 断面AとBではさまれた領域の抵抗値は，(1)の結果より $L\dfrac{R}{l}=\rho\dfrac{L}{S}$ であり，AB間の電圧降下を考えて

$$V_B-V_A=\left(\rho\frac{L}{S}\right)I \quad これより \quad I=\frac{(V_B-V_A)S}{\rho L}$$

(4) 断面AとBの間の導線部分を単位時間当たり I の電気量が通過し，この間 $I(V_B-V_A)$ だけ電気的位置エネルギーが失われるから，求める消費電力は
$I(V_B-V_A)$ である。

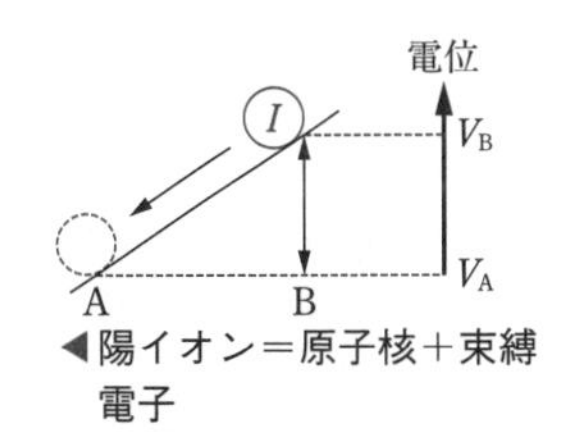

(5) 導体は金属の陽イオンと自由電子で構成されている。陽イオンは温度に応じたランダムな熱振動を行っているが，自由電子の衝突によってその振動の激しさが増す(温度上昇)。そして外界との温度差が生じ次第に熱が外部へ移動していく。これが抵抗におけるジュール熱の発生の仕組みである。

◀陽イオン＝原子核＋束縛電子

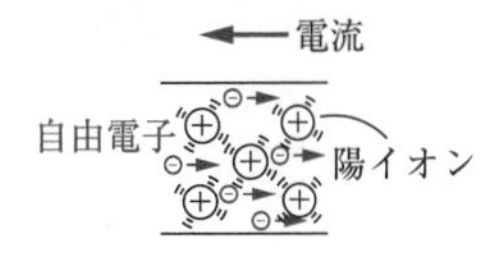

問2 (6) 単位時間にある断面を通過する電気量の絶対値が，電流の大きさである。数密度 n で一様に分布し，一定の速さ v で運動する自由電子のうち，導体断面Bを単位時間に通過できるのは右図の長さ $v\cdot 1$ の部分

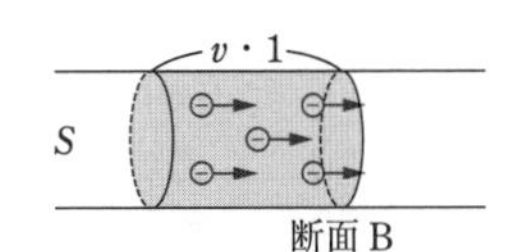

第4章 電磁気

に含まれる自由電子であり，この個数は $S\cdot(v\cdot1)\cdot n$ である。よって求める電流の大きさ I は

$$I=|(-e)\cdot Svn|=envS$$

(7) 磁束密度の大きさ B の磁場に垂直な方向に速さ v で運動する電気量 q の荷電粒子には，大きさ $|q|vB$ のローレンツ力が作用する。また，その方向は荷電粒子の運動を電流に置きかえて，フレミングの左手の法則から判断できる。これより1個の自由電子が受ける力の大きさ f は $f=evB$ であり，その力の方向は紙面内の上向きである。

(8) 導線中の金属の陽イオンは不規則な振動をしているが，受けるローレンツ力の合力は平均すると0となると考えられる。したがって導線が磁場から受ける力とは，運動する自由電子が受けるローレンツ力の合力のことである（この力は「電流が磁場から受ける力」あるいは省略して「電磁力」ということもある）。単位長さの導線に含まれる自由電子の個数は $(S\cdot1)\cdot n$ 個であり，この一つ一つに(7)で求めた大きさ f の力が働くから，求める力の大きさは

$$f\cdot nS=evB\cdot nS=envSB\ (=IB\ と表せる。)$$

問3 (9) 導体中の自由電子は導体と一緒に速さ v' で運動することで，磁場からローレンツ力を受ける。その結果，自由電子は図3中の右側へ移動し，その分布に偏りが生じる。

(10) 自由電子が移動すると自由電子がなくなった部分は正に帯電するので，図3の導線の右に負電荷，左に正電荷が分布する。よって図の右向きに電場が生じる。その大きさを E とおく。電荷分布が一定になったということは，自由電子に働くローレンツ力と静電気力がつりあっていることを意味するので，$eE=ev'B$ より $E=v'B$ と表される（よって長さ l の導体棒の両端に生じる電圧 V は $V=El=v'Bl$ である）。

〈ローレンツ力〉

$f=|q|vB$

〈フレミングの左手の法則〉

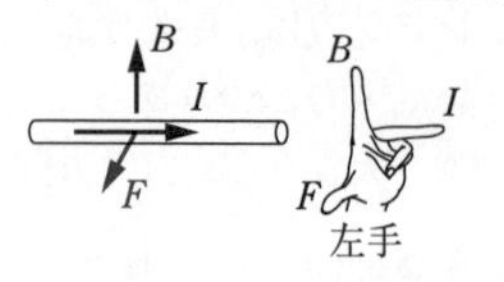

〈電流が磁場から受ける力〉

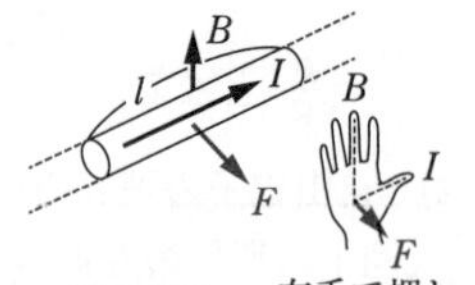

$F=IBl$　右手で押し出す方向

向きはフレミングの左手の法則を使って求めてもよい。

〈磁場中で運動する導体棒に生じる起電力〉

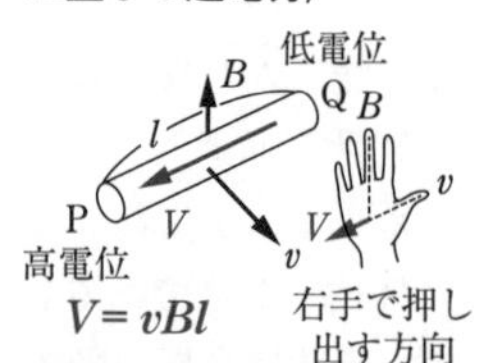

$V=vBl$　右手で押し出す方向

注意 上の2つの公式を混合しないこと

60 ア ②　(1) $\dfrac{V}{d}$　(2) $\dfrac{eV}{d}$　イ ⑥　ウ ①　(3) evB_1

(4) $\dfrac{V}{B_1d}$　(5) 0　(6) $\sqrt{w^2-\dfrac{2eVL}{Md}}$　エ ⑥　オ ①　(7) $\dfrac{B_2eV}{B_1d}$

(8) $\dfrac{2MV}{eB_1B_2d}$　カ ⑤

解説 **ア**　平行板導体Pが低電位側でQが高電位側であるから，電場の向きはx軸の負方向である。

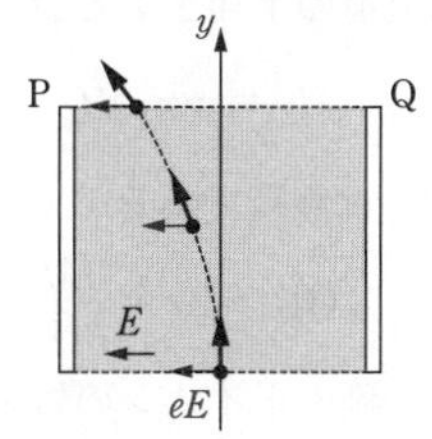

電場のみのときのイオンの運動（放物線軌道）

(1)　平行板間の電圧はVで間隔がdであるから，一様電場の式より求める電場の強さEは，$E=\dfrac{V}{d}$〔V/m〕

(2)　正イオンは運動速度によらず電場の向きに大きさ$eE=e\dfrac{V}{d}$〔N〕の力を受ける。

イ，ウ　D_1へ正イオンが入射する際，静電気力と反対方向のx軸の正方向にローレンツ力を受けるためには，y軸正方向の電流と見なしてフレミングの左手の法則を適用すると，磁場の向きはz軸の正方向であることがわかる。

(3)　正イオンの速度と磁場の向きが垂直であるから，ローレンツ力の大きさはevB_1〔N〕である。

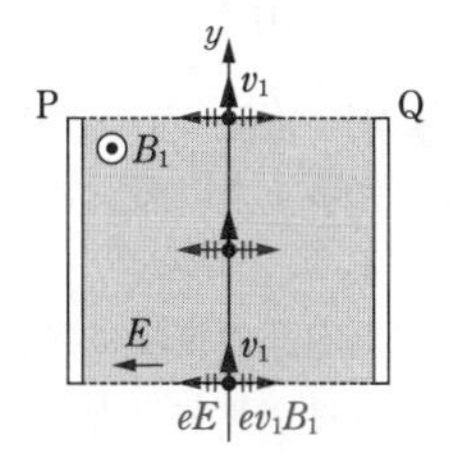

(4)　y軸上を正イオンが直進するためには，静電気力とローレンツ力がつりあえばよいので，求める特定の速さをv_1とおくと

$$\frac{eV}{d}=ev_1B_1\quad よって\quad v_1=\frac{V}{B_1d}〔\mathrm{m/s}〕$$

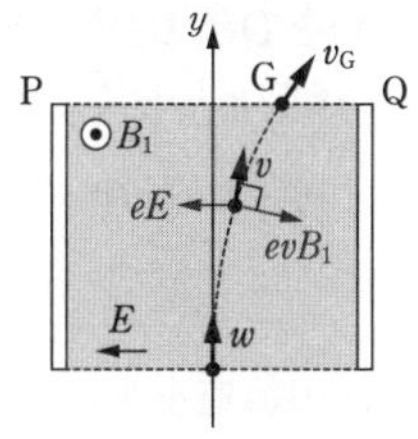

(5)　$w>v_1$の場合，静電気力よりもローレンツ力の大きさが勝り，正イオンは図1の破線のような軌道をとる。正イオンの速度は変化するが，働くローレンツ力の向きは常に速度に対して垂直方向であるので，磁場が正イオンに対してする仕事は0である。

(6)　D_1内では静電気力のみ正イオンに対して仕事をするので，力学的エネルギーが保存する。D_1内のy軸上の点に対して点Gは電位が$EL=\dfrac{L}{d}V$だけ高いので点Gにおける正イオンの速さをv_Gとおくと

$$\frac{1}{2}Mw^2=\frac{1}{2}Mv_G{}^2+e\cdot\frac{L}{d}V\quad よって\qquad v_G=\sqrt{w^2-\frac{2eVL}{Md}}〔\mathrm{m/s}〕$$

エ，オ　図2よりD_2では正イオンが進行方向に対して右向きのローレンツ力を受けていると判断できるので，**イ，ウ**と同様に考えてD_2内の磁場の向きはz軸の正方向である。

(7)　D_1 と D_2 の間で正イオンは y 軸上を等速度で運動するので，D_2 へは速さ v_1 で入射する。磁場の向きと速度の向きが垂直であるので，正イオンが受けるローレンツ力の大きさは(4)より

$$ev_1B_2 = e\cdot\frac{V}{B_1d}\cdot B_2 = \frac{eVB_2}{B_1d}\ 〔\mathrm{N}〕$$

(8)　領域 D_2 内で正イオンは速さ v_1 で等速円運動を行う。円軌道の半径を r とおくと運動方程式より

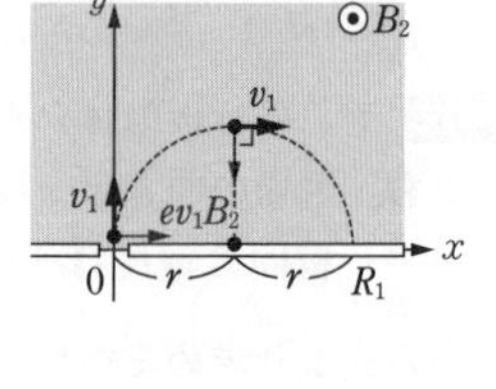

$$M\frac{{v_1}^2}{r} = ev_1B_2 \quad よって \quad r = \frac{Mv_1}{eB_2}$$

OR_1 は直径であるので(4)の結果を代入して

$$OR_1 = 2r = \frac{2M}{eB_2}\cdot\frac{V}{B_1d} = \frac{2MV}{eB_1B_2d}\ 〔\mathrm{m}〕$$

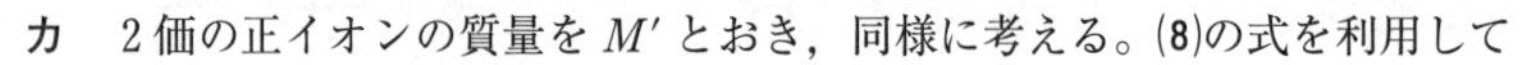

カ　2価の正イオンの質量を M' とおき，同様に考える。(8)の式を利用して

$OR_2 = \dfrac{2M'V}{2eB_1B_2d}$ となるが $OR_2 = 1.5\times OR_1$ であるから

$$\frac{2M'V}{2eB_1B_2d} = \frac{3}{2}\cdot\frac{2MV}{eB_1B_2d} \quad よって \quad M' = 3M$$

61　(1) qV_0　(2) $\dfrac{\pi m}{qB}$　(3) nqV_0　(4) $\dfrac{qBR}{m}$　(5) $\dfrac{(qBR)^2}{2m}$

(6) 3.3×10^{-8}　(7) 4.7×10^{7}　(8) 1.9×10^{-12}　(9) 5.8×10

解説　(1)　電圧 V_0 の電極間で荷電粒子は電場から qV_0 だけの仕事をされる。これが運動エネルギーの増加量と一致する。

〈断面の電気力線の様子〉

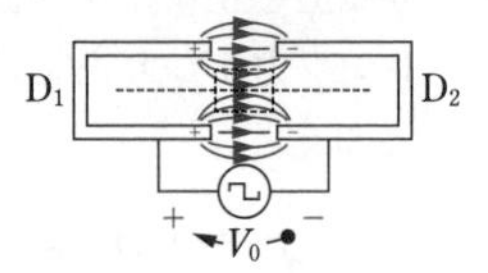

電極間の荷電粒子が加速される領域には，一様な電場が発生するとして，荷電粒子の運動は1つの平面内に限られるとする。

(2)　電極内部の電場は無視できると考える。荷電粒子は磁場からローレンツ力を受け，これが向心力となって等速円運動を D_1，D_2 内で半周ずつ行う。このときの速さを v，半径を r とおくと運動方程式（向心方向成分）より

$$m\frac{v^2}{r} = qvB \quad よって \quad r = \frac{mv}{qB} \quad \cdots\cdots①$$

（半径は速さに比例）

また，円軌道を半周する時間は $\dfrac{\pi r}{v} = \dfrac{\pi m}{qB}$（速さによらない一定値）となる。電極の正負をこれと同じ時間で切り替えると，電極内部で円軌道を半周して再び電極間に出射した際，速度と同じ向きに加速される（なお，電極間を荷電粒子が通過する時間は十分小さいものとして無視する）。よって求める時間 T は $T = \dfrac{\pi m}{qB}$ である。

〈1回目の加速〉

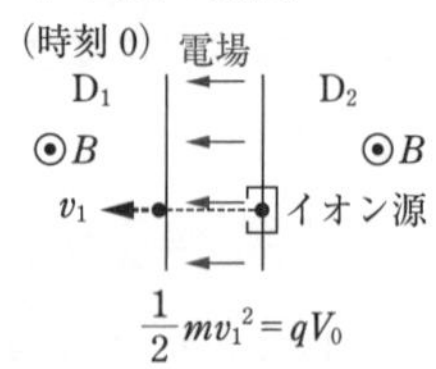

(3) 簡単のためイオン源の位置は D_2 の入口付近にあるとする。荷電粒子は初速 0 から電極間の電場で加速され D_1 に入射する。このとき運動エネルギーは qV_0 になる。以後時間 T で正負が切り替わる電極間で，加速されるごとに，運動エネルギーは qV_0 だけ増加するので，電極間を n 回通過した後の荷電粒子の運動エネルギーは

$\frac{1}{2}mv^2=nqV_0$ ……② である。

〈2回目の加速〉

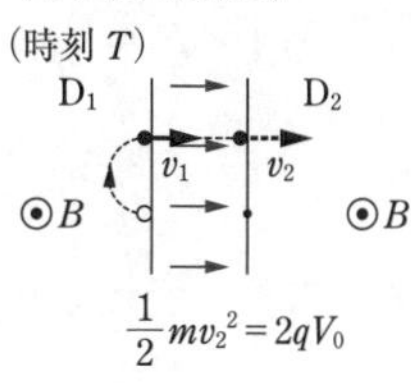

〈3回目の加速〉

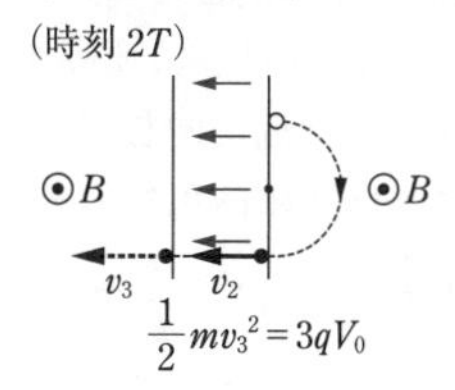

(4) ①式で $r=R$ として $v=\frac{qBR}{m}$ となる。

(5) 求める運動エネルギーは(4)の式から

$$\frac{1}{2}mv^2=\frac{m}{2}\left(\frac{qBR}{m}\right)^2=\frac{(qBR)^2}{2m}$$

(6) (2)の T の式に数値を代入して

$$T=\frac{3.14\times(1.7\times10^{-27})}{(1.6\times10^{-19})\times1.0}=3.33\cdots\times10^{-8}$$
$$\fallingdotseq3.3\times10^{-8}\,\mathrm{s}$$

(7) (4)の式に数値を代入して

$$v=\frac{(1.6\times10^{-19})\times1.0\times0.50}{1.7\times10^{-27}}=4.70\cdots\times10^{7}\fallingdotseq4.7\times10^{7}\,\mathrm{m/s}$$

(8) (7)の結果を使って

$$\frac{1}{2}mv^2=\frac{1}{2}\times(1.7\times10^{-27})\times(4.70\cdots\times10^{7})^2$$
$$=1.87\cdots\times10^{-12}=1.9\times10^{-12}\,\mathrm{J}$$

(9) ②式と(8)より，

$$n=\frac{1.87\cdots\times10^{-12}}{(1.6\times10^{-19})\times(1.0\times10^{5})}=1.168\cdots\times10^{2}$$

一方荷電粒子は電極間での加速と半周の円運動を交互に繰り返しているので，求める周回数は

$$\frac{1}{2}n=5.84\cdots\times10\fallingdotseq5.8\times10\,〔周〕$$

62 **問1** $F_e=\frac{eV}{l}$，向き：Q→P　**問2** $\frac{eV}{kl}$　**問3** $I=\frac{e^2ndh}{kl}V$

問4 $\frac{k}{e^2n}$　**問5** $F_B=\frac{I_HB}{n'dh}$，向き：S→R　**問6** $\frac{I_HB}{en'dh}$

問7 傾き：$\frac{B}{en'h}$，p型半導体

解説 **問1** 電流の向きはP→Qなので，自由電子はQ→Pの向きに運動する。このとき金属内部の電場の向きは電流と同じで，負の電荷を持つ自由電子は電場とは逆向きに静電気力を受ける。一様な電場としてその大きさEは $E=\frac{V}{l}$ であるから，静電気力の大きさF_eは

$F_e=eE=e\frac{V}{l}$ と求められる。

試料に一定電流が流れているとき内部には近似的に一様な電場が生じている。これは面Pと面Q付近の電荷分布によるものである。(ただしこの電気量は十分小さく通常は無視する。)

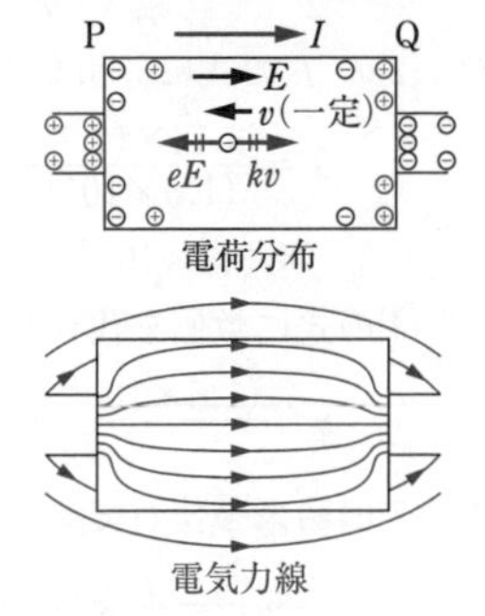

電荷分布

電気力線

問2 自由電子において静電気力と抵抗力がつりあうので

$$e\frac{V}{l}=kv \quad \text{よって} \quad v=\frac{eV}{kl}$$

問3 断面積がdhであるから，電流の大きさIは**問2**の結果を使って

$$I=env\cdot dh=en\cdot\frac{eV}{kl}\cdot dh=\frac{e^2ndh}{kl}V$$

問4 金属のPQ間の抵抗Rは，**問3**の関係式から

$$R=\frac{V}{I}=\frac{k}{e^2n}\cdot\frac{l}{dh}$$

となるので抵抗率ρは $\rho=\frac{k}{e^2n}$ となる。

〈電流の式〉
$\boldsymbol{I=envS}$
〈抵抗の式〉
$\boldsymbol{R=\rho\frac{l}{S}}$

問5 キャリアの半導体中の平均の速さをv_Hとおくと，

$I_H=en'v_H\cdot dh$ が成り立ち $v_H=\frac{I_H}{en'dh}$ である。よってキャリアが受けるローレンツ力の大きさF_Bは

$$F_B=ev_HB=e\cdot\frac{I_H}{en'dh}\cdot B=\frac{I_HB}{n'dh}$$

また，キャリアが受けるローレンツ力の合力が電流が磁場から受ける力として現れるので，フレミングの左手の法則から電気量の符号によらずキャリアが受ける力の向きはS→Rである。

(i)キャリアが正(e)のとき

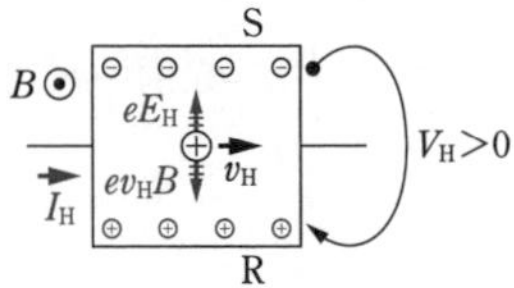

(ii)キャリアが負($-e$)のとき

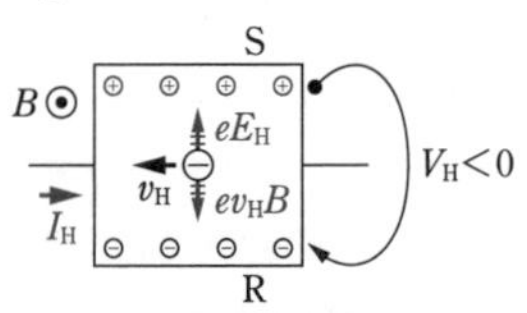

問6 キャリアに働くSR方向の力のつりあいより

$eE_H=F_B$ となり，**問5**の結果を使って $E_H=\frac{I_HB}{en'dh}$ と求められる。

問7　一様電場と考えて $|V_H|=E_H d$ であるが，図3の電圧計の極性から，**問6**の結果を合わせて $V_H=\frac{B}{en'h}I_H$ となる。よって $I_H>0$ で $V_H>0$ より右の(i)キャリアの電気量が正の場合であることがわかる。したがってこの半導体はキャリアがホール（正孔）のp型半導体であることがわかる。

なお(i)，(ii)の図ではキャリアに働くPQ方向のつりあう力（eE と kv_H）や E を発生させている電荷分布は省略している。

18 電磁誘導

63 **問1**　v_0Bl　**問2**　大きさ：$\frac{v_0Bl}{R}$，向き：B→A

問3　大きさ：$\frac{v_0B^2l^2}{R}$，向き：左向き　**問4**　Cv_0Bl　**問5**　$\frac{1}{2}C(v_0Bl)^2$

問6　大きさ：$\frac{v_0B^2l^2}{R}$，向き：右向き　**問7**　$\sqrt{\frac{C(v_0Bl)^2-2Q}{m+C(Bl)^2}}$

解説 **問1**　求める起電力の大きさを V_0 とおく。導体棒が単位時間に通過する磁束の大きさを考えて，

$$V_0=B\cdot v_0l=v_0Bl$$

別解　閉回路A－B－S－Aの内部を，紙面の表から裏へ貫く磁束の時間 Δt の間の変化を $\Delta\Phi$ とおくと，
$\Delta\Phi=Blv\Delta t$ であるのでファラデーの電磁誘導の法則より，回路に生じる起電力の大きさ V_0 は

$$V_0=\left|\frac{\Delta\Phi}{\Delta t}\right|=v_0Bl$$

となる。なお，誘導起電力の向き（この場合は誘導電流の向きに等しい）はレンツの法則よりA-S-B-Aの向きとなる。

問2　抵抗を持つ導体棒の場合は，起電力を発生する部分（電池）と抵抗器が直列に接続されている回路に置き換えて問題を解けばよい。右の等価回路1より，AB間に流れる電流の向きは起電力の向きと同じでB→Aである。また流れる電流の大きさを I_0 とおくと，キルヒホッフの第2法則より，回路方程式 $V_0=RI_0$ が成り立つから**問1**の答えを使って $I_0=\frac{v_0Bl}{R}$ となる。

問3　金属棒が磁場から受ける力の大きさを F_0 とおくと，これは金属棒を流れる電流が磁場から受ける力の大きさのことであるから

〈磁場中を運動する導体棒に生じる誘導起電力〉

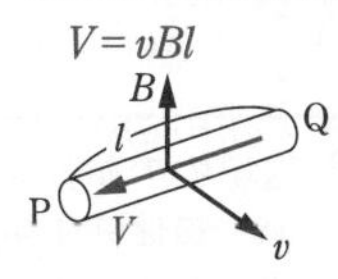

⇓置き換え

抵抗なし　P　Q
抵抗あり　P　Q

起電力の大きさ V は単位時間に導体棒が通過する磁束 $\Delta\Phi$ に等しい。

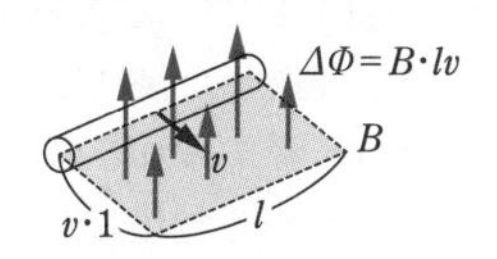

〈等価回路1〉

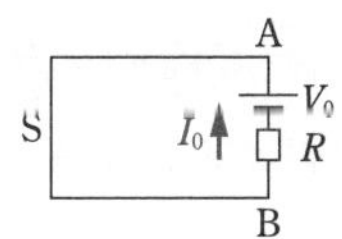

第4章　電磁気

$$F_0=I_0Bl=\frac{v_0B^2l^2}{R}$$

また，この力の向きはフレミングの左手の法則より図の左向き（棒の進行方向とは逆の向き）である。

参考 金属棒をこの力（電磁力ともいう）に逆って右向きに一定の速さで運動させるためには，F_0 と同じ大きさで右向きの外力を棒に加えなければならない。この外力の仕事率（単位時間にする仕事）は $F_0v_0=\frac{(v_0Bl)^2}{R}$ となるが，これは抵抗での消費電力（ここでは単位時間に発生するジュール熱）$\frac{V_0{}^2}{R}$ に等しいというエネルギーの関係がある。これは導体棒に働く電磁力も，導体棒に生じる誘導起電力も，ミクロの観点から見れば荷電粒子が磁場から受けるローレンツ力が原因であり，それは仕事をしない力だからである。

〈ファラデーの電磁誘導の法則〉

$$V=-\frac{\varDelta\Phi}{\varDelta t}$$

矢印はそれぞれの正方向を示す。

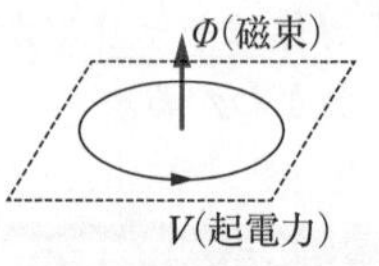

〈レンツの法則〉
閉コイルの内部を貫く磁束が変化するとき，その変化を妨げようとする向きに磁束を作る誘導電流が流れる（誘導起電力の向きに一致）。

〈コイル電流が内部に作る磁束の向き〉

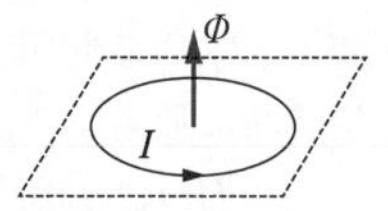

Point 磁場中で運動する導体棒を含む回路の問題では，
1 導体棒に生じる起電力を求めて電池に置き換える。
2 キルヒホッフの法則を用いて，導体棒に流れる電流を求める。
3 導体棒の電流が磁場から受ける力を考えて，さらに棒に働く力のつりあいの式（あるいは運動方程式）を立てる。
4 十分に時間が経過したときのエネルギーの関係式を考える。

問4 ここではレールは十分に長いものとしておく。スイッチをbに接続した後もしばらくは金属棒を一定の速さ v_0 で動かしていると考える。右の等価回路2で十分に時間が経過した後には，コンデンサーに流れる電流は0になると考えられるので，電圧降下は0となりコンデンサーにかかる電圧は起電力の大きさ V_0 に等しくなる。よって，コンデンサーに蓄えられた電気量 q_0 は**問1**の結果より

$$q_0=CV_0=Cv_0Bl$$

〈等価回路 2〉

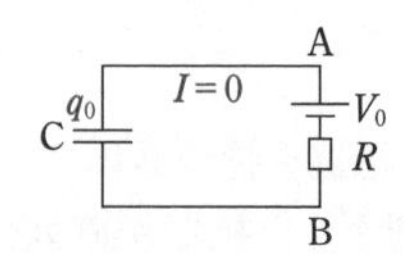

問5 静電エネルギーの大きさ U_0 は $U_0=\frac{1}{2}CV_0{}^2$ より**問1**の結果を使って $U_0=\frac{1}{2}C(v_0Bl)^2$ となる。

問6 スイッチを接続した直後に流れる電流を I_1 とおく。

このとき金属棒の速さは0と見なせるから，右の等価回路3を考えればよい。キルヒホッフの第2法則より

$$\frac{q_0}{C}=RI_1 \quad \textbf{問4}の式より \quad I_1=\frac{q_0}{RC}=\frac{v_0Bl}{R}$$

よって，金属棒に流れる電流に働く力の大きさ F_1 は

$$F_1=I_1Bl=\frac{v_0B^2l^2}{R}$$

また，フレミングの左手の法則より向きは右向きである。

スイッチ切り換え時

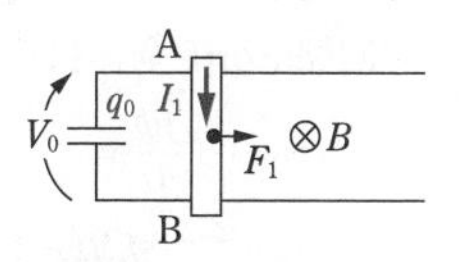

〈等価回路3〉

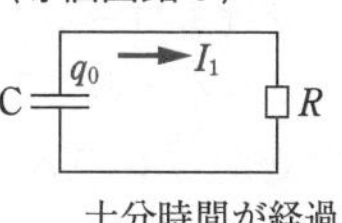

問7　十分に時間が経過したときは，コンデンサーを流れる電流は0になると考えて，コンデンサーにかかる電圧 V_1 はこのとき金属棒に発生している起電力の大きさと等しく，$V_1=v_1Bl$ である。(このとき電気量 $q_1=CV_1$)

したがってこの間のエネルギーの関係式は

$$\frac{1}{2}CV_0{}^2=\frac{1}{2}mv_1{}^2+\frac{1}{2}CV_1{}^2+Q$$

となり，**問1**の結果も使って，$v_1=\sqrt{\dfrac{C(v_0Bl)^2-2Q}{m+C(Bl)^2}}$

十分時間が経過

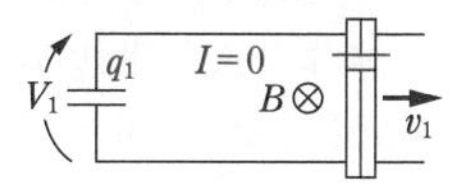

64〔Ⅰ〕(1) $gt_1\sin\theta$　〔Ⅱ〕(2) $Blx_A\cos\theta$　(3) $Blv_2\Delta t\cos\theta$　(4) $v_2Bl\cos\theta$　(5) $\dfrac{v_2Bl\cos\theta}{R}$　X (b)　**問1** $ma=mg\sin\theta-I_1Bl\cos\theta$　**問2** $v_1>v_2$　〔Ⅲ〕(6) $\dfrac{R_1+R_2}{R_1R_2}v_3Bl\cos\theta$　Y (b)　**問3** $v_2>v_3$　〔Ⅳ〕(7) $\dfrac{mg}{Bl}\tan\theta$　(8) $\dfrac{2}{3}mgv_f\sin\theta$

解説〔Ⅰ〕(1) x 軸方向の棒の加速度 a_1 は，重力の x 方向成分を考えて $a_1=g\sin\theta$ である。よって求める速さは $v_1=a_1t_1=gt_1\sin\theta$ となる。

〔Ⅱ〕(2) 平行導体棒を含む面に対し，垂直方向の磁束密度成分の大きさ $B_\perp$ は $B_\perp=B\cos\theta$ であるから，回路cpqfを貫く磁束は

$$\Phi=B_\perp\cdot lx_A=B\cos\theta\cdot lx_A$$

別解 $\Phi=B\cdot S_\perp=B\cdot lx_A\cos\theta$ として求めてもよい。

(3) $t=t_1$ から $t=t_1+\Delta t$ の間で Δt は十分小さいとしているから，この間 x は x_A から $x_A+v_2\Delta t$ に変化する。よって求める磁束の変化は

$$\Delta\Phi=Bl(x_A+v_2\Delta t)\cos\theta-Blx_A\cos\theta$$
$$=Blv_2\Delta t\cdot\cos\theta$$

〈磁束の式〉

断面 S を貫く磁束

$$\boldsymbol{\Phi=BS_\perp=B_\perp S=BS\cos\theta}$$

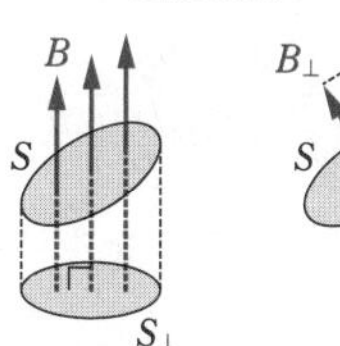

$S_\perp$：S を B に垂直な面に正射影した面

$B_\perp$：S に対する $\vec{B}$ の垂直成分

θ：S の法線と $\vec{B}$ のなす角

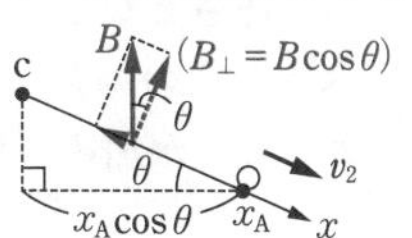

(4) ファラデーの電磁誘導の法則より，(3)の結果を使って回路cpqf全体に生じる誘導起電力 V は

$$V=-\frac{\Delta\Phi}{\Delta t}=-v_2Bl\cos\theta$$

ここで，この誘導起電力は運動する導体棒中のキャリアが受けるローレンツ力が原因であるので，pq間に生じていると考えることができる。よって向きを考えるとqからpの方向に（Xの答え）大きさ $v_2Bl\cos\theta$ の起電力が生じている。

〈Aが $x=x_A$ を通過する瞬間の等価回路〉

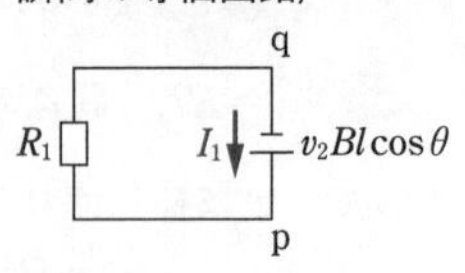

(5) (4)よりAに流れる電流の大きさ I_1 は，回路cpqfでキルヒホッフの第2法則を使って，

$$v_2Bl\cos\theta=R_1I_1 \quad より \quad I_1=\frac{v_2Bl\cos\theta}{R}$$

であり，このとき電流はqからpへ流れる。

◀向きはレンツの法則で考えてもよい。

問1 Aに働く力は大きさ mg の重力と，2本の平行導体棒から受ける大きさ N の垂直抗力の合力，さらにAを流れる電流が磁場から受ける力（大きさ I_1Bl）である。x 方向の力の成分を考えて求める運動方程式は，

$$m\alpha=mg\sin\theta-I_1Bl\cos\theta \quad \cdots\cdots①$$

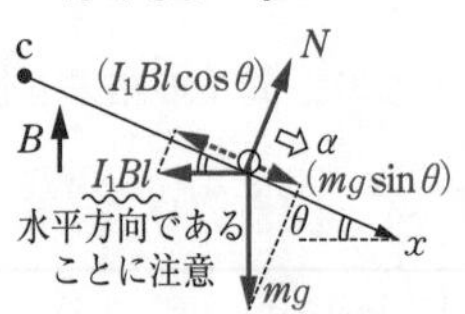

問2 問1の α と(1)での加速度 a_1 と比べると，Aが運動を始めてからつねに $a_1>\alpha$ となるので，Aが運動してから同じ時間 t_1 が経過した場合の速度の大小関係は $v_1>v_2$ となる。

〔Ⅲ〕 (6) Aの速さが v_3 のとき，(4)と同様に考えてq→p方向に大きさが $v_3Bl\cos\theta$ の起電力が発生するので，右の等価回路を考えればよい。右の図のように抵抗を流れる電流 i_1，i_2 を定めると，キルヒホッフの第2法則より

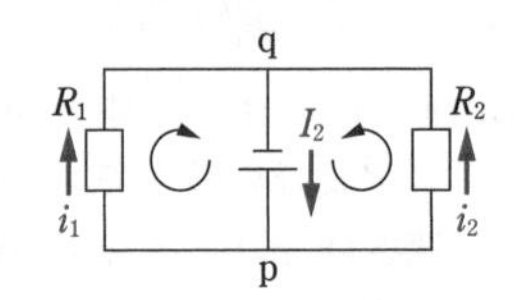

$$i_1=\frac{v_3Bl\cos\theta}{R_1}, \qquad i_2=\frac{v_3Bl\cos\theta}{R_2}$$

となる。またキルヒホッフの第1法則よりAをqからpへ流れる電流は

$$i_1+i_2=\left(\frac{1}{R_1}+\frac{1}{R_2}\right)v_3Bl\cos\theta \quad (>0)$$

となり，これが求める電流の大きさ I_2 であり，方向はqからpである（Yの答え）。

問3 問1と同様に x 軸方向の加速度を α' とおくと，x 軸方向のAの運動方程式は

$$m\alpha'=mg\sin\theta-I_2Bl\cos\theta \quad \cdots\cdots②$$

Aが同じ速さとなるときで比較すると(5)と(6)の結果より $I_1<I_2$ であるから，①と②を比べると②の場合の方が x 軸方向の加速度の大きさが小さい。よって〔Ⅲ〕の方が〔Ⅱ〕よりもAが加速されにくいことになるので，時間 t_1 後 $v_2>v_3$ となる。

〔Ⅳ〕 (7) Aを放した直後は $I_2=0$ としてよいので，②より $\alpha'=g\sin\theta$ (>0) となる。その後 x 軸方向の速度が増加していくと，②より α' が減少して0に近づき，Aが一定の速さ v_f に近づく。よって②で $\alpha'\to 0$ のとき

$$I_2\to I_f=\frac{mg\sin\theta}{Bl\cos\theta}$$

(8) (6)の式から任意の時刻で

$$i_1:i_2=\frac{1}{R_1}:\frac{1}{R_2}=R_2:R_1=2:1$$

が成り立つ。また $i_1+i_2=I_2$ が成り立つ。十分に時間が経過したとき

$$i_1\to\frac{2}{2+1}I_f=\frac{2mg\sin\theta}{3Bl\cos\theta}$$

となる。またこのとき抵抗 R_1 にかかる電圧は $v_fBl\cos\theta$ である。したがって抵抗 R_1 で発生する単位時間当たりの発熱量 P は

$$P=\left(\frac{2}{3}I_f\right)\cdot(v_fBl\cos\theta)=\frac{2}{3}mgv_f\sin\theta$$

65 問1 (1), (2) ⑤ (3), (4), (5) ⑧ (6), (7), (8) ④
問2 (9), (10) ⑤ (11) ② (12) ③

解説 (1), (2) 微小時間 Δt での回転角は $\omega\Delta t$ であるから，扇形の面積公式より求める面積は $\frac{1}{2}a^2\omega\Delta t$〔m²〕となる。

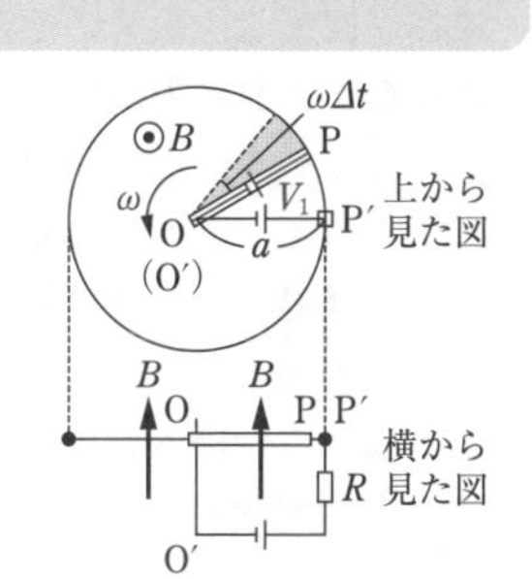

また，単位時間に棒OPが通過する磁束が，その両端間に生じる起電力の大きさ V_1 であるから，

$$V_1=B\cdot\frac{1}{2}a^2\omega\cdot 1=\frac{1}{2}a^2\omega B\,〔\mathrm{V}〕$$

別解 右図のように点を定める。時間 Δt でのコイルO-O′-P′-P-Oを貫く磁束の変化 $\Delta\Phi$ は $\Delta\Phi=B\cdot\frac{1}{2}a^2\omega\Delta t$ であるから，ファラデーの電磁誘導の法則よりこのコイルに発生する起電力 V は

$$V=-\frac{\Delta\Phi}{\Delta t}=-\frac{1}{2}a^2\omega B \quad\cdots\cdots①$$

となる。この起電力は回転する導体棒中のキャリアが磁場から受けるローレンツ力によるものであるから，導体棒にのみ起電力が発生すると考えられるので求める起電力の大きさ V_1 は

$$V_1=|V|=\frac{1}{2}a^2\omega B$$

なお①で $V<0$ であることより起電力の向きはO→P→P′→O′→Oの向きである。

(3), (4), (5) $V_0>V_1$ の範囲では右の等価回路のように電流 I が流れる。キルヒホッフの第2法則より $V_0-V_1=RI$ となるから $I=\frac{V_0-V_1}{R}$〔A〕である。電

〈等価回路〉

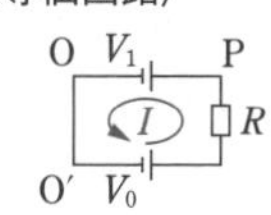

流は導体棒の部分をPからOの向きに流れる。よって，フレミングの左手の法則より棒OPを流れる電流が磁場から受ける力$\vec{F}$の向きは回転方向である。そしてこの力を打ち消す外力$\vec{F'}$を回転方向と逆の向きに加えることにより，軸OO′回りの棒OPに働く力のモーメントの和を0としてその角速度を一定にしている。

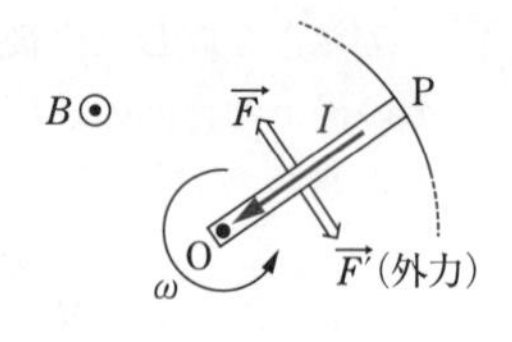

(6), (7), (8)　抵抗に大きさIの電流が流れるから，単位時間に発生するジュール熱(消費電力)はRI^2〔J/s〕である。また電池には負極から正極に向かって，単位時間にIの電気量が運ばれるから，その仕事率(供給電力)はIV_0〔J/s〕である。棒の回転速度は一定であるので，その運動エネルギーは変化しない。よって外力がする単位時間当たりの仕事(すなわち仕事率)Pはエネルギーの関係から　$IV_0+P=RI^2$　ここで(3)を使って

$$P=I(RI-V_0)=\frac{V_0-V_1}{R}(-V_1)=-\frac{V_1}{R}(V_0-V_1)\text{〔J/s〕}(<0)$$

(9), (10), (11), (12)　時刻0から導体棒にPからOの方向に電流が流れ始め，磁場から問題文中のωの方向に力を受けて棒が回転し，次第にその角速度が大きくなる。すると棒にOからPの方向に誘導起電力が発生し徐々に大きさを増していく。その結果コイルO-O′-P′-P-Oにおける起電力の和が小さくなり，流れる電流も減少して十分に時間が経過すると0に近づく。そして電流が磁場から受ける力の大きさは電流の大きさに比例するので，導体棒が磁場から受ける力も0に近づき角速度も一定値に近づく。ここで求める角速度をω_fとおくと，キルヒホッフの第2法則より　$V_0-\frac{1}{2}a^2\omega_f B=R\cdot 0$　が成り立つ。よって　$\omega_f=\frac{2V_0}{a^2B}$〔rad/s〕となる。

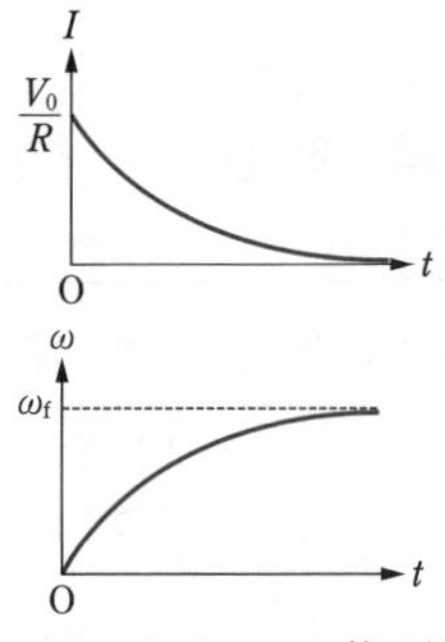

◀キルヒホッフの第2法則
$V_0-\frac{1}{2}a^2\omega B=RI$
が各時刻で成り立つ。

66 **問1** $t_1=\dfrac{D}{v}$, $t_2=\dfrac{2D}{v}$, $t_3=\dfrac{3D}{v}$ **問2** BD^2 **問3** $BDvt$

問4 解説参照 **問5** vBD **問6** $-\dfrac{vBD}{R}$ **問7** 解説参照

問8 大きさ：$\dfrac{vB^2D^2}{R}$, 向き：④ **問9** $\dfrac{2vB^2D^3}{R}$ **問10** $\dfrac{2vB^2D^3}{R}$

解説 **問1** 辺abが進んだ距離がそれぞれD, $2D$, $3D$であるから，求める時刻は $t_1=\dfrac{D}{v}$, $t_2=\dfrac{2D}{v}$, $t_3=\dfrac{3D}{v}$

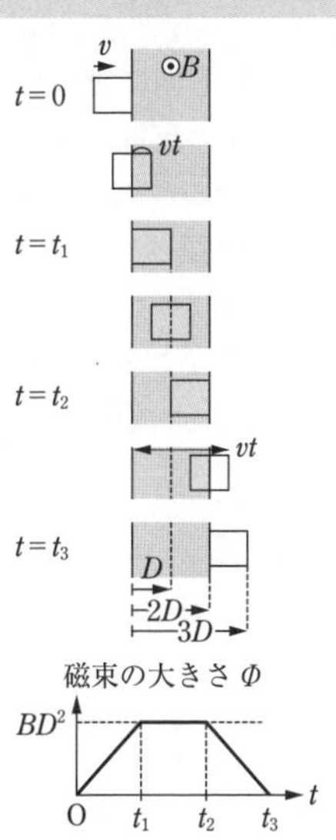

問2 $t_1<t<t_2$ のとき，コイルを貫く磁束の大きさはBD^2である。

問3 $0\leqq t\leqq t_1$ では領域Aに含まれるコイル内部の面積が$D\cdot vt$であるので求める磁束の大きさは$B(D\cdot vt)$となる。

問4 $t_2\leqq t\leqq t_3$ では領域Aに含まれるコイル内部の面積は $D\cdot\{2D-(vt-D)\}=D(3D-vt)$ であるから，コイルを貫く磁束の大きさは$B\cdot D(3D-vt)$となる。よって，**問2**，**問3**の結果をふまえて求めるグラフは3つの線分をつなげたものになる(右図)。

問5 $0\leqq t\leqq t_1$ でコイルを貫くz軸方向の磁束$\Phi(t)$は，**問3**の式より $\Phi(t)=BDvt$ となる。よって，時間Δtでの磁束の変化$\Delta\Phi$は

$$\Delta\Phi=\Phi(t+\Delta t)-\Phi(t)=BDv\Delta t$$

となる。ファラデーの電磁誘導の法則より
a→b→c→d→a方向のコイルに生じる起電力Vは，自己誘導起電力は無視して

$$V=-\frac{\Delta\Phi}{\Delta t}=-vBD \quad\cdots\cdots①$$

よって，求める起電力の大きさは$|V|=vBD$，なお向きは $V<0$ よりa→d→c→b→aの向きである。

〈ファラデーの電磁誘導の法則〉

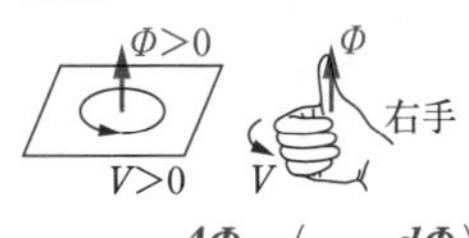

$V=-\dfrac{\Delta\Phi}{\Delta t}\ \left(=-\dfrac{d\Phi}{dt}\right)$

磁束と起電力の正方向は右手で覚える。

別解1 $V=-\dfrac{d\Phi}{dt}$ の式を使って$\Phi(t)$をtで微分してもよい。Vは$\Phi-t$図の傾きに(-1)をかけたものである。

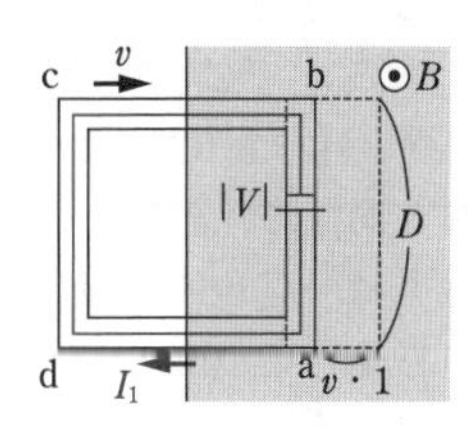

別解2 コイルを4つの辺の導体棒に分けて考える。棒に沿った方向に起電力を発生するのは辺abのみである(辺bc，辺daの一部は磁場中にあるが，磁束を切り取る方向に運動していないので，コイルに沿った方向の起電力は発生していない)。辺abが単位時間に通過する磁束を考えて$|V|=B\cdot vD$，これがコイル全体に発生する起電力と考えればよい。

問6　$0 \leqq t \leqq t_1$ で①よりキルヒホッフの第２法則から $I_1 = \dfrac{V}{R} = -\dfrac{vBD}{R}$ となる。また，$t_1 \leqq t \leqq t_2$ では $\Phi(t) = BD^2$（一定）となり，ファラデーの電磁誘導の法則から $V=0$，したがって $I_2 = \dfrac{V}{R} = 0$ となる。

別解　$t_1 \leqq t \leqq t_2$ でコイルの４辺に発生すると右図のようになり，辺 ab と辺 cd に生じた起電力は大きさが等しく，コイルの正方向に対して向きが逆となるから打ち消されるので，全体の起電力は０となり，$I_2=0$ となる。

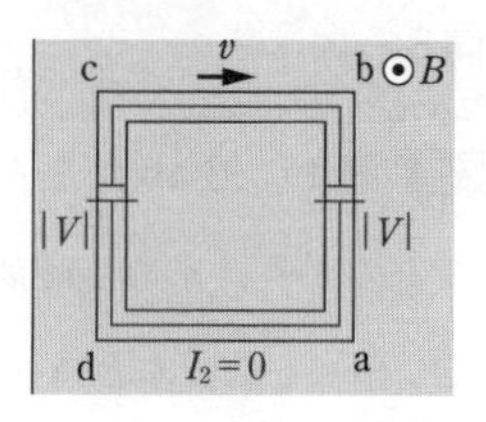

問7　$t_2 \leqq t \leqq t_3$ では**問4**より $\Phi(t) = BD(3D - vt)$ で Φ-t，グラフの傾きに (-1) をかけたものが起電力 V であるから，$0 \leqq t \leqq t_1$ の場合と符号が逆になるので $V = vBD$。よってこのときの電流 I_3 はキルヒホッフの第２法則から $I_3 = \dfrac{V}{R} = \dfrac{vBD}{R}$ となる。I_1，I_2，I_3 の式からグラフが描ける（右図）。

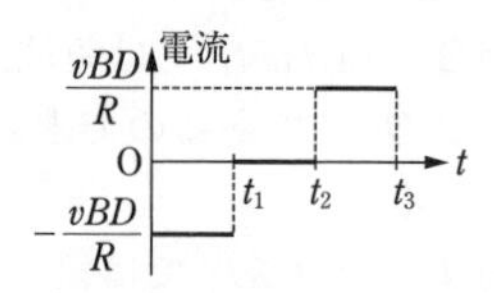

別解　$t_2 \leqq t \leqq t_3$ でコイルを４辺に分けて起電力を考えると，辺 cd の部分にだけ大きさ vBD の起電力が発生していることから I_3 を求められる。

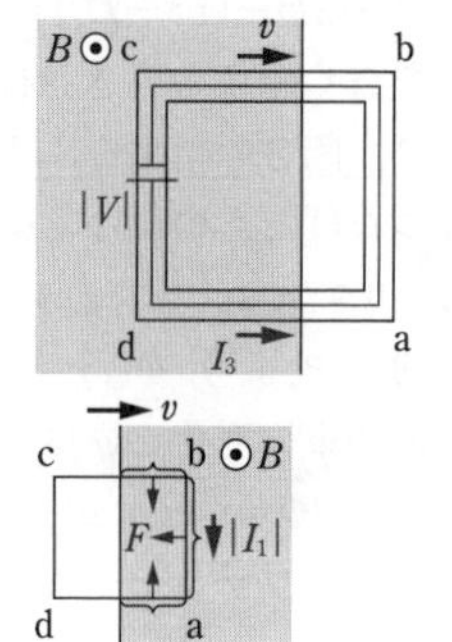

問8　$0 \leqq t \leqq t_1$ で辺 ab を流れる電流が磁場から受ける力の大きさ F は，**問6**より $F = |I_1|BD = \dfrac{vB^2D^2}{R}$ であり，このときの電流の向きは b → a であるから，フレミングの左手の法則より求める力の向きは進行方向とは逆の x 軸負方向である。なお，辺 bc，da を流れる電流が磁場から受ける力は向き合って打ち消されるので，コイル全体に働く力の大きさは F である。

問9　コイルを一定速度で動かすためには，コイルを流れる電流が磁場から受ける力と，コイルに働く外力がつりあっていなければならない。**問8**より $0 \leqq t \leqq t_1$ での外力は大きさが F で向きはコイルの進行方向である。$t_1 \leqq t \leqq t_2$ では，電流は０よりコイルは磁場から力を受けず，外力も０でなければならない。$t_2 \leqq t \leqq t_3$ では，**問8**と同様に考えるとコイル全体が磁場から受ける力の大きさは，辺 cd を流れる電流が磁場から受ける力の大きさに等しく，$0 \leqq t \leqq t_1$ のときと同じ F であり，作用させる外力も同じ。よって $0 \leqq t \leqq t_3$ で外力がする仕事 W は**問8**の F の式を使って

$$W = F \cdot D + 0 \cdot D + F \cdot D = 2FD = \frac{2vB^2D^3}{R}$$

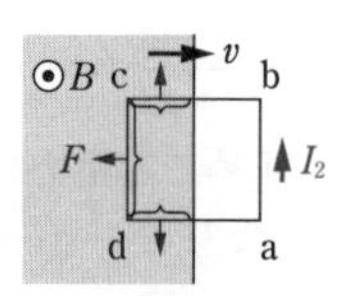

コイルは磁場に入るときも，磁場から出るときも進行方向とは逆向きに磁場から力を受けている。

問10 **問7**の結果より，$0 \leqq t \leqq t_1$ と $t_2 \leqq t \leqq t_3$ でコイルには同じ大きさ $\dfrac{vBD}{R}$ の電流が流れるので，$0 \leqq t \leqq t_3$ で発生するジュール熱 J は**問1**の結果も使って

$$J = R\left(\frac{vBD}{R}\right)^2 \cdot (t_1 - 0) + R\left(\frac{vBD}{R}\right)^2 \cdot (t_3 - t_2) = \frac{2vB^2D^3}{R}$$

となり W と等しい。これはコイルの運動エネルギーは変化していないので，この間外力がした力学的な仕事によって供給されたエネルギーは磁場の作用によって電気的エネルギーに変換され，最終的にジュール熱の形で外部へ放出されることを示している。

67 **問1** (1) $B_a = \dfrac{\mu_0 I_1}{2\pi r}$〔T〕，$B_d = \dfrac{\mu_0 I_1}{2\pi(r+l)}$〔T〕 (2) $\dfrac{\mu_0 I_1 I_2 l}{2\pi r}$〔N〕

(3) $\dfrac{\mu_0 I_1 I_2 l}{2\pi(r+l)}$〔N〕 (4) 大きさ：$\dfrac{\mu_0 I_1 I_2 l^2}{2\pi r(r+l)}$，向き：b → c

問2 (5) $-\dfrac{\mu_0 I_1 l^2 v}{2\pi r'(r'+l)}\Delta t$〔Wb〕 (6) $\dfrac{\mu_0 I_1 l^2 v}{2\pi r'(r'+l)R}$〔A〕 (7) (ロ)

解説 **問1** (1) 点 a，d の直線導線からの距離はそれぞれ r，$r+l$ であるから，直線電線のまわりの磁場の式より

$$B_a = \mu_0 \cdot \frac{I_1}{2\pi r}〔\mathrm{T}〕,\quad B_d = \mu_0 \cdot \frac{I_1}{2\pi(r+l)}〔\mathrm{T}〕$$

(2) 電流が磁場から受ける力を考えて，辺 ab での磁束密度は B_a なので(1)より

$$F_{ab} = I_2 B_a l = \frac{\mu_0 I_1 I_2 l}{2\pi r}〔\mathrm{N}〕$$

となる。またその力の向きはフレミングの左手の法則より b → c の向きとなる。

(3) 辺 cd での磁束密度は B_d なので(1)より

$$F_{cd} = I_2 B_d l = \frac{\mu_0 I_1 I_2 l}{2\pi(r+l)}〔\mathrm{N}〕$$

となる。またその力の向きはフレミングの左手の法則より c→d の向きとなる。

(4) 辺 ad，bc 部分を流れる電流が直線電流による磁場から受ける力は互いに逆向きで打ち消し合う。(2)，(3)の結果より $F_{ab} > F_{cd}$ であり，それぞれの向きを考えると，正方形回路全体が直線電流による磁場から受ける力の大きさ F_1 は

$$F_1 = F_{ab} - F_{cd} = \frac{\mu_0 I_1 I_2 l}{2\pi}\left(\frac{1}{r} - \frac{1}{r+l}\right) = \frac{\mu_0 I_1 I_2 l^2}{2\pi r(r+l)}〔\mathrm{N}〕$$

となり，その力の向きは b → c の向きとなる。そしてこの力を打ち消す逆向きの外力を加えることで回路を静止

〈磁束密度と磁場〉
$\vec{B} = \mu\vec{H}$

〈無限に長い直線電流のまわりの磁場〉

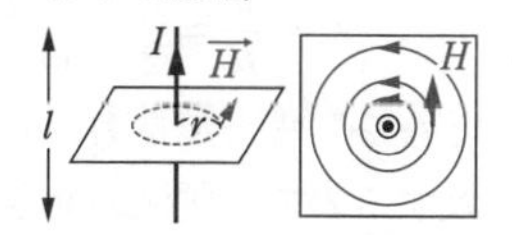

大きさ：$H = \dfrac{I}{2\pi r}$
向き：右ねじの法則
なお $l \gg r$ であれば近似的にこの式が成り立つ。

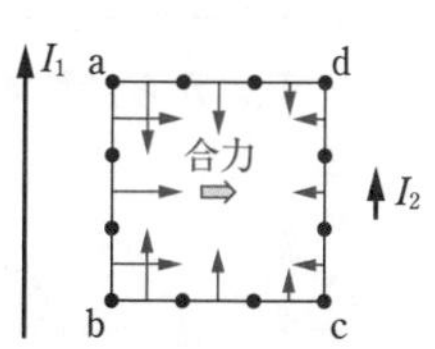

正方形回路を 12 等分して，それぞれの部分を流れる電流が受ける力を図示した。

させている。ちなみに，回路を流れる電流は自らが周囲に作る磁場から力を受け全体的に外に広がろうとするが，この力の効果は通常無視し回路は変形しないものとする。

問２ (5) 正方形回路に発生する起電力 V の正方向を a → d → c → b → a にとり，回路を貫く磁束の正方向を図２の紙面の表 → 裏の向きにとる。**問１**(1)の結果を使うと，微小時間 Δt だけ経過する間に回路を貫く磁束は辺 ab 付近で $\dfrac{\mu_0 I_1}{2\pi r'}\cdot lv\Delta t$ だけ減少し，辺 cd 付近では $\dfrac{\mu_0 I_1}{2\pi(r'+l)}\cdot lv\Delta t$ だけ増加するから，この間の磁束の変化 $\Delta\Phi$ は

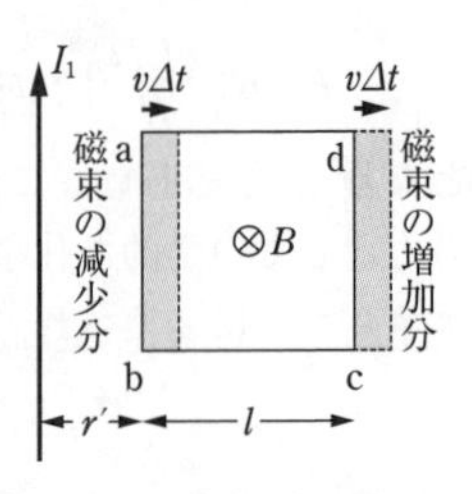

$$\Delta\Phi = -\frac{\mu_0 I_1}{2\pi r'}\cdot lv\Delta t + \frac{\mu_0 I_1}{2\pi(r'+l)}\cdot lv\Delta t$$

$$= -\frac{\mu_0 I_1 l^2 v}{2\pi r'(r'+l)}\Delta t \text{〔Wb〕}$$

(6), (7) ファラデーの電磁誘導の法則より(5)から

$$V = -\frac{\Delta\Phi}{\Delta t} = \frac{\mu_0 I_1 l^2 v}{2\pi r'(r'+l)} \quad (>0)$$

回路全体の抵抗が R より，キルヒホッフの第２法則から

$$I_3 = \frac{V}{R} = \frac{\mu_0 I_1 l^2 v}{2\pi r'(r'+l)R}\text{〔A〕}$$

となる。また起電力の向きと電流の向きはこの場合は一致するので，電流の向きは a → d → c → b → a となる。

◀コイルの誘導電流の向きはレンツの法則からも求められる。

別解 正方形回路を４辺に分けて，それぞれの導体棒に生じる誘導起電力を考えることもできる。辺 ab には b → a の向きに大きさ $V_{ab} = v\cdot\dfrac{\mu_0 I_1}{2\pi r'}l$ の起電力が発生し，辺 cd には c → d の向きに大きさ $V_{cd} = v\cdot\dfrac{\mu_0 I_1}{2\pi(r'+l)}l$ の起電力が発生する。辺 ad，辺 bc には起電力は発生しない。したがって a → d → c → b → a の向きの起電力 V は $V = V_{ab} - V_{cd}$ から計算できる。

19 交流回路

68 **問1** (1) $\dfrac{2E}{R+2r}$〔A〕　**問2** (2) $Q_0=\dfrac{R}{R+2r}CE$〔C〕,

$U_0=\dfrac{1}{2}\left(\dfrac{R}{R+2r}\right)^2CE^2$〔J〕　**問3** (3) $\sqrt{\dfrac{2U_0}{L}}$〔A〕　(4) ②

問4 (5) $I=\dfrac{E}{2r}$〔A〕, $R_V=\dfrac{Rr}{R-r}$〔Ω〕, $P_m=\dfrac{E^2}{4r}$〔W〕

解説 **問1** (1) 並列接続された可変抵抗器と固定抵抗との合成抵抗を R' とおく。ここで可変抵抗器の抵抗は R であるから $R'=\dfrac{R\cdot R}{R+R}=\dfrac{R}{2}$〔Ω〕。よって，右の等価回路でスイッチ1を流れる電流の大きさを I_0 とおくと，キルヒホッフの第2法則より

$$E=R'I_0+rI_0 \quad \text{よって} \quad I_0=\frac{E}{R'+r}=\frac{2E}{R+2r}\text{〔A〕}$$

問2 (2) 十分に時間が経過すると，コンデンサーの充電が完了して流れ込む電流が0になると考えてよい。このとき合成された抵抗と電池の内部抵抗部分を流れる電流は，(1)の I_0 と等しくなる。右図の等価回路でAB間の電圧降下と，コンデンサーの極板間電圧 V' は等しいので，(1)の結果を使って

$$V'=R'I_0=\frac{R}{2}\cdot\frac{2E}{R+2r}=\frac{R}{R+2r}E$$

となる。したがって $Q_0=CV'=\dfrac{R}{R+2r}CE$〔C〕と求められる。また

$$U_0=\frac{1}{2}Q_0V'=\frac{1}{2}\left(\frac{R}{R+2r}\right)^2CE^2\text{〔J〕}$$

問3 (3) スイッチ2をb側へ閉じた直後から，接続されたコンデンサーとコイルに周期 $T=2\pi\sqrt{LC}$ の電気振動が生じる。スイッチ切り換え直後(時刻 $t=0$)と，それから4分の1周期後$\left(t=\dfrac{1}{4}T\right)$でエネルギー保存則を立てると

$\dfrac{Q_0{}^?}{2C}=U_0=\dfrac{1}{2}LI_m{}^2$ となり，$I_m>0$ より

$I_m=\sqrt{\dfrac{2U_0}{L}}$〔A〕と表せる。

(4) 電気振動では，電流はサイン曲線の形で時間変化するので，求めるグラフは②である。

問4 (5) 合成された抵抗での消費電力が，最大値 P_{m} をとるときの可変抵抗器の抵抗が R_{V} であるから，このとき合成抵抗 R' は $R'=\dfrac{RR_{\mathrm{V}}}{R+R_{\mathrm{V}}}$ と表せる。またスイッチ1を流れる電流 I は(1)と同様に $I=\dfrac{E}{R'+r}$ となるので，合成された抵抗における消費電力 P は

$$P=R'I^2=R'\left(\frac{E}{R'+r}\right)^2=\frac{R'E^2}{R'^2+2R'r+r^2}$$
$$=\frac{E^2}{R'+\dfrac{r^2}{R'}+2r}$$

問題文の相加平均・相乗平均の関係式から

$$R'+\frac{r^2}{R'}\geqq 2\sqrt{r^2}=2r \quad (\text{等号は } R'=r \text{ のとき})$$

となるから $P\leqq\dfrac{E^2}{2r+2r}=\dfrac{E^2}{4r}$ となり，$P_{\mathrm{m}}=\dfrac{E^2}{4r}$〔W〕と求まる。さらにこのとき $I=\dfrac{E}{r+r}=\dfrac{E}{2r}$〔A〕であり，また，$r=\dfrac{RR_{\mathrm{V}}}{R+R_{\mathrm{V}}}$ より $R_{\mathrm{V}}=\dfrac{Rr}{R-r}$〔Ω〕となる。

〈LC 回路の電気振動〉

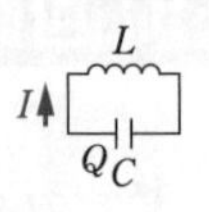

周期：$T=2\pi\sqrt{LC}$

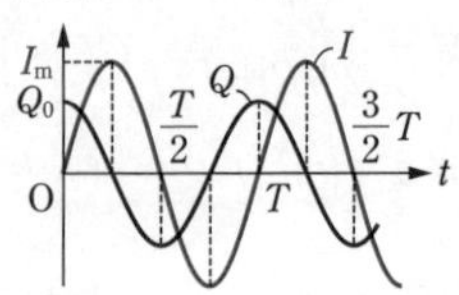

$t=0$ のとき

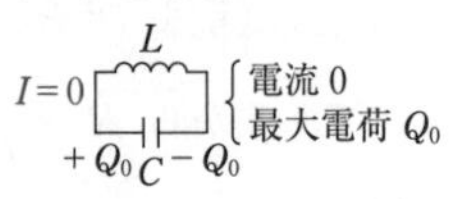

$t=\dfrac{1}{4}T$ のとき

I_{m} ↑ 0 0 {最大電流 I_{m}，電荷 0}

エネルギーの保存則

$$\frac{Q^2}{2C}+\frac{1}{2}LI^2=\text{一定}$$

特に

$$\frac{Q_0{}^2}{2C}=\frac{1}{2}LI_{\mathrm{m}}{}^2$$

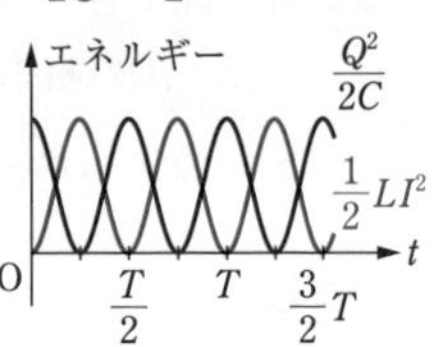

69〔Ⅰ〕**問1** (1) $\dfrac{\varDelta\Phi}{\varDelta t}$　(2) ωt　(3) $BS\cos\omega t$　(4) $\omega BS\sin\omega t$
〔Ⅱ〕**問2** (5) ωr　(6) $q\omega rB\sin\omega t$　(7) $\omega rBa\sin\omega t$
(8) $2\omega rBa\sin\omega t$

解説〔Ⅰ〕**問1** (1) ファラデーの電磁誘導の法則より

$$V=-\frac{\varDelta\Phi}{\varDelta t}\text{〔V〕} \quad \cdots\cdots① \quad \text{である。}$$

注意 右図の標準的向きづけで磁束と起電力の正方向を定めるとき，①式の等号の後にマイナス符号がつく。もし磁束が起電力のうちどちらか一方の正方向が逆向きに定義されているときは，マイナス符号はつかないことに注意すること。

〈ファラデーの電磁誘導の法則〉

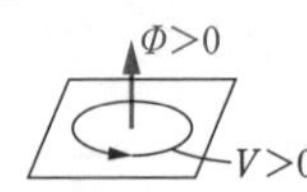

図の矢印の向きを正とするとき

$$V=-N\frac{\varDelta\Phi}{\varDelta t}\left(=-N\frac{d\Phi}{dt}\right)$$

N：巻き数

(2) 角速度は一定の $\omega\,(>0)$ より，求める回転角は ωt〔rad〕となる。

(3) コイルの面の法線と磁束密度のなす角も ωt となり，コイルを貫く磁束 Φ は ωt の大きさに関わらず（右図参照）

$$\Phi = B\cos\omega t\cdot S = BS\cos\omega t\ \text{〔Wb〕}$$

$0<\omega t<\dfrac{\pi}{2}$ のとき

$\cos\omega t>0$ で $\Phi>0$

$\dfrac{\pi}{2}<\omega t<\pi$ のとき

$\cos\omega t<0$ で $\Phi<0$

(4) $x=\cos\omega t$ のとき $\Delta x \fallingdotseq -\omega\Delta t\cdot\sin\omega t$ と近似できるので，(3)より $\Delta\Phi = -\omega BS\sin\omega\cdot\Delta t$。これを①式に代入して求める誘導起電力 V は

$$V = -\frac{(-\omega BS\sin\omega t)\Delta t}{\Delta t} = \omega BS\sin\omega t\ \text{〔V〕} \quad \cdots\cdots②$$

参考 微分公式 $\dfrac{d}{dt}(\cos\omega t) = -\omega\sin\omega t$ を使うと

$V = -\dfrac{d\Phi}{dt} = \omega BS\sin\omega t$ となることが確かめられる。

$\Phi-t$ 図の接線の傾き $\times(-1)$ が起電力のグラフとなるので，$|\Phi|$ が最大のとき $V=0$，$\Phi=0$ の瞬間に $|V|$ が最大となっている。

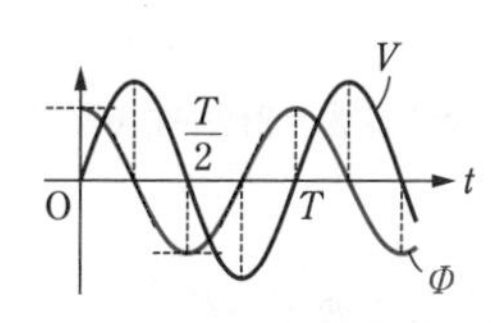

〔Ⅱ〕 **問2** (5) 等速円運動の速さの公式より，求める速さは ωr〔m/s〕である。

(6) 着目している荷電粒子は，導線内での位置が変わらない状態になっているとすると，導線 AB，CD と同じ速さで EF を軸として等速円運動をしている。よって導線 AB 上の正電荷 q を持つ荷電粒子には A → B の向きに大きさ $F = q\cdot\omega r\cdot B\sin\omega t$〔N〕のローレンツ力が働く。このローレンツ力の向きは右図で導線が上側領域を移動中のときは表から裏に向かう方向で，下側領域を移動中のときは裏から表に向かう方向である。

〈導線上の正電荷が受けるローレンツ力の向き〉

上側領域では表→裏⊗

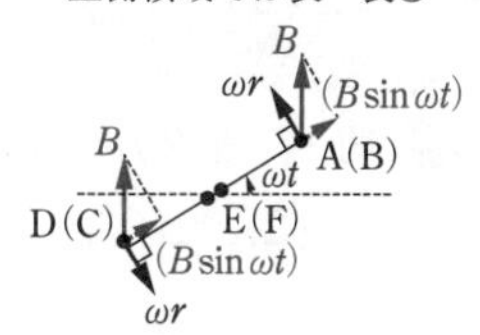

下側領域では裏→表⊙

(7) 単位正電荷（+1C）を A → B 方向に距離 a だけ仮想的に運ぶと考えたときに必要な仕事がAからBへの起電力 V_{AB} であるから，(6)で $q=1$ とした式を使って

$$V_{AB} = 1\cdot\omega rB\sin\omega t\cdot a = \omega rBa\sin\omega t\ \text{〔V〕}$$

注意 荷電粒子に働くローレンツ力はトータルでは仕事をしないが，運動する導体中のキャリアに働くローレンツ力の回路に沿った方向の分力が単位正電荷あたりにする仕事がある。これが回路に生じる起電力である。

参考 回路中に電荷分布や電流を引き起こす原因となる働きを起電力といい，その効果の大きさを「力」ではなく「単位電荷当たりになされる仕事」として評価する。特に，電流が流れていない場合や，電流が流れていても抵抗が無視できる場合，そこに生じる電位差と起電力は同じ値となる。

(8) 以上と同様に考える。導線 CD 内の正電荷 q を持つ荷電粒子が受けるローレンツ力は C → D 方向に $q\cdot\omega r\cdot B\sin\omega t$ となるので，導線 CD に発生する C → D 方向の誘導起電力 V_{CD} も $V_{CD}=V_{AB}=\omega rBa\sin\omega t$ となる。また，導線 EA，BC，DE 内の荷電粒子が磁場から受けるローレンツ力は導線に対して垂直方向に働くのでこれは起電力に寄与しない。したがって導線 EA，BC，DE には起電力が発生しない。以上よりコイル全体に生じる誘導起電力 V は

$$V=V_{AB}+V_{CD}=2\omega rBa\sin\omega t \text{〔V〕}$$

となる。$S=2ra$ よりこれは〔Ⅰ〕**問1**(4)の結果に一致している。

〈導線上の正電荷が受けるローレンツ力の向き〉

$0<\omega t<\pi$ のとき

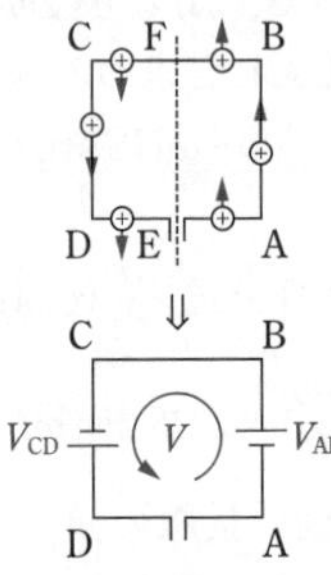

$\pi\leqq\omega t<2\pi$ では力や起電力の向きが逆転する。

70 **問1** $\dfrac{\mu N_1 S}{l}I_1(t)$〔Wb〕 **問2** $V_1(t)=-\dfrac{\mu N_1{}^2S}{l}\cdot\dfrac{\Delta I_1}{\Delta t}$〔V〕，$V_2(t)=-\dfrac{\mu N_1N_2S}{l}\cdot\dfrac{\Delta I_1}{\Delta t}$〔V〕 **問3** $-V_0(t)$〔V〕 **問4** $-\dfrac{N_2}{N_1}V_0(t)$〔V〕 **問5** $-\dfrac{\mu N_2{}^2S}{N_1lR}V_0(t)$〔Wb〕 **問6** $\left(\dfrac{N_2}{N_1}\right)^2\dfrac{V_0(t)}{R}$〔A〕

解説 **問1** 電流 $I_1(t)$ によってコイル内部に生じる磁場の大きさが $\dfrac{N_1}{l}|I_1(t)|$ であるので，鉄心内部の磁束密度の大きさは $\mu\dfrac{N_1}{l}|I_1(t)|$ となる。鉄心の断面積は S であるので，コイル1の巻き方向も考慮して図の時計回り方向を正方向にとった鉄心内の磁束 $\Phi_1(t)$ は

$$\Phi_1(t)=\mu\frac{N_1}{l}I_1(t)\cdot S=\frac{\mu N_1S}{l}I_1(t)\text{〔Wb〕} \quad \cdots\cdots①$$

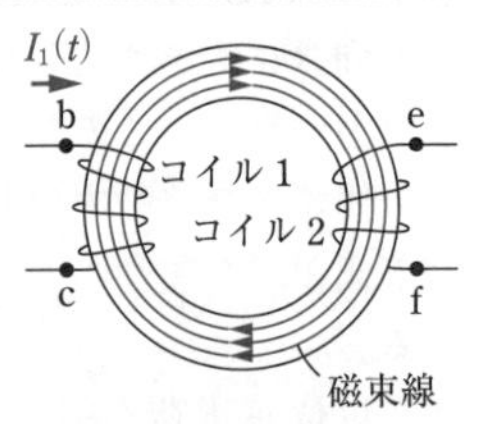

補足 交流電圧なので $V_0(t)=\overline{V_0}\sin\omega t$（$\overline{V_0}$：振幅，$\omega$：角周波数）の形であると思ってよい。

〈自己誘導起電力〉

$V_1=-L_1\dfrac{\Delta I_1}{\Delta t}\left(=-L_1\dfrac{dI_1}{dt}\right)$

問2 ①式より $I_1(t)\to I_1(t)+\Delta I_1$ のときの磁束 Φ_1 の変化を $\Delta\Phi_1$ とおくと $\Delta\Phi_1=\dfrac{\mu N_1S}{l}\Delta I_1$ となる。コイル1，2ともに磁束の正方向と起電力の正方向を確認した上で，ファラデーの電磁誘導の法則より

$$V_1(t)=-N_1\frac{\Delta\Phi_1}{\Delta t}=-\frac{\mu N_1{}^2S}{l}\cdot\frac{\Delta I_1}{\Delta t}\text{〔V〕} \quad \cdots\cdots②$$

また磁束の漏れがないとしているので，コイル2での磁束

の変化 $\varDelta\Phi_2$ は $\varDelta\Phi_1$ と同じであるから

$$V_2(t)=-N_2\frac{\varDelta\Phi_2}{\varDelta t}=-\frac{\mu N_1N_2S}{l}\cdot\frac{\varDelta I_1}{\varDelta t}\text{〔V〕}$$

……③

参考 ②式よりコイル1の自己インダクタンス $L_1=\frac{\mu N_1{}^2S}{l}$，③式よりコイル1とコイル2の相互インダクタンス $M=\frac{\mu N_1N_2S}{l}$ となることがわかる。

〈相互誘導起電力〉

$$V_2=-M\frac{\varDelta I_1}{\varDelta t}\left(=-M\frac{dI_1}{dt}\right)$$

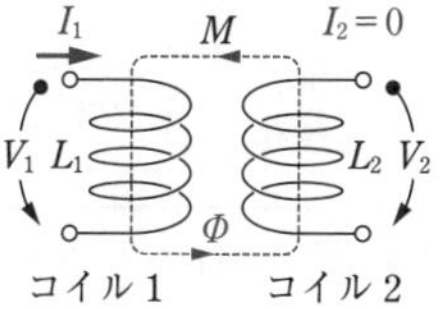

I_1　M　$I_2=0$　V_1　L_1　L_2　V_2　Φ　コイル1　コイル2

問3　コイル1を含む回路でキルヒホッフの第2法則を考えて，

$$V_0(t)+V_1(t)=0\cdot I_1(t)\ \text{より}\ V_1(t)=-V_0(t)\text{〔V〕}$$

問4　②，③式より $V_1(t):V_2(t)=N_1:N_2$ であるから，**問3**の結果より

$$V_2(t)=\frac{N_2}{N_1}V_1(t)=-\frac{N_2}{N_1}V_0(t)\text{〔V〕}$$

問5　コイル2を含む回路でキルヒホッフの第2法則を考えると，$V_2(t)=RI_2(t)$。ここで**問3**，**問4**の結果は $I_2(t)$ によらずに成り立つから $I_2(t)=-\frac{N_2}{N_1}\cdot\frac{V_0(t)}{R}$ となる。

問1と同様に考えると $I_2(t)$ が作る磁束 $\Phi_2(t)$ は

$$\Phi_2(t)=\frac{\mu N_2S}{l}I_2(t)=-\frac{\mu N_2{}^2S}{N_1lR}V_0(t)\text{〔Wb〕}$$

問6　電流 $I_1'(t)$ が作る磁束 $\Phi_1'(t)$ は①での $I_1(t)$ を $I_1'(t)$ に書き換えて $\Phi_1'(t)=\frac{\mu N_1S}{l}I_1'(t)$ である。問題の条件より $\Phi_1'(t)+\Phi_2(t)=0$ が成り立つから**問5**の結果を使って

$$\frac{\mu N_1S}{l}I_1'(t)+\left\{-\frac{\mu N_2{}^2S}{N_1lR}V_0(t)\right\}=0\quad\text{よって，}\ I_1'(t)=\left(\frac{N_2}{N_1}\right)^2\frac{V_0(t)}{R}\text{〔A〕}$$

なお，このとき

（1次コイル側の入力電力の平均値）＝（2次コイル側の出力電力の平均値）

というエネルギー保存則が成り立っている。

コイル1側

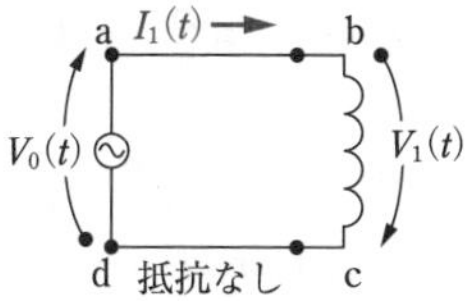

a　$I_1(t)$　b　$V_0(t)$　$V_1(t)$　d　抵抗なし　c

コイル2側

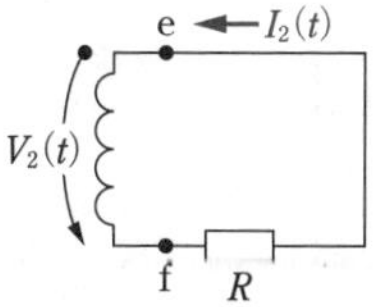

e　$I_2(t)$　$V_2(t)$　f　R

〈理想的な変圧器〉

$V_{1e}:V_{2e}=N_1:N_2$

$I_{1e}V_{1e}=I_{2e}V_{2e}$

71　**問1**　(1)　解説参照　(2)　$\frac{1}{\omega C}$　(3)　$\frac{1}{2}RI_{C0}{}^2$

問2　(4)　解説参照　(5)　ωL　(6)　$\frac{1}{2}RI_{L0}{}^2$

問3　(7)　$\left(\omega C-\frac{1}{\omega L}\right)V_{LC0}\cos\omega t$　(8)　周波数：$\frac{1}{2\pi\sqrt{LC}}$

第4章　電磁気

Point 交流回路

素子	抵抗(器)	コイル	コンデンサー
インピーダンスZ	R(抵抗値)	ωL (誘導リアクタンス)	$\dfrac{1}{\omega C}$ (容量リアクタンス)
位相のずれα	0	$-\dfrac{\pi}{2}$ (遅れている)	$\dfrac{\pi}{2}$ (進んでいる)
平均電力	$\dfrac{1}{2}I_0V_0=I_eV_e$	0	0

〈電流と電圧の向きづけ〉

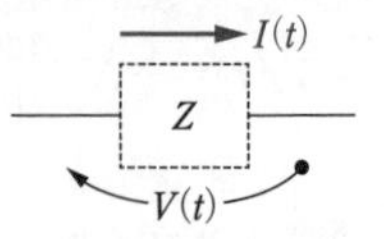

$\begin{cases} V(t)=V_0\sin\omega t \\ I(t)=I_0\sin(\omega t+\alpha) \end{cases}$

電圧に対する電流の位相のずれ：α

実効値$=\dfrac{最大値}{\sqrt{2}}$

$V_e=\dfrac{V_0}{\sqrt{2}}$, $I_e=\dfrac{I_0}{\sqrt{2}}$

インピーダンス：

$Z=\dfrac{V_0}{I_0}=\dfrac{V_e}{I_e}$

解説 **問1** (1) コンデンサーにかかる電圧 $V_C=V_{C0}\sin\omega t$ よりコンデンサーに流れる電流の位相は $\omega t+\dfrac{\pi}{2}$, 振幅は I_{C0} であるから

$I_C=I_{C0}\sin\left(\omega t+\dfrac{\pi}{2}\right)=I_{C0}\cos\omega t$ となり，グラフは次のとおり。

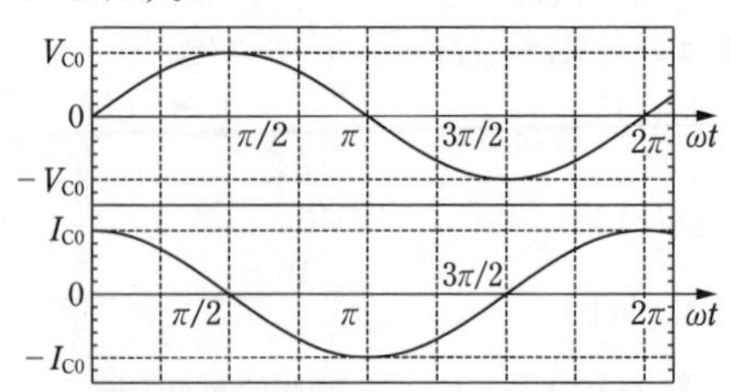

〈三角関数の公式〉

$\begin{cases} \sin\left(\theta\pm\dfrac{\pi}{2}\right)=\pm\cos\theta \\ \cos\left(\theta\pm\dfrac{\pi}{2}\right)=\mp\sin\theta \end{cases}$

複号同順

◀「位相が $\dfrac{\pi}{2}$ だけ進んでいる」というのはピークが4分の1周期だけ早くやってくることを表す。

(2) 電圧と電流の実効値(もしくは最大値)の比はインピーダンスでコンデンサーの場合は容量リアクタンス $\dfrac{1}{\omega C}$ である。

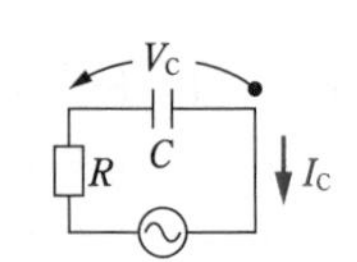

(3) RC直列交流回路ではコンデンサーにおける消費電力の平均値は0であるから，交流電源が供給する電力の平均値は抵抗における消費電力の平均値に等しい。抵抗に流れる電流の実効値は I_{Ce} であるから，求める電力の平均値は

$$RI_{Ce}{}^2=R\left(\frac{I_{C0}}{\sqrt{2}}\right)^2=\frac{1}{2}RI_{C0}{}^2$$

問2 (4) コイルにかかる電圧 $V_L=V_{L0}\cos\omega t$ よりコイルに流れる電流の位相は $\omega t-\dfrac{\pi}{2}$, 振幅は I_{L0} であるから

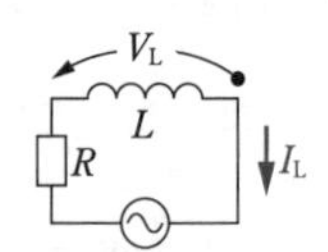

$$I_L=I_{L0}\cos\left(\omega t-\frac{\pi}{2}\right)=I_{L0}\sin\omega t$$

となり，グラフは次のようになる。

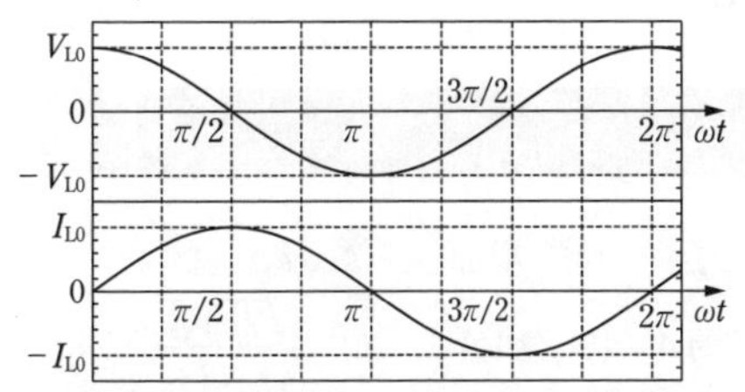

◀「位相が $\frac{\pi}{2}$ だけ遅れている」というのはピークが4分の1周期だけ後にやってくることを表す。

(5) 求める比は誘導リアクタンスであるから ωL。

(6) RL 直列交流回路では，コイルにおける消費電力の平均値は0であるから，交流電源が供給する電力の平均値は抵抗における消費電力の平均値に等しい。抵抗に流れる電流の実効値は I_{Le} であるから，求める電力の平均値は

$$RI_{Le}{}^2=R\left(\frac{I_{L0}}{\sqrt{2}}\right)^2=\frac{1}{2}RI_{L0}{}^2$$

問3 (7) コンデンサーとコイルに流れる電流を右図のようにそれぞれ I_1, I_2 と定める。$V_{LC}=V_{LC0}\sin\omega t$ であるから(1), (2)の結果より

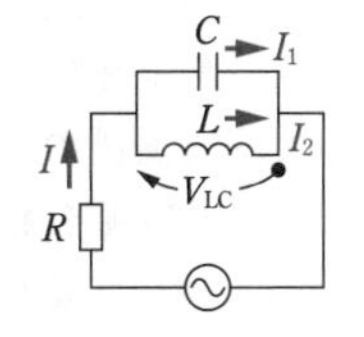

$$I_1=\frac{V_{LC0}}{\dfrac{1}{\omega C}}\cos\omega t=\omega CV_{LC0}\cos\omega t$$

また，(4), (5)の結果より $\omega t\to\omega t-\frac{\pi}{2}$ とすれば

$$V_{LC}=V_{LC0}\cos\left(\omega t-\frac{\pi}{2}\right)=V_{LC0}\sin\omega t$$

となるから

$$I_2=\frac{V_{LC0}}{\omega L}\sin\left(\omega t-\frac{\pi}{2}\right)=-\frac{V_{LC0}}{\omega L}\cos\omega t$$

キルヒホッフの第1法則より $I=I_1+I_2$ であるので

$$I=\left(\omega C-\frac{1}{\omega L}\right)V_{LC0}\cos\omega t$$

(8) (7)で任意の時刻 t で $I=0$ となるためには

$\omega C-\dfrac{1}{\omega L}=0$ が成り立てばよい。このときの角周波数 ω_0 は $\omega_0=\dfrac{1}{\sqrt{LC}}$ である。よって求める周波数 f_0 は

$$f_0=\frac{\omega_0}{2\pi}=\frac{1}{2\pi\sqrt{LC}}$$

なお，このとき LC 並列回路の部分では外部とは独立に電気振動が起こっている。

〈角周波数と周波数〉
$\omega=2\pi f$

$\omega=\omega_0$ のとき

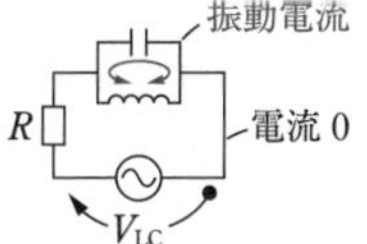

第4章 電磁気

第5章 原　子

20 原子と原子核

72 問1 (1) 光電効果　(2) 光電子　(3) 増加　(4) en

問2 解説参照　問3 解説参照　問4 (5) eV_M　(6) $\sqrt{\dfrac{2eV_M}{m}}$

問5 図は解説参照　(7) 2.3　(8) 限界振動数　(9) $h\nu_0$

解説 問1 (1)~(4) 振動数 ν, 波長 λ の光は物質と相互作用する際に, あたかもエネルギー $h\nu$, 運動量の大きさ $\dfrac{h}{\lambda}$ (h はプランク定数) を持つ粒子のようなふるまいをする。これを光子という (より正確な表現は「光は金属と $h\nu$ を最小単位とするエネルギーのやりとりをする。」ということである)。光子が金属面に入射するとき, 反射せずに内部へ進んだ光子は, エネルギーのすべてを金属内の1個の電子に受け渡し, 自らは消滅する (金属の陽イオンに受け渡されるエネルギーは十分小さく無視する)。$h\nu$ のエネルギーを光子から受けとった電子の中には, 金属の表面から飛び出すものがある。この現象を「光電効果」といい, 飛び出した電子は「光電子」と呼ばれる。陰極から飛び出した光電子のうち, 陽極に到達した電子は回路をめぐり再び陰極に戻ってくる。光電子の数が増加すると, 結果として光電流も増加する。そして1秒間に陽極に到達するのと同じ個数だけ電子が回路を通過するから, 求める電流値は $|(-e)n|=en$〔A〕となる。

問2 光の量 (単位時間に単位面積を通過する光のエネルギー量) が2倍になると, 光子の個数密度も2倍になると考えて, 発生する光電子の個数も2倍となるから, 飽和電流 I_M も2倍になると考えられる。一方, 電子が光子から受けとるエネルギーは変わらないから, 光電子の最大運動エネルギーは変わらず, したがって阻止電圧 V_M の値は変わらない。

〈光子〉

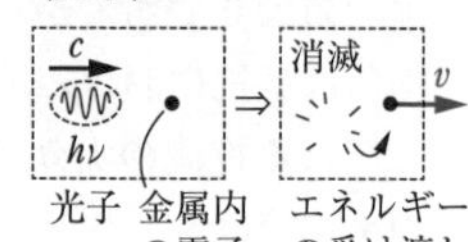

エネルギー：$E=h\nu=\dfrac{hc}{\lambda}$

運動量の大きさ：

$p=\dfrac{h}{\lambda}=\dfrac{h\nu}{c}$

光速：$c=\nu\lambda$

($E=cp$ が成り立つ。)

注意 光子には質量はなく, 質量を持つ粒子のときに成り立つ式

$E=\dfrac{1}{2}mv^2$

$p=mv$ $\left(E=\dfrac{1}{2}pv\right)$

は光子には適用できない。

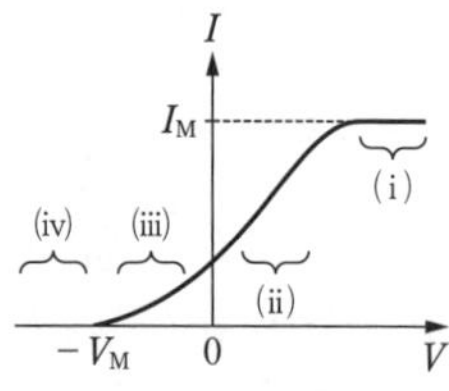

(i)のとき：Kから飛び出した光電子が引力ですべてPに吸収される。

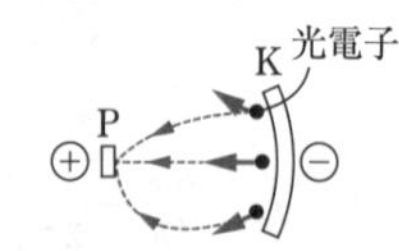

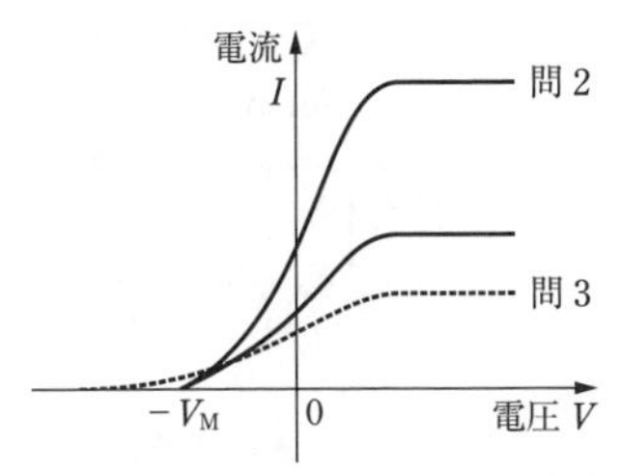

(ii)のとき：Kから飛び出した光電子の一部がPに吸収され，残りは光電管の内壁を伝わって元のKに戻る。

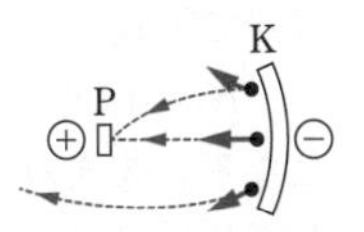

(iii)のとき：Kから飛び出した光電子はPから反発力を受け，さらにPに到達しにくくなる。

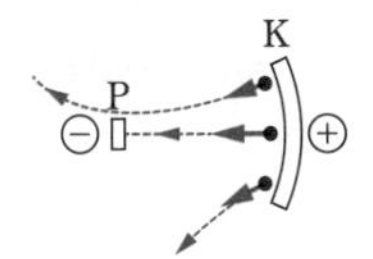

(iv)のとき（$V<-V_M$）：Kから飛び出た光電子はPからの反発力によりすべてPに到達しなくなる。

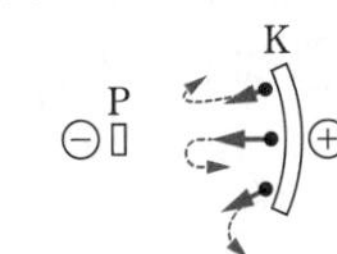

$V=-V_M$ のとき

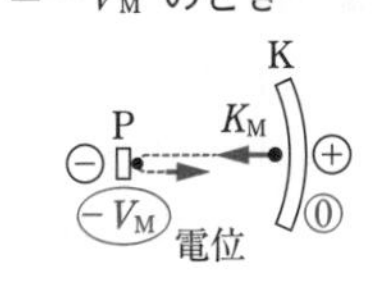

問3　ここでは光の強さ（総エネルギー量）は変えないとして，光の波長のみを短くすると考える。光子のエネルギーは波長に反比例するので，個数密度が $\frac{3}{5}$ 倍になるので，発生する光電子も同じ割合で減少する。その結果 I_M もおよそ $\frac{3}{5}$ 倍になる。一方，電子が光子から受けとるエネルギーは増えるので，光電子の速さが増し，阻止電圧 V_M がより大きくなる。

問4　(5)　簡単のため陽極と陰極は同じ種類の金属であるとする（仕事関数の違いを無視）。$V=-V_M$ のときは陰極Kを最大運動エネルギーで，しかも真っすぐPへ向かって飛び出した光電子が電場から受ける逆向きの力によって減速して，ちょうどPの所で速さが0になったと考えられる。エネルギー保存則より

$K_M+(-e)\cdot 0=0+(-e)\cdot(-V_M)$　よって

$K_M-eV_M=0$

別解　光電子の運動エネルギーの変化は静電気力の仕事と等しいので

$0-K_M=-(-e)\cdot(-V_M-0)$　よって　$K_M-eV_M=0$

(6)　$K_M=\frac{1}{2}mv_e^2$ と(5)の式から $\frac{1}{2}mv_e^2=eV_M$

よって $v_e=\sqrt{\frac{2eV_M}{m}}$〔m/s〕と表せる。

問5　(7)〜(10)　陰極物質の仕事関数を W〔eV〕，プランク定数 h〔eV・s〕とおくと，$K_M=h\nu-W$　……①　これは金属内の電子は光子から $h\nu$ のエネルギーを受けとった後，少なくとも W だけのエネルギーを費して金属外部へ飛び出すことを示している。

$c=3.0\times10^8$ m/s であるから，$\lambda=3.0\times10^{-7}$ m のとき $\nu=1.0\times10^{15}$ Hz，$\lambda=5.0\times10^{-7}$ m のとき $\nu=6.0\times10^{14}$ Hz であるから①式より

〈電子ボトル〉
1 eV≒1.6×10^{-19} J

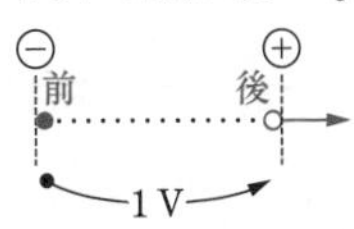

電子が1Vで加速されるときに受けとるエネルギー

第5章 原子

$$1.7 = h \times (1.0 \times 10^{15}) - W,$$
$$0.10 = h \times (6.0 \times 10^{14}) - W$$

この 2 式より，$W = 2.3\,\text{eV}$，$h = 4.0 \times 10^{-15}\,\text{eV·s}$

よって①式は

$$K_M = (4.0 \times 10^{-15})\nu - 2.3 \quad \cdots\cdots②$$

となる。②式の $K_M \geqq 0$ の半直線が求めるグラフであり，$K_M = 0$ となるときが $\nu = \nu_0$（限界振動数）である。

①式に $K_M = 0$，$\nu = \nu_0$ を代入して

$0 = h\nu_0 - W$　よって

$W = h\nu_0$〔eV〕

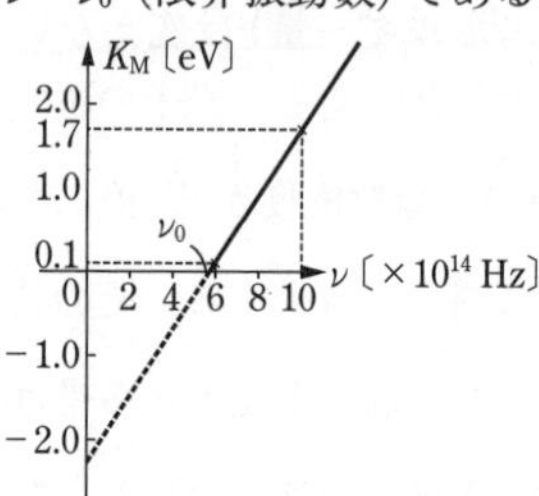

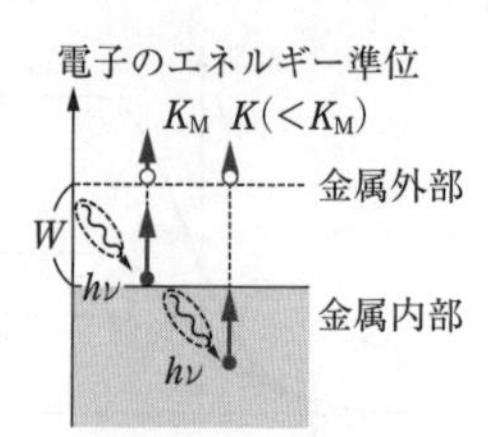

矢印の長さは電子の速さを仮に表している。

〈仕事関数の異なる 2 種類の金属の場合〉

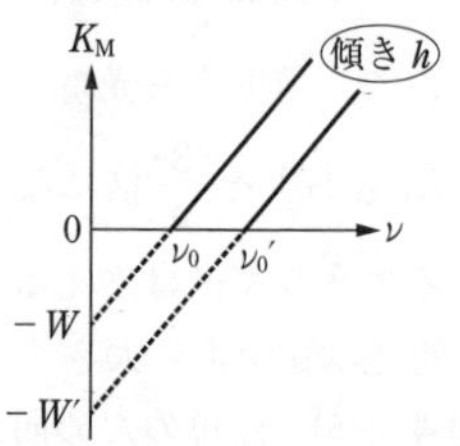

73 問1　(1) $\sqrt{\dfrac{2eV}{m}}$　(2) $\dfrac{h}{\sqrt{2meV}}$　(3) $\dfrac{hc}{eV}$　(4) (イ)　(5) (ウ)

問2　(6) (ア)　(7) $\dfrac{n^2h^2}{8med^2\sin^2\theta}$

解説 問1　(1)　X線管の陰極のフィラメントには電流が流されることで高温になっており，電子が飛び出しやすい状態になっている。陽極・陰極間に高電圧をかけると，電場から静電気力を受け，陰極から電子が飛び出す。簡単のため飛び出した時の電子の速さは 0 とする。

加速電圧 V によって，電場がした仕事が電子の運動エネルギーの増加になるから

$$\frac{1}{2}mv_0{}^2 - 0 = -(-e)(V-0) = eV \quad \text{より}$$

$$v_0 = \sqrt{\frac{2eV}{m}}$$

(2)　この電子を電子波と見なしたときの波長 λ_0 は

$$\lambda_0 = \frac{h}{mv_0} = \frac{h}{m}\sqrt{\frac{m}{2eV}} = \frac{h}{\sqrt{2meV}}$$

(3)　高速の電子（100 keV 程度）が，金属原子と衝突するとその運動エネルギーの一部またはすべてを失う。

〈電場の仕事〉

$$W = -q(V_2 - V_1)$$

〈物質波〉

電子，陽子，中性子等の粒子が波動としてのふるまいを見せるとき，この波を物質波という。物質波の波長は

$$\lambda = \frac{h}{mv}$$

〈連続X線の発生〉

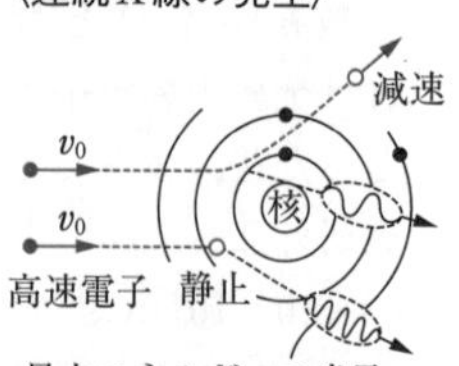

最大エネルギーの光子
（最短波長のX線）

このとき大半は熱となるが，失われたエネルギーに相当するエネルギーを持つ光子も生成され，金属外部へ放出される。電子が十分高速の場合，この光子はX線になる。変換されたエネルギーに応じて，X線の振動数（あるいは波長）が少しずつ異なることで，連続的に分布する連続X線が発生する。特に，元の電子のエネルギーがすべて光子に受け渡されるとき，その振動数は最も大きく，波長は最も短い $\lambda_{\min}$ となる。したがって

$$\frac{1}{2}mv_0{}^2=eV=h\frac{c}{\lambda_{\min}} \quad より \quad \lambda_{\min}=\frac{hc}{eV}$$

(4) (3)より V をより大きくすると $\lambda_{\min}$ はより短くなることがわかる。

(5) 高速電子が金属原子の内殻電子をはじき飛ばす。その後，よりエネルギーの高い軌道の電子が落ち込むときにエネルギー差 $\varDelta E$ に相当するエネルギーを持った光子（X線）が発生する。この $\varDelta E$ は原子の種類によって異なるので，この特性X線の波長も加速電圧によらず原子の種類だけで決まるので変化しない。

問2 (6) θ を 0° から徐々に大きくするとき，ブラッグ反射の条件式が最初に満たされるのは $\lambda=\dfrac{2d\sin\theta}{n}$ のグラフの形から $n=1$ で $\lambda=\lambda_1$ の特性X線である。

注意 ここでの角 θ は通常の光の反射問題で考える「入射角・反射角」の余角である。

補足 X線の波長は原子1個分程度であり，原子レベルの大きさの対象物との干渉が起こりやすい。とはいえ，X線は透過力が大きくあまり厚くない金属に入射したX線の大半はそのまま真っすぐ透過していく。

(7) ブラッグ反射条件の λ を(2)の電子波の波長 λ_0 に置き換えて

$$2d\sin\theta=n\lambda_0=n\cdot\frac{h}{\sqrt{2meV}}$$

よって $V=\dfrac{1}{8me}\left(\dfrac{nh}{d\sin\theta}\right)^2$

〈特性X線の発生〉

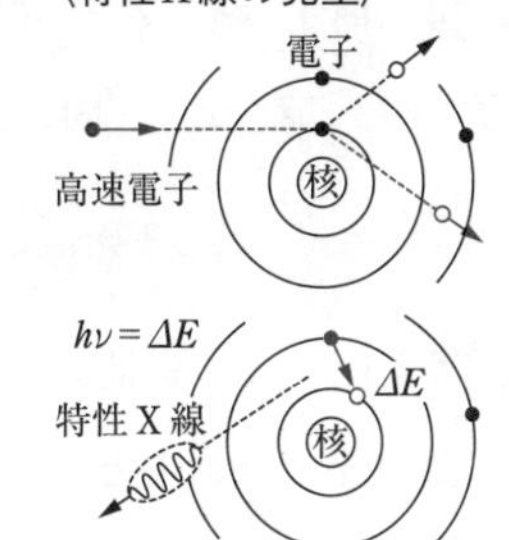

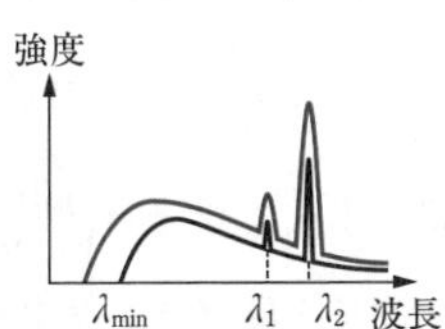

赤線は加速電圧 V を大きくしたときのX線の強度分布（V を大きくすることで電場が大きくなり，より多くの電子が陰極から飛び出すことで発生する光子の数も全体的に増加する）。

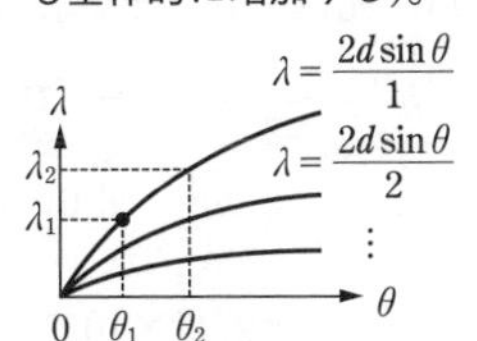

波長 λ_1, λ_2 の特性X線の反射強度が最初に極大となる角度がそれぞれ θ_1, θ_2 である。

〈ブラッグ反射〉

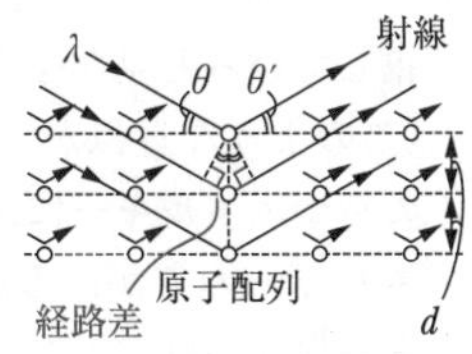

$2d\sin\theta=n\lambda$（n 自然数）

第5章 原子

74 問1 イ d　ロ a　ハ e　ニ b　問2 あ a　い a　う b　え b　問3 (1) コンプトン　(2) $\dfrac{hc}{\lambda}=\dfrac{hc}{\lambda'}+\dfrac{1}{2}mv^2$

(3) $\dfrac{h}{\lambda}=\dfrac{h}{\lambda'}\cos\theta+mv\cos\varphi$　(4) $0=\dfrac{h}{\lambda'}\sin\theta-mv\sin\varphi$

解説〔I〕 イ　質量 m，電荷 $-e$ の静止した電子を電圧 V をかけて加速したときの速さを v とおくと，エネルギーの関係から $\dfrac{1}{2}mv^2-0=eV$ ……①　よって求める運動エネルギーは

$$\frac{1}{2}mv^2=eV=(1.6\times10^{-19})\times50=8.0\times10^{-18}\text{〔J〕}$$

ロ　①式より $v=\sqrt{\dfrac{2eV}{m}}$ であるから，求める電子波の波長 λ はプランク定数を h として

$$\lambda=\frac{h}{mv}=\frac{h}{\sqrt{2meV}}$$
$$=\frac{6.6\times10^{-34}}{\sqrt{2\times(9.1\times10^{-31})\times(1.6\times10^{-19})\times50}}$$
$$=1.72\times10^{-10}\fallingdotseq1.7\times10^{-10}\text{〔m〕}$$

◀ド・ブロイ波長＝物質波の波長

◀数値の 1.7 の部分は与えられているので計算途中で $\sqrt{91}\fallingdotseq9.54\fallingdotseq9$ として概算しても求められる。

ハ　光速を c，また求める光子の波長を λ' とおくと

$h\dfrac{c}{\lambda'}=\dfrac{1}{2}mv^2$ $(=eV)$ であるから

$$\lambda'=\frac{hc}{eV}=\frac{6.6\times10^{-34}\times3.0\times10^{8}}{8.0\times10^{-18}}$$
$$=2.47\times10^{-8}\fallingdotseq2.5\times10^{-8}\text{〔m〕}$$

〈光子のエネルギー・運動量の大きさ〉

$$E=h\nu=h\frac{c}{\lambda}$$
$$p=\frac{h}{\lambda}=\frac{h\nu}{c}$$

◀これも $6.6\fallingdotseq6.4$ として概算してもよい。

あ　可視光線の波長はおよそ 4×10^{-7}〔m〕(紫)～8×10^{-7}〔m〕(赤) なので λ' は可視光線に比べて短い。

〔II〕 (1), い，う　コンプトン効果はX線を波動 (電磁波) としてではなく，粒子 (エネルギーと運動量を持つ光子) として扱うことで定量的に説明できる。

(2), (3), (4)　物質内で比較的ゆるく束縛され，ほぼ，静止していると見なせる電子にX線が入射すると考える (このような近似ができるのは，束縛されている電子の持つエネルギーに比べて，入射・散乱するX線のエネルギーの方がはるかに大きいからである)。エネルギー保存則は (位置エネルギーは無視してよい)，

$$h\frac{c}{\lambda}=h\frac{c}{\lambda'}+\frac{1}{2}mv^2 \quad \cdots\cdots①$$

運動量保存則は

〈トムソン散乱 (λ 不変)〉

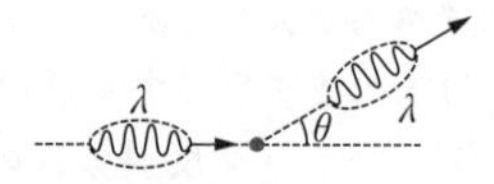

束縛されていない電子(静止のまま)

〈コンプトン散乱 (λ 変化)〉

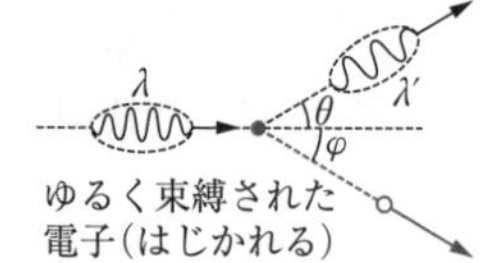

ゆるく束縛された電子(はじかれる)

入射方向：$\dfrac{h}{\lambda}=\dfrac{h}{\lambda'}\cos\theta+mv\cos\varphi$ ……②

垂直方向：$0=\dfrac{h}{\lambda'}\sin\theta-mv\sin\varphi$ ……③

え，ニ　散乱X線のスペクトルを表す図2には2つのピークが見られるが，1つはトムソン散乱（束縛されていない電子との相互作用で，波長は変わらず進行方向だけ変化したX線）であり，もう1つがコンプトン散乱（ゆるく束縛された電子をはじくことでエネルギーを失い，波長が伸びたX線）によるピークと考えられる。$\lambda'=\lambda+\dfrac{h}{mc}(1-\cos\theta)$ ……④ より $\lambda'>\lambda$ であるからコンプトン散乱によるピークはBの方である。図2より $\lambda=5.00\times10^{-11}$ m，$\lambda'=5.12\times10^{-11}$ m と読み取れる。④式より

$$\cos\theta=1-\frac{mc(\lambda'-\lambda)}{h}$$
$$=1-\frac{(9.1\times10^{-31})\times(3.0\times10^{8})\times(0.12\times10^{-11})}{6.6\times10^{-34}}$$
$$=1-0.498\fallingdotseq0.50$$

よって散乱角は $\theta=60°$ である。

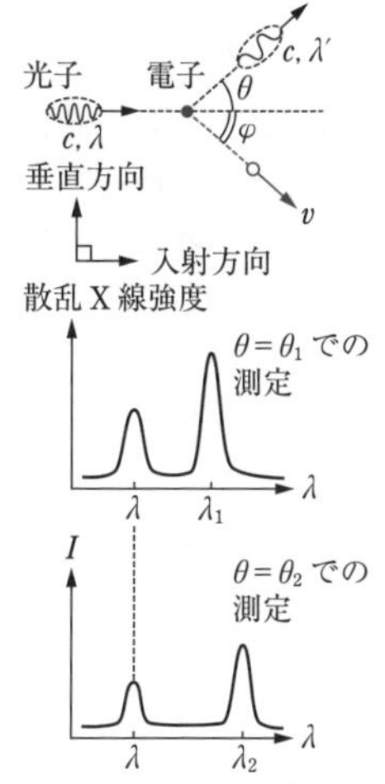

④式より $\theta_1<\theta_2$ のとき $\lambda_1<\lambda_2$ となる。そして θ が大きくなるほど散乱X線の強度は減少していく。また，2つのピークの大小は散乱体の物質の種類による。

75　**問1**　$\dfrac{v^2}{r}$　**問2**　$m\dfrac{v^2}{r}=k_0\dfrac{e^2}{r^2}$　**問3**　$\dfrac{h}{mv}$　**問4**　$2\pi r=n\dfrac{h}{mv}$

問5　$\dfrac{h^2}{4\pi^2k_0me^2}n^2$　**問6**　$-k_0\dfrac{e^2}{r}$　**問7**　$-\dfrac{2\pi^2k_0{}^2me^4}{h^2}\cdot\dfrac{1}{n^2}$

問8　1.22×10^{-7} m

解説　**問1**　速さが v，半径 r の等速円度運動より，向心加速度の大きさは $\dfrac{v^2}{r}$ である。

問2　静電気力が向心力になると考えて，**問1**の結果を使って向心方向の運動方程式は，

$$m\frac{v^2}{r}=k_0\frac{e^2}{r^2}\quad\cdots\cdots①$$

問3　ド・ブロイ波長の式より電子波の波長 λ は $\lambda=\dfrac{h}{mv}$ である。

問4　従来の物理学によれば，荷電粒子が加速度運動すると電磁波を放射しエネルギーを失う。水素原子においても電子が加速度運動の一種である円運動を行うと，電磁波が放射され，たちまち原子核（陽子）に落ち込んで原子が崩壊してしまうはずである。しかし実際には水素原子は安定して存在している。ボーアは次の条件が満たされる場合は例外的に安定した軌道をとると仮定した。

第5章 原子

$$r\cdot mv=n\cdot\frac{h}{2\pi}$$

左辺は角運動量と呼ばれる物理量の大きさを表す。「電子は波動性を持つ電子波である」というド・ブロイの考え方とあわせると，**問3**の結果よりこの条件式は

$$2\pi r=n\frac{h}{mv}=n\lambda \quad (n\text{ 自然数}) \quad \cdots\cdots②$$

と書き換えることができ，下線部(a)の定常状態を表すことがわかる。(ただしこの図どおりに陽子のまわりで電子が波打って回転している訳ではない。陽子のまわりの電子は量子数nで特徴づけられる，ある離散的なエネルギー状態をとるということである。)

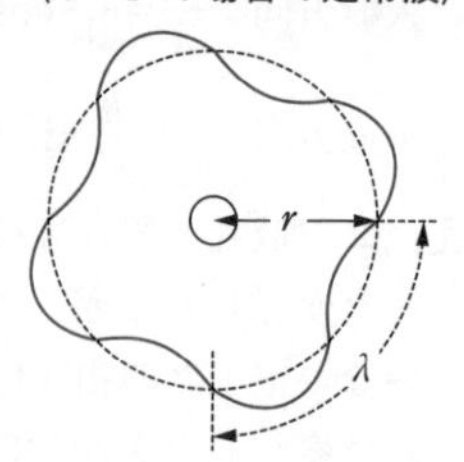

問5　②式より $v=\frac{nh}{2\pi rm}$。これを①式に代入して

$$\frac{m}{r}\left(\frac{nh}{2\pi rm}\right)^2=k_0\frac{e^2}{r^2} \quad \text{よって} \quad r=\frac{h^2}{4\pi^2k_0me^2}n^2 \quad \cdots\cdots③$$

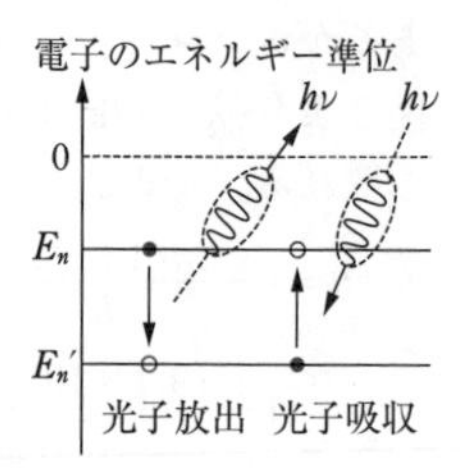

問6　量子条件が満たされる定常状態においては，陽子のまわりの電子は通常の力学・電磁気学にしたがう粒子としてふるまうと仮定する。電子の位置エネルギーをUとおくと

$$U=-k_0\frac{e^2}{r} \quad \cdots\cdots④$$

問7　定常状態の電子の運動エネルギーKは①式を使うと

$$K=\frac{1}{2}mv^2=\frac{k_0e^2}{2r}$$

となるので，④とあわせて求めるべき電子の全エネルギー(エネルギー準位)E_nは

$$E_n=K+U=-\frac{k_0e^2}{2r}$$

これに③式を代入して

$$E_n=-\frac{2\pi^2k_0{}^2me^4}{h^2}\cdot\frac{1}{n^2} \quad \cdots\cdots⑤$$

◀基底状態($n=1$)
最低エネルギー状態で最も安定。
励起状態($n=2,\ 3,\ \cdots$)

問8　⑤と問題の条件をあわせて

$$E_n\fallingdotseq-13.6\frac{1}{n^2}\,[\mathrm{eV}]=-(13.6\times1.6\times10^{-19})\frac{1}{n^2}\,[\mathrm{J}]$$

となる。真空中の光速をc，求める光の波長をλとおくと振動数条件

$$h\nu=h\frac{c}{\lambda}=E_2-E_1$$

より

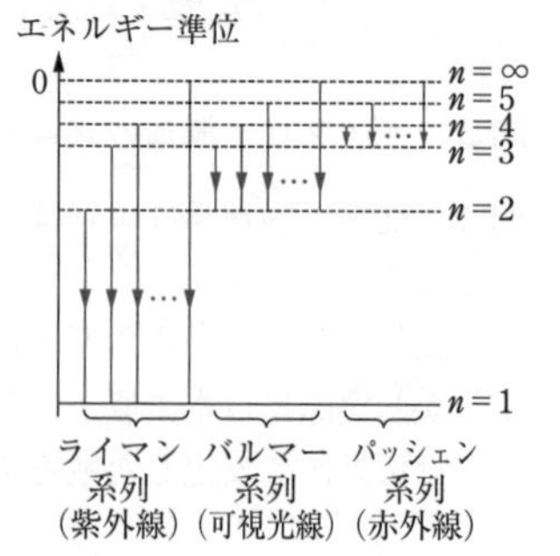

$$\lambda=\frac{hc}{E_2-E_1}=\frac{(6.63\times10^{-34})\times(3.00\times10^{8})}{13.6\times(1.6\times10^{-19})\times\left(\frac{1}{1^2}-\frac{1}{2^2}\right)}$$

$$=1.218\times10^{-7}\fallingdotseq1.22\times10^{-7}\ \mathrm{m}$$

76 (1) (ア)　(2) $A-4$　(3) $Z-2$　(4) 5　(5) 4　(6) $N_0\left(\frac{1}{2}\right)^{\frac{t}{T}}$

(7) 5.3×10^3

解説 (1) α線は正電荷を持つので，進行方向が電流の正方向と見てフレミングの左手の法則を使うと，磁場中で図の(ア)の方向へローレンツ力を受けて軌道が曲げられる。

(2), (3) α線の本体は陽子2個，中性子2個のヘリウムの原子核であるから，α崩壊でα粒子が1つ核から飛び出すと質量数は4だけ減り，原子番号は2だけ減少する。なお，自然な放射性崩壊で原子核から核子（陽子や中性子）が飛び出す場合，陽子2個と中性子2個で非常にしっかり結びついて安定したα線の形で放出される。

参考 原子核中の中性子が陽子と電子と中性で質量が非常に小さい反ニュートリノ変化するとき，電子（と反ニュートリノ）が核外へ放射される。これがβ崩壊である。このとき質量数は変わらないが，中性子が陽子に変わったので原子番号は1だけ増す。またγ線放射は，α崩壊やβ崩壊を行った原子核がまだ不安定な場合に，引き続きより安定な状態を目指してγ線を放出する。このとき核子の変化はなく，原子番号も質量数も変化しない。

(4), (5) 求めるα崩壊とβ崩壊の回数をそれぞれx回，y回とする。原子番号が88から82へ，質量数が226から206へと変化しているから

$$88-2x+y=82,\qquad 226-4x=206$$

が成り立つ。この2式より $x=5$，$y=4$ が求められる。

(6), (7) 原子核の反応もよりエネルギー準位の低い状態へ反応が進むが，この変化は確率に支配される。例えば原子核崩壊では次にどの核で崩壊が起こるかはランダムでわからないが，核の多集団中，どれだけの時間で，どれだけの割合で崩壊が進むかは次のように表せる。ある時刻での不安定核の個数をN_0とし，そこから半分崩壊（すなわち半分は未崩壊）するまでの時間を半減期といい，これをTで表すと時刻tでの未崩壊数Nは

$N=N_0\left(\frac{1}{2}\right)^{\frac{t}{T}}$ と指数関数で表せる。

原子 { 原子核 { 陽子 (p)，中性子 (n)；電子 (e) }

〈原子核の表し方〉

A / Z 元素記号

Z：原子番号（陽子数）
A：質量数（核子数）
→ 中性子数$=A-Z$
（中性子 ${}^1_0\mathrm{n}$，電子 ${}^{\ 0}_{-1}\mathrm{e}$，光子 ${}^0_0\gamma$ と表すことがある。）

〈核崩壊と放射線〉

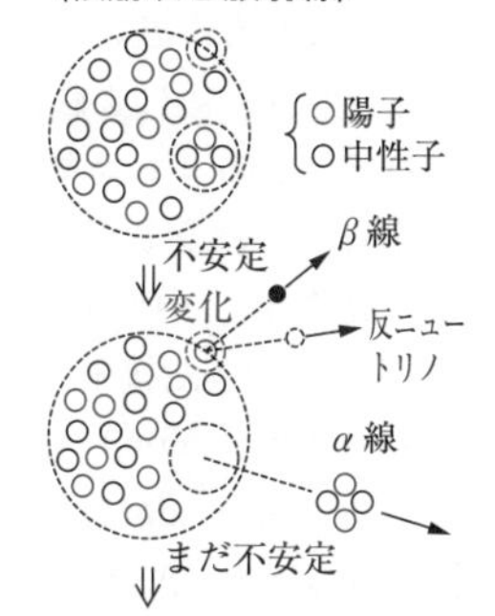

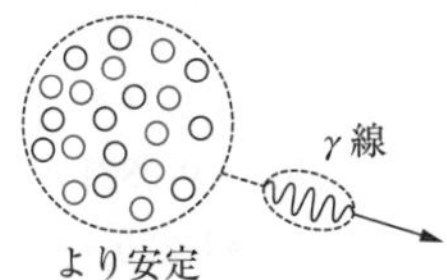

〈半減期のグラフ〉

未崩壊数 N
N_0
$\frac{1}{2}N_0$
$\frac{1}{4}N_0$
崩壊数
O　T　$2T$　$3T$　$4T$　t

第5章 原子

よって求める時間を t_1 とおくと $\frac{N_0}{10}=N_0\left(\frac{1}{2}\right)^{\frac{t_1}{T}}$ となるから，この両辺を N_0 で割った後，常用対数をとって

$\log_{10}\left(\frac{1}{10}\right)=\log_{10}\left(\frac{1}{2}\right)^{\frac{t_1}{T}}$ より $-1=\frac{t_1}{T}(-\log_{10}2)$

したがって，

$$t_1=\frac{T}{\log_{10}2}\fallingdotseq\frac{1.60\times10^3}{0.301}\fallingdotseq5.31\times10^3\fallingdotseq5.3\times10^3\text{ 年}$$

Point 放射線の種類と性質

	α線	β線	γ線
本体	高速のヘリウム原子核	高速の電子	高エネルギーの電磁波
電荷	$+2e$	$-e$	0
透過力	小	中	大
電離作用	大	中	小

77 (1) 0.0821　(2) Δmc^2　(3) 1.23×10^{-11}　(4) 核融合

解説 (1), (2), (3) 核力によって結合した原子核のエネルギーは，核子がそれぞればらばらに離れた状態でのエネルギーよりも小さい。この差を結合エネルギーという。一方相対性理論によれば，エネルギーと質量は等価であるので，このエネルギーの差を質量の減少分として換算できる。これを質量欠損 Δm という。孤立状態での陽子の質量 m_p，中性子の質量 m_n，そして陽子 z 個，中性子 N 個でできた核子の質量を M とおくと

$\Delta m=(Zm_p+Nm_n)-M$ と表せる。またこの核子の結合エネルギー ΔE は $\Delta E=\Delta mc^2$ となる。ホウ素原子核では $Z=5$, $N=6$ であるから求める質量欠損 Δm は

$$\Delta m=(1.0073\times5+1.0087\times6)-11.0066=0.0821\text{ u}$$

さらにホウ素原子核の結合エネルギーは

$$\Delta E=(0.0821\times1.66\times10^{-27})\times(3.00\times10^8)^2$$
$$=1.226\times10^{-11}\fallingdotseq1.23\times10^{-11}\text{ J}$$

〈(統一) 原子質量単位〉
$1\text{ u}\fallingdotseq1.66\times10^{-27}\text{ kg}$
これはおよそ陽子または中性子1個分の質量である。

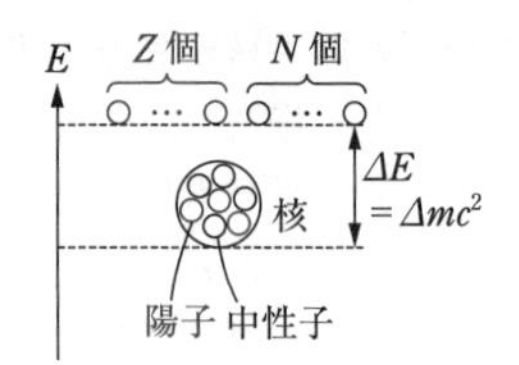

◀エネルギーの単位は〔J〕なので質量の単位を〔u〕から〔kg〕に変換することを忘れないように。

(4) 質量数のより大きい原子核ができる核融合反応は多数知られているが，ここで取り上げられている反応

$${}^2_1\text{H}+{}^3_1\text{H}\longrightarrow{}^4_2\text{He}+{}^1_0\text{n}$$

もその例である。

参考 重水素原子核，三重水素原子核，ヘリウム原子核の質量をそれぞれ m_D, m_T, m_{He} とおくと，この核融合反応で放出されるエネルギー ΔE は結合エネルギーの差から

$$\Delta E=\{(2m_{\mathrm{p}}+3m_{\mathrm{n}})-(m_{\mathrm{He}}+m_{\mathrm{n}})\}c^2-\{(2m_{\mathrm{p}}+3m_{\mathrm{n}})-(m_{\mathrm{D}}+m_{\mathrm{T}})\}c^2$$
$$=(m_{\mathrm{D}}+m_{\mathrm{T}}-m_{\mathrm{He}}-m_{\mathrm{n}})c^2$$

となり，この値が問題文中の 2.82×10^{-12} J である。なお，この ΔE は反応前後の粒子の運動エネルギーの変化量である。

第5章 原子

〔大学入試　全レベル問題集　物理［物理基礎・物理］　③　別冊〕中谷泰健　S9k149